国家自然科学基金项目（41901205）
江苏省自然科学基金项目（BK20190482）
江苏产业集群决策咨询研究基地

人居环境论

Theory of Human Settlements

王毅 著

图书在版编目（CIP）数据

人居环境论/王毅著. —北京：经济管理出版社，2021.12
ISBN 978-7-5096-8329-3

Ⅰ. ①人… Ⅱ. ①王… Ⅲ. ①居住环境—研究—浙江 Ⅳ. ①X21

中国版本图书馆 CIP 数据核字（2021）第 178261 号

组稿编辑：谢 妙
责任编辑：梁植睿
责任印制：黄章平
责任校对：张晓燕

出版发行：经济管理出版社
（北京市海淀区北蜂窝 8 号中雅大厦 A 座 11 层 100038）
网 址：www. E-mp. com. cn
电 话：(010) 51915602
印 刷：唐山玺诚印务有限公司
经 销：新华书店
开 本：720mm×1000mm/16
印 张：16.5
字 数：244 千字
版 次：2021 年 12 月第 1 版 2021 年 12 月第 1 次印刷
书 号：ISBN 978-7-5096-8329-3
定 价：68.00 元

前 言

清洁、安宁、绿水、青山，宜人的环境是人类共同的心愿，也是可持续发展的基本要求。当前，世界进入了城镇化快速发展阶段，转变发展方式、改善人民生活水平、提升区域人居环境质量和生活品质成为区域发展新的导向，也是国际社会普遍关注的问题。加强人居环境研究，探析区域人居环境空间分异规律和存在的问题，营造良好的人居环境，既是学科发展的需求，更是顺应社会发展的要求。

本书在系统梳理国内外关于人居环境研究进展的基础上，基于浙江省第一次地理国情普查成果、夜间灯光数据和实地问卷调查等多源异构数据，以浙江省全域以及杭州城区、仙居乡镇为典型案例，综合运用GIS空间分析、数理统计、比较分析、结构方程模型等方法，将客观环境供给与主观环境感知相结合、宏观整体与典型地域相结合、机制建模与成因分析相结合，对浙江省人居环境适宜性空间分异特征、人居环境满意度的感知特征和影响机理，以及人居环境的优化与调控等进行了系统的研究。

本书的基本研究思路是：首先，通过对已有研究成果的归纳和总结，确定了人居环境研究的两大主题——人居环境适宜性和人居环境满意度，并对其概念和内涵进行了界定和解析，在此基础上，设计了人居环境适宜性综合集成方法和人居环境满意度主观评价方法。其次，分析了人居环境适宜性三大核心构成要素的空间分异特征，并以居民对人居环境的心理反应（要素偏好）为外在基准，进行不同模式下人居环境适宜性的综合集成研究，探讨不同偏好模式下人居环境适宜性与人口分布的空间耦合关系。再次，分析评价了城市与乡村两种地域类型条件下，不同维度、不同社会经济属性、不同居民类群的人居环境满意度特征，进行人居环境满意度结构方程模型的分组比较分析，系统归纳和提炼不同地域类型区居民人居环境满意度的影响机理及其与居住流动性意向相互关系。最后，结合相关研究结果，从人居环境优化的总体构想、人居环境适宜性构成要素改善和不同地区类型人居环境优化等方面提出了浙江省人居环境优化调控的对策建议。

本书得到如下主要结论：

第一，人居环境适宜性主要由生态环境优越度、经济发展活力度和公共服务便捷度三个维度构成。浙江省生态环境优越度呈现出由西南地区向东北地区，由山地向丘陵、河谷、平原递减的趋势，且与人口密度、经济密度之间存在较强的负相关关系。经济发展活力度格局呈现以行政等级性为主、空间关联和集聚性为辅的双重差异特征，在行政等级上表现为“副省级城市市区—一般地级市市区—县（市、区）”的差异格局；在空间关联和集聚差异上表现为浙江东北部的杭嘉湖和环杭州湾地区两处构成的高值簇集聚区和主要热点区，以及浙江省西南地区的“衢—丽—温”连绵区和中部台州县域两处构成的低值簇连绵区和主要冷点区。公共服务便捷度由东向西、由北向南逐渐降低，并表现出显著集聚分布特征，较高和高水平区域集中分布在东北部，它们构成浙江公共服务设施空间格局的核心区，较低和低水平区域集中分布在中西部山区，它们构成浙江公共服务设施分布格局的边缘地带。

第二，在生态环境偏好模式下，浙江省人居环境适宜性大体由南部向北部递减，人口分布疏密与人居环境适宜性高低并不一致，大部分人口分布于人居环境适宜性指数较低的地区，人口分布对人居环境适宜性并不存在明显的响应。在经济发展偏好模式下，人居环境适宜性呈现出东北地区高于西南地区、沿海地区高于内陆地区的基本格局，地域分异明显，人口分布与经济发展水平存在较强的空间一致性，人口分布对人居环境适宜性存在较明显的响应。在公共服务偏好模式下，人居环境适宜性呈现出东北地区高于西南地区、沿海地区高于内陆地区、平原地区高于山地地区的基本格局，大部分人口分布于人居环境适宜性较高的地区，人口分布对人居环境适宜性存在显著的响应，两者保持了高度一致性。

第三，人居环境满意度既具有城乡地域之别，也具有社会经济属性之异。杭州城区与仙居乡镇两地居民人居环境总体满意度均一般，但乡镇地区略高于城区地区；城区居民对社区安全性和公共服务水平两个维度满意度较高，对住房条件维度评价最低；乡镇居民对自然环境维度满意度较高，对公共服务和基础设施维度评价较低。不同年龄群体的居民对人居环境满意度评价呈波浪式变化，但城乡波动态势在年龄区间上大体相反；城区不同收入水平群体对人居环境满意度评价呈倒“U”形特征，乡镇则随着收入的增加呈连续上升的态势；城区和乡镇两地居民人居环境满意度都随着学历的提升而不断提高，随着家庭成员数量的增多而降低；居住时间对城市人居环境满意度感知具有较强的正向影响，而对乡村人居环境满意度感知具有较强的负向影响。城区中收入一般阶层的人居环境满意度最高，高收入阶层次之，年轻打工族和低收入阶层的满意度相对较低；而乡镇中不同类群人居环境满意度差距明显，高收入阶层的人居环境满意度最高，年轻中产阶层位居其后，低收入阶层满意度最低。

第四，自然环境条件、人文环境舒适性、生活方便程度、居住健康性、住房条件和社区安全性六个维度的感知因素，共同构成杭州城区人居环境满意度的前因变量，除社区安全性外，其余五个前因变量对人居环境满意度均具有显著的正向影响，影响效应呈现出住房条件>人文环境舒适性>自然环境条件>居住健康性>生活方便程度的递减趋势。同时，人居环境满意度的高低对居民流动性意向具有显著的后果影响效应，且对定居意向的影响比对迁居意向的影响更加显著。自然环境条件、人文环境舒适性、住房条件、基础设施条件和公共服务水平五个因素，共同构成仙居乡镇人居环境满意度的前因变量，除自然环境条件外，其余四个前因变量对人居环境满意度均具有显著的正向影响，影响效应呈现出公共服务水平＞基础设施条件＞住房条件＞人文环境舒适性的递减趋势。同时，人居环境满意度的高低对居民流动性意向也具有重要的后果影响效应，但对迁居意向的影响效应绝对值大于对定居意向的影响效应绝对值。

第五，杭州城区居民人居环境满意度六个感知维度中，居民的生活方便程度、居住健康性和自然环境条件感知与其迁居意向呈现出明显的负相关关系，住房条件感知与居民迁居意向呈现出倒“U”形特征，人文环境舒适性感知与其迁居意向呈现出反“N”形特征，而迁居意向随着社区安全性感知的提升变化幅度较小。除社区安全性感知外，其余五个因素均对杭州城区居民流动性意向具有显著负向影响，影响强度呈现出生活方便程度 > 住房条件 > 居住健康性 > 人文环境舒适性 > 自然环境条件的递减趋势。仙居乡镇居民人居环境五个感知维度中，居民的住房条件、自然环境条件以及人文环境舒适性感知与其迁居意向具有明显的负相关关系，居民的公共服务水平感知与居民迁居意向呈现出“V”形特征，居民的迁居意向对自然环境条件感知的响应较小，并未呈现明显的变化规律。除自然环境条件感知外，其余四个因素均对仙居乡镇居民流动性意向具有显著负向影响，影响强度呈现出住房条件 > 公共服务水平 > 基础设施条件 > 人文环境舒适性的递减趋势。

第六，笔者认为，针对浙江省目前存在的人居环境问题，应坚持以人为本、绿色发展、共享发展和创新发展原则，合理调配人居环境中各系统功效，推动人居环境适宜性构成要素的优化与完善，围绕城市和乡村居民最关心、最迫切解决的关键问题，力争早日建成富饶秀美、和谐安康、人文昌盛、宜业宜居的美丽浙江。

目 录

第1章
绪 论

1.1 研究背景

清洁、安宁、绿水、青山，宜人的环境是人类共同的心愿，也是可持续发展的基本要求（吴良镛，2001）。当前，世界进入了城镇化快速发展阶段，转变发展方式、改善人民生活水平、提升区域人居环境质量和生活品质成为城市发展新的导向，也是国际社会普遍关注的问题。因此，加强人居环境研究，探析区域人居环境空间分异规律和存在的问题，营造良好的人居环境，既是学科发展的需求，更是顺应社会发展的要求。

1.1.1 宜居、绿色、生态的理念已成为世界城市发展的共识

伦敦“2030年规划”的主题思想是“建设更宜居的城市”。“规划”指出要把将伦敦建设成为更宜居的城市作为重要目标，通过提高公共安全、设计更好的建筑和公共空间、满足居民能负担得起的住所、加强多元文化建设等措施，在全市范围内创造一个更清洁、更卫生、更具吸引力的环境，满足多样化人群的不同需求。纽约“2030年规划”的主题思想是“建设更绿、更美好城市”。“规划”指出要在目标和策略上着重关注城市的住房、开放空间、绿地、水质、空气、交通和能源等方面，实际上，这些因素也就是宜居城市建

设所关注的核心内容。2014 年初，习近平总书记强调要明确新时期北京市的战略定位，提出把北京建设成为“国际一流的和谐宜居之都”的宏伟目标，为北京未来的发展指明了方向。可以发现，世界城市在确立发展理念和目标时，强调在进一步促进经济发展和扩大全球吸引力和影响力的基础上，未来重要的发展方向是为居民提供更加清新宜人的自然环境、更加公平和包容的社会环境，以及更加舒适的居住环境。一言以蔽之，宜居、绿色、低碳、生态已成为世界城市发展的核心理念（张文忠，2016），也是世界城市追求的重要目标。

1.1.2 “中国梦”的核心要件是老百姓的宜居梦和理想家园梦

党的十八大以来，“中国梦”成为国家建设发展的重要指导思想和执政理念。目前学术界对“中国梦”有多种解读，但事实上，“中国梦”的核心是百姓的宜居梦、安居乐业梦、理想家园梦，可以说环境宜居是“中国梦”的核心要件（陆玉麒、董平，2017）。梳理中华人民共和国成立以来我国不同时期区域开发的过程与阶段，以 30 年为时间节点，可以得出如下阶段性结论：一是改革开放前 30 年的“生存”阶段，以农业为重心，以解决温饱为价值取向，主题词是“粮”；二是改革开放后 30 年的“发展”阶段，以改革与开放为核心，以效率为价值导向，国内生产总值位居全球第二，主题词是“钱”，但同时也引发了各种资源环境问题；三是未来 30 年的“宜居”阶段，以百姓需求为核心，以宜居为价值导向，全面推进社会经济发展与资源环境的协调共生，主题词是“住”。2015 年 12 月的中央城市工作会议把“宜居城市”和“城市的宜居性”提到了前所未有的战略高度加以论述，明确指出要“提高城市发展宜居性”，并把“建设和谐宜居城市”作为城市发展的主要目标（张文忠，2016）。2018 年，国家发布《乡村振兴战略规划（2018—2022 年）》，并将建设生态宜居的美丽乡村作为乡村振兴战略规划的关键（对于乡村振兴，生态宜居是关键）。目前，中国特色社会主义进入新时代，我国社会主要矛盾已经转化为人民日益增长的美好生活需要和不平衡不充分的发展之间的矛盾。人民美好生活需要日益广泛，不仅对物质文化生活提出了更高要求，而且在民主、法治、公平、正义、安全、环境等方面的要求日益增长。[①] 因此，淡化经济发展目标，重视人居环境建设，促进居民生活质量提高，应是我国未来30年的重大战略目标。

1.1.3 快速工业化和城市化引发的人居环境问题不容忽视

19世纪末，英国学者霍华德提出“田园城市”理论，它是对欧洲城市繁荣和发展付出昂贵代价的反思。目前，我们国家也面临着这样的难题。自1978年改革开放以来，我们国家取得了经济持续高速增长的辉煌成就，人均GDP由1978年的385元增长到2015年的49992元；同期城市化水平也显著提升，由17.92%提升到56.1%。但快速的、大规模的工业化和城市化也带来了越来越多的资源、环境和生态问题，例如，交通拥挤、环境污染、绿色空间减少、高房价等，这些问题已经影响甚至威胁到与我们生存有直接关联的人居环境。未来20年工业化和城市化仍将是我国的基本发展趋势，然而，在供给方面，支撑我国工业化和城市化进程的资源十分有限，届时我们面临的资源环境约束和压力将更加显现化，由此引发的生态、环境急剧变化，仍将集中体现在与我们关系最为密切的人居环境方面（张文忠等，2016），人居环境变化的严峻态势也很有可能危及我国可持续发展的基础。与此同时，随着经济收入的增加，人们追求更高生活质量的愿望提升，越来越关注自身的生活环境和品质，这就迫切要求我们转变传统的工业化和城镇化发展模式，需要摸索出一条与资源、环境相协调的可持续发展道路，提高人类赖以生存的环境质量。

1.1.4 浙江省具有研究人居环境规律的优越性和典型意义

实证研究区域选择浙江省，不仅因为数据的可得性，更重要的在于该地区具有研究人居环境规律的优越性和典型意义，即浙江省在地理位置、空间形态和经济发展上呈现多样性和异质性，有助于科学比较并提炼人居环境适

---

① 引自《党的十八届中央委员会向中国共产党第十九次全国代表大会的报告》。

宜性的特征与规律，具体表现在：一是浙江省位于北纬 27°~32°，属于学术界公认的人类最为宜居的地区，也位于长江经济带与“丝绸之路经济带”交汇点，是发展潜力最大的地区之一。因此，对浙江而言，在发展重点上，应由过去的以效率为主、强调开发，转为以人居为主，加强人居环境的改善与提升，力争成为我国环境宜居的先导区和示范区。二是浙江省地域类型复杂，有“七山一水两分田”之说。北部和东部沿海多为平原，这些地区长期追求经济增长和建设空间扩张，导致城市问题日益凸显，城市人居环境建设严重滞后于城市经济的发展（刘瑾，2011）；南部和西部地区多为山地地理单元，这些地区生态环境系统的脆弱性、社会经济发展的边缘性和聚落的难通达性使其成为人居环境建设的难点区。要解决复杂的地域类型所衍生的不同类型的人居环境问题，急需人居环境研究与理论的支持。此外，改革开放以来，浙江发展更多追求的是经济增长和建设空间扩张，而忽视了居民生活质量的提升，区域内人居环境水平参差不齐，公共服务产品分配不均；与此同时，浙江省居民生活水平显著提升，人居环境意识不断增强，对居住环境的需求日益呈现多元化、个性化发展趋势，这将诱导人居环境的演变。因此，研究浙江省的人居环境不仅具有局部和特殊的意义，而且对于促进我国区域人居环境研究的深入与研究案例的积累具有一定的意义。

1.2 研究意义

1.2.1 理论意义

（1）为人居环境的综合集成提供新的思路与视角。人居环境是人类生存聚居的环境的综合，具有综合性、开放性和系统性的特点，它涉及社会、经济、自然、生态等多个要素，研究的难点之一就在于采用何种结构体系将多个要素整合起来进行综合研究，即实现区域人居环境的综合集成。如果对指标集因子进行统一量化评价、加权汇总，得出的结论很可能与大众的评判不符，使划分结果失去意义。本书在客观评价人居环境主要构成因子的基础上，进一步采用价值化的评价方法，即以不同居民群体对人居环境要素偏好的差异性为外在基准，采用不同的权重体系对人居环境进行综合集成研究，揭示不同人居环境需求偏好条件下的区域人居环境特征规律及存在的问题，从而拓展了人居环境综合集成的视角和思路。

（2）丰富了地理学的研究内容，完善人居环境研究理论。人地关系是地理学研究的出发点，而人居环境是人类聚居生活的地方，是人地关系矛盾最集中和突出的地方，也是人地关系最基本的连接点（张文忠，2016）。从地理学的尺度、空间、地域、差异等视角研究人居环境的基本问题，分析人居环境构成要素的空间差异、揭示实体人居环境与居民个体需求的互动规律、评价不同地域类型居民人居环境满意度等，可极大地丰富地理学的内涵，促进地理学研究内容的拓展。本书对比分析了城市与乡村两种地域类型区居民的人居环境要素需求特征，探究不同地域类型区人居环境满意度的影响机制及其与居民流动性意向的相互关系，有助于从机理上补充人居环境满意度相关理论研究。

1.2.2 实践意义

人居环境的核心是“人”，人居环境研究需以满足“人类居住”需要为目的。随着社会经济的发展，人们对更高生活品质和生活质量的诉求越来越强烈，人居环境也日益成为学术界、政府和社会共同关注的重大问题。本书立足于当前社会各界所关注的热点问题，研究不同需求偏好模式下人居环境适宜性及其与人口分布的空间耦合关系，探讨不同地域类型条件下人居环境满意度的特征、影响机制及其与居住流动性意向的相互关系，有助于揭示实体人居环境与居民个体需求的互动规律，识别人居环境欠佳地区及其存在的问题，把握区域人居环境满意度影响机理及其与居民流动意向之间的关系。从政府角度来看，相关研究可为政府确定省内差别化的区域发展定位以及明确人居环境的改善方向、改善措施和实施路径提供技术支撑和决策参考，也能为基于人口发展的区域国土功能区划与人口空间规划提供科学依据和决策支持。从社会效应来看，相关研究有助于促进城市经济活动、人口集聚规模与城市资源环境承载力相匹配，实现社会经济发展与城市自然环境的和谐共生，增强城市综合竞争力和可持续发展能力，进而最大限度地为居民创造一个环境友好、居住安全、工作愉快、生活便利、社会和谐的人居环境。

1.3 概念界定

1.3.1 人居环境

人居环境是与人居活动、人居文化密切相关的地表空间，人居环境的内涵会随着时间的推移和地理空间尺度的变化而变化，下面主要从历史发展和地理尺度两个角度来阐述人居环境的概念和内涵。

一方面，人居环境的内涵会随着时间的推移而不断深化、拓展。“人居环境”这一概念源于“人类聚居学”。“人类聚居学”由希腊学者道萨迪亚斯于1958年创立，他认为构成人类聚居的五大要素是自然、人、社会、遮蔽物、网络与聚居环境（Doxiadis，1975）。面对世界范围内各种生态环境问题日益严峻的趋势，联合国《温哥华宣言》于1976年首先提出“人居环境”的概念，认为人居环境是人类社会的集合体，包括社会、物质、组织、精神和文化要素，涵盖城市、乡镇或农村；它由物理要素以及为其提供支撑的服务组成（UN，1976）。“人居环境”这一概念的提出，在类型上，将城市型和乡村型纳入一个统一体；在居住地域上，将城市与农村整合在一起；在居住空间上，将人与自然融为一个整体。20世纪90年代初，中国的吴良镛院士在“道氏学说”的基础上提出人居环境科学，他认为人居环境是人类聚居生活的地方，是与人类生存活动密切相关的地表空间，是人类在大自然中赖以生存的基地，是人类利用自然、改造自然的主要场所，在空间上人居环境可以分为生态绿地系统和人工建筑系统两部分（吴良镛，2001）。吴院士还进一步将人居环境分为五个子系统，即自然、人类、社会、居住和支撑系统。

随后很多学者从不同角度对人居环境的内涵进行阐释，例如，城市地理学侧重于从地理系统观的角度来把握城市人居环境的概念：李王鸣（1997）认为人居环境是人类在一定的地理系统背景下，进行着居住、工作、文化、教育、卫生、娱乐等活动，从而在城市立体式推进过程中创造的环境。宁越敏和查志强（1999）将人居环境分为人居硬环境和人居软环境。随着时代的变化，人居环境的概念和内涵也在不断拓展和深化。当前，人居环境被认为是社会经济活动的空间维度和物质体现（UN，2012）。张文忠等（2016）认为人居环境概念有广义和狭义之分，前者指人类生存聚居环境的综合，即与人类活动密切相关的地表空间；后者指人类聚居活动的空间，它是自然环境与人工环境建设的综合。

可以发现，到目前为止，对人居环境内涵的理解仍处于百家争鸣的状态，尚未有一个公认完备的定义，随着社会经济的发展，人居环境的内涵与外延以及广度与深度仍会进一步丰富、拓展和深化。

另一方面，人居环境的内涵和研究内容会随着地理尺度的变化而不同。尺度是物质运动和社会发展中一种客观存在的现象，也是一种将世界加以分类和条理化的思维工具（蔡运龙，2013）。对于不同的地理尺度，人居环境内涵和研究内容的关注点也有所不同。道萨迪亚斯将人类聚居系统划分为从最小单元的个人开始到整个人类聚居系统共15个尺度。吴良镛（2001）将人居环境科学范围简化为全球、区域、城市、社区（村镇）、建筑五大层次。李雪铭和田深圳（2015）、张文忠（2016）对不同地理尺度下人居环境研究的主要内容进行了梳理：全球尺度人居环境重点关注气候变化、温室效应、能源与水资源保护、环境污染等；国家或区域尺度重点关注区域人居环境配置与总体均衡、区域内各地人居环境发展的差异性及其调控等，省级尺度人居环境主要关注人居环境的自然适宜性、宜居度、竞争力等的时空演变趋势及特征；城市尺度重点研究城市生态环境保护、交通医疗教育等基本公共服务设施的可达性、城市品质与人居形象、城市人居环境满意度等；社区（邻里）重在研究居民环境意识及其人居环境的满意度、宜居性空间分异、邻里关系协调等方面；作为最基本单元的建筑尺度则关注室内设计的实用、美观性等。

本书对人居环境的研究尺度是以浙江省及其内部不同县域作为研究单元，基于研究目的和数据可获取的原则，将人居环境定义为自然生态环境、经济发展环境和公共服务环境的集成，即区域人居环境是自然生态环境、经济发展环境和公共服务环境的有机统一系统。

1.3.2 人居环境适宜性

人居环境适宜性的空间分异主要指人居环境适宜性在区域空间上的分布差异，是人居环境各要素及各要素之间相互作用在空间上分布差异的综合体现。人居环境适宜性内涵的要义在于哪些环境要素影响了人们宜居宜业需求的满足，以往的研究多强调自然生态环境要素（地形、气候等），但区域的自然生态环境作为其自身固有属性难以有较大改变，人们只能通过改造人工环境去提升区域宜居性，人居环境适宜性内涵也因此逐步得到扩展，分类体系日趋多样化。基于上述对人居环境内涵的分析，本书认为人居环境适宜性是指包括与人类生产、生活密切相关的自然生态环境、经济发展环境、社会文化环境等在内的环境集合体的组合特征及其适宜人类集中居住的程度。即人居环境适宜性是生态环境优越度、经济发展活力度和公共服务便捷度三方面的综合集成。本书对人居环境适宜性空间分异的研究也应该包含这三部分，在此基础上考察不同偏好视角下人居环境适宜性的空间差异。

大自然是人居环境的基础，人的生产生活以及具体的人居环境建设活动都离不开广阔的自然环境背景，区域自然环境宜居是人居环境宜居的基础。一个地方吸引人们聚集的最大吸引力在于其经济活力，能够给人提供较充足的就业机会，宜居的人居环境离不开经济发展的支撑，区域经济环境宜居是人居环境宜居的核心。人居环境的主体是人，宜居的人居环境必须满足人类居住的各类需求，具体而言主要是满足人们对交通、医疗、教育、养老、休闲娱乐、安全等公共服务需求，区域人文环境宜居是人居环境宜居的灵魂。基于此，本书构建了区域人居环境适宜性的概念框架（见图 1.1）。

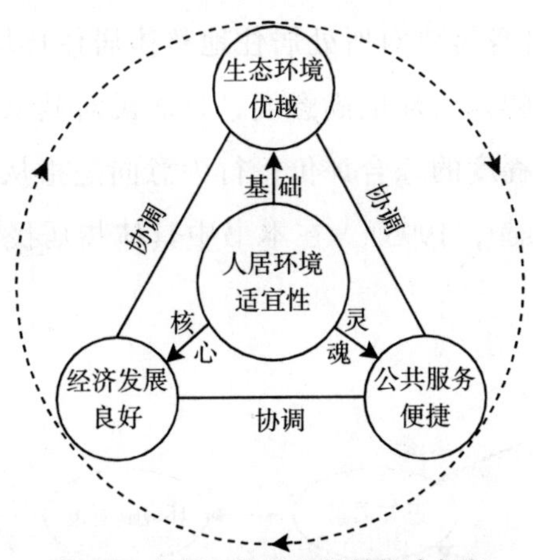

图 1.1 人居环境适宜性的概念框架

1.3.3 人居环境满意度

根据传统心理学理论，满意是一种心理状态（Oliver，1980）。满意度是体验的心理学结果（Lee et al.，2007），它是一种主观心理感受，属于情感内容，有总体满意度和属性满意度之分（Žabkar et al.，2010），满意度是衡量人们的愿望和实际之间差异的合理指标。美国社会心理学家 Clark（1990）从发生逻辑的角度，提出关系、付出、回报、期望和公正知觉是满意度形成的核心要素。其中，关系强调人际之间因事物发展所建立起来的各种联系；付出、回报与期望则强调个人或群体在参与事物发展过程之中和之后的利益感知与事前期望的整体认知；公正知觉则更进一步强调了对综合认知的权力感知，为再次发生的行为决策提供主观依据（李瑞等，2016）。

人居环境满意度是指居民对其生产、生活地区的人居环境的感知和态度，它是居民对区域人居环境中的生态环境条件、经济发展环境、基础设施建设、公共服务等各方面的需求的满足程度，反映了居民预期人居环境质量与实际人居环境条件的差距，两者越接近，表明居住满意度越高（Galster and Hesser，1981）。参考美国顾客满意度指数（ACSI）模型（Fornell et al.，1996）及一些相关研究成果（Dabholkar et al.，2002；何琼峰，2011；何建英，2012），本书尝试构建人居环境满意度概念模型（见图 1.2）。图中感知质量是指人们在日常生活中对他们所在的自然和社会环境等形成的知觉（史兴民、廖文果，

2012)，即居民根据自身需要对所处居住地整体居住环境和条件的主观评价；环境满意度是指居民的人居环境满意度，是居民对其所在居住地整体感知环境质量满足自身需要程度的综合评价；行为意向是指从事某特定行为的自发性计划的强度（Harrison，1995)，在本书中具体指居民是否具有迁居意向或者定居意向。

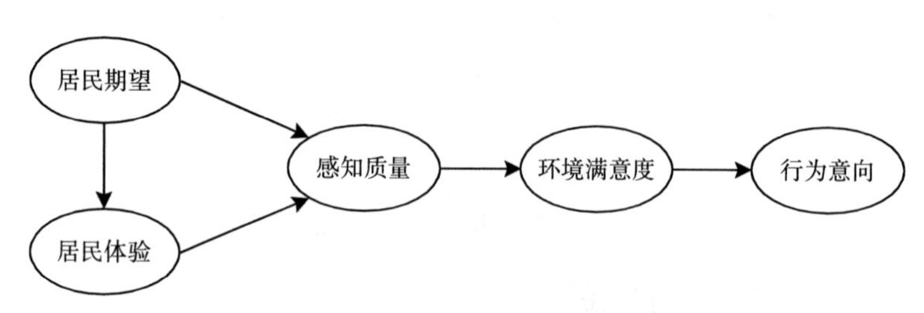

图 1.2　人居环境满意度的概念框架

1.4　研究方案

1.4.1　研究目标及问题

基于浙江省第一次地理国情普查成果数据与社会问卷调查数据，以浙江省为典型研究区域，综合运用 GIS 空间分析、数理统计、比较分析、归纳演绎和结构方程模型等方法，对浙江省人居环境适宜性空间分异和居民人居环境感知进行系统研究，主要实现以下几个目标：

● 基于客观数据库，对人居环境适宜性的三大构成要素进行空间统计分析，揭示浙江省人居环境适宜性核心要素在空间上的分布特征及其地域分异规律。

● 以居民个体的人居环境要素偏好为外在基准，采用不同的权重体系进行人居环境适宜性的综合集成，揭示不同模式下浙江人居环境适宜性的空间分布规律及其与人口分布的空间耦合关系，并识别出不同区域的人居环境面临的主要问题。

● 基于实地问卷调查数据，探讨城市与乡村两种不同地域类型区内不同居民群体人居环境需求要素特征，解析不同维度人居环境满意度特征；在此基础上构建“人居环境满意度影响机理及其行为意向”关系模型，揭示人居环境满意度影响机制及其与居民流动性意向的相互关系。

● 针对浙江省整体人居环境适宜性和城乡两种地域类型居民人居环境满意度分析，探讨浙江省人居环境建设与改善的对策研究。

基于确定的研究目标，本书的研究问题可概括为：

——如何在兼顾居民主体偏好的基础上进行人居环境适宜性综合集成？

——不同偏好模式下浙江省人居环境适宜性的空间分异格局是什么？

——人居环境适宜性与人口分布的空间耦合程度如何？

——不同地域类型区居民人居环境满意度由哪些维度构成？不同感知因素对人居环境满意度的影响效应有多大，作用机制是什么？人居环境满意度与居民流动性意向的关系如何？

本书研究的框架思路如图 1.3 所示。

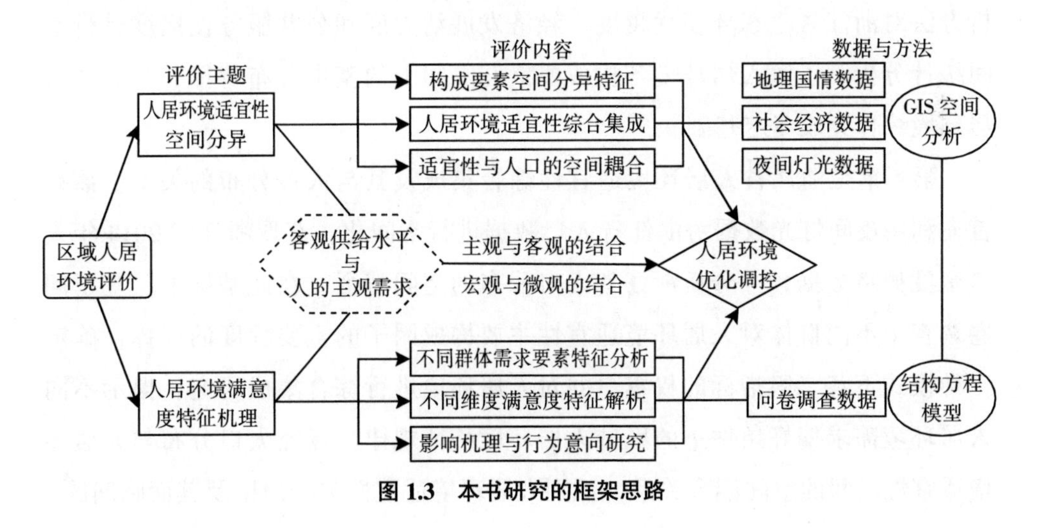

图 1.3 本书研究的框架思路

1.4.2 研究内容

在内容上，本书主要分为八章：

第 1 章是绪论。该章分析了本书的研究背景和研究意义，确定了研究目标及核心问题，拟定了研究内容和框架安排，设计了本书的研究方法、研究思路、技术路线，界定了相关概念模型和研究区域范围。

第 2 章是国内外研究进展及其理论基础。该章主要从人居环境自然适宜性、宜居城市与城市宜居性、乡村人居环境、居住环境等角度展开文献梳理和评述，为本书研究提供思路和方向。在此基础上，梳理和总结本书相关的基础理论，并尝试说明相关理论在本书中的应用，构筑本书人居环境研究的理论基础。

第 3 章是区域人居环境研究的主题与方法。该章首先确定了本书的两大主题——人居环境适宜性空间分异与人居环境满意度影响机理；其次对刻画人居环境适宜性的指标进行筛选，构建了人居环境适宜性综合评价指标体系及其定量测度与综合集成方法；再次则阐述了人居环境满意度的评价方法；最后建立两大主题研究所需的客观数据库和问卷调查数据库。

第 4 章是浙江省人居环境适宜性构成要素空间格局。基于浙江省人居环境的客观数据库，利用空间插值、栅格计算、可达性分析、地统计等空间分析方法对浙江省生态环境优越度、经济发展活力度和公共服务便捷度进行空间统计分析，了解人居环境各构成要素在空间上的基本分布特征，为后文人居环境综合集成奠定基础。

第 5 章是浙江省人居环境适宜性综合集成及其与人口分布的关系。该章首先利用夜间灯光数据对浙江省人口数据进行空间化，获取浙江省 2014 年人口密度栅格数据，并分析浙江省人口分布的空间特征。在此基础上，基于问卷调查中不同群体对人居环境适宜性主要构成因子的重要程度的选择，确定三种模式下各二级指标的权重，并对人居环境进行综合集成研究，揭示不同人居环境需求偏好条件下的区域人居环境特征规律，探究人口分布与人居环境适宜性之间的空间耦合关系，识别人居环境适宜性欠佳地区及其面临问题。

第 6 章是浙江省不同地域类型居民人居环境满意度感知特征。该章选取杭州市城区作为城市区域代表，选取仙居县部分乡镇作为乡村区域代表，基于问卷调查数据，利用数理统计、因子分析、交叉分析等方法探讨和解析城市与乡村两种不同地域类型区内，不同维度、不同社会经济属性、不同居民类群人居环境满意度特征。

第 7 章是浙江省不同地域类型人居环境满意度影响机理及其行为意向。利用探索性因子分析、验证性因子分析和结构方程模型等方法，分别构建城市与乡村“人居环境满意度和居民行为意向”的概念模型和结构模型，系统性地分析城市地域和乡村地域居民人居环境满意度的关联效应、影响机理及其与流动性意向的相互关系。

第 8 章是浙江省人居环境的优化与调控。该章首先从浙江省社会经济发展实际以及相关政策制度入手，提出浙江省人居环境改善的宏观调控导向，然后根据第 4 章的浙江省人居环境适宜性构成要素空间格局、第 5 章的人居环境欠佳地区及其问题识别，以及第 6 章、第 7 章的不同地域类型人居环境满意度感知特征及其满意度影响机理分析，分别提出人居环境构成要素的改善建议和不同地域类型区人居环境的调控方向。

第 9 章是结论与讨论。围绕本书的主要研究成果进行总结，指出本书研究的创新点和不足之处，并在此基础上提出今后研究中需要改进和完善之处。

1.4.3 研究方法与路线

本书基于相关文献综述，借鉴城市地理学、建筑学、城市规划学、生态学、环境学、行为地理学、社会学等学科的基本理论，通过建构与重组获取理论支撑。借助 ArcGIS、SPSS、Amos 等平台，挖掘原始数据，建立客观数据库与问卷调查数据库。围绕人居环境适宜性与人居环境满意度两大主题，兼顾全省宏观层面和城乡典型区域层面，整合应用数理统计、GIS 空间分析、结构模型分析等多种方法，将客观环境供给与主观环境感知相结合、机制建模与成因分析相结合，多视角、多层次地研究区域人居环境，并提出区域人居环境优化调控的政策建议。具体的研究方法如下：

1.4.3.1 文献研究与实地调研相结合

在明确研究对象与研究目的的基础上，通过检索、研读、整理人居环境的相关文献，掌握经典理论与新的研究动态，为人居环境适宜性和满意度研究提供理论支撑和基本观点的铺垫工作。开展实地问卷调查，并将传统的调查表格与区域基础现状底图相结合，既获取居民基本社会属性信息、居住生活环境信息，还获取被调查者的空间位置等地理信息，以及对其所在区域人居环境的评价等感知信息，结合空间分析的需要，改进了传统的避开空间信息的社会调查方法。

1.4.3.2 空间分析和数理分析相结合

基于 ArcGIS 10.2、GeoDa 等软件平台对地理空间数据进行采集、管理、操作、分析等处理，利用可达性分析、插值分析、邻域分析、区域分析等对浙江省人居环境构成要素及其综合集成的空间差异进行分析和可视化展示，揭示其空间分布规律。采用 SPSS、Amos 等统计分析软件，运用因子分析、相关性分析、结构方程模型等方法，分析不同群体人居环境要素需求特征和不同维度人居环境满意度特征，构建“人居环境满意度和居住流动性意向”关系模型，探讨不同地域类型人居环境满意度的影响机制及其与居住流动性意向的相互关系。

1.4.3.3 客观分析与主观评价相结合

基于客观数据库，对人居环境的客观构成要素进行空间分析，直观展示人居环境的空间差异，基于问卷调查中不同居民主体对人居环境适宜性主要构成因子的重要程度的选择，进行人居环境的综合集成，探讨居民主体需求与实体人居环境的互动规律。将客观实体环境评价与居民主观感知相结合，既尊重了区域人居环境供给的客观事实，又兼顾了居民对人居环境的看法，综合考虑主观与客观两个方面的因素，对人居环境进行了较为全面的评价。

本书具体技术路线如图 1.4 所示。

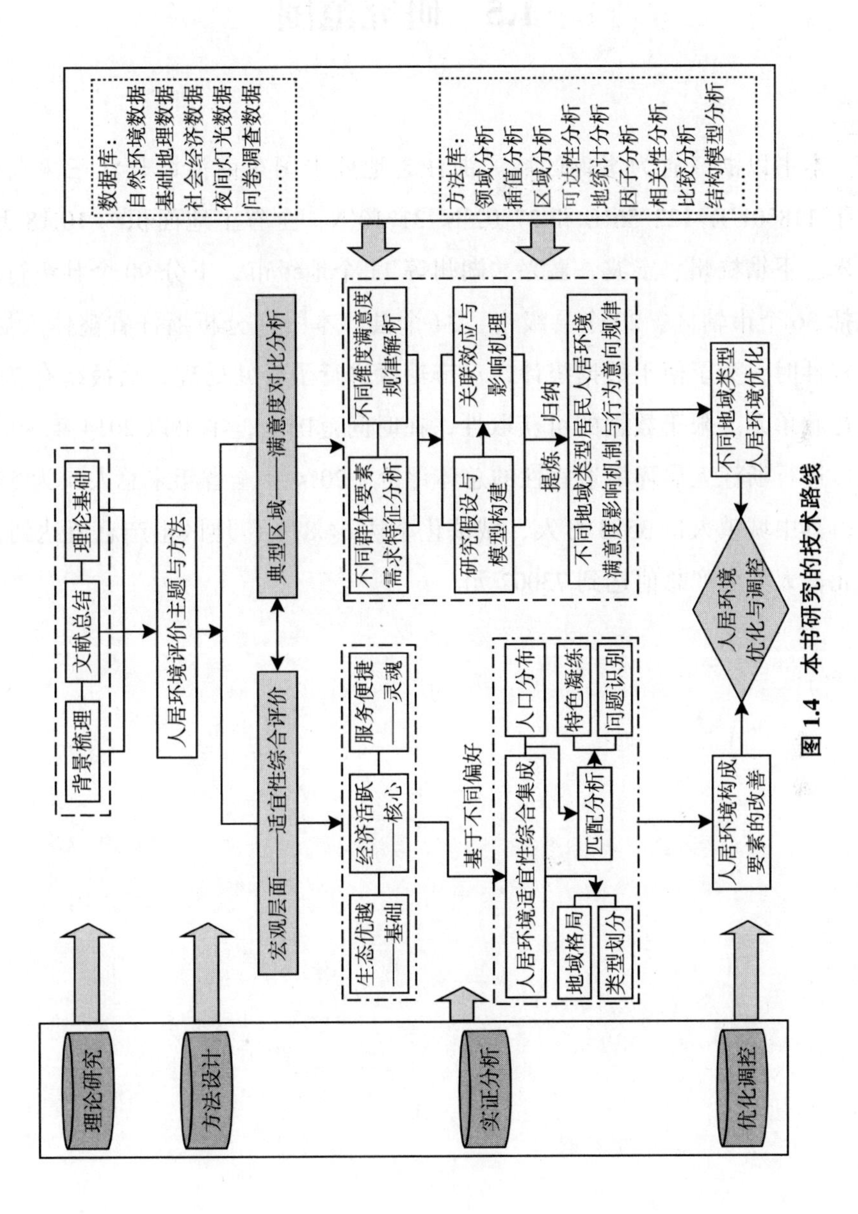

图 1.4 本书研究的技术路线

1.5 研究范围

本书以浙江省为案例区域。浙江省地处中国东南沿海长江三角洲南翼，位于 118°01′E~122°56′E 和 27°02′N~31°10′N，全省土地面积约 10.18 万平方千米，下辖杭州、宁波、嘉兴、湖州等 11 个地级市，下分 90 个县级行政区，包括 36 个市辖区、20 个县级市、34 个县。本书在分析浙江省整体人居环境适宜性时，为了便于数据统计，对市辖区进行了合并处理，故最终有 73 个县级行政单元。限于数据的可获取性，在时间范围上，本书以 2014 年为时间节点，进行浙江人居环境适宜性的总体评价。2014 年全省年末总人口为 5508 万人，其中城镇人口 3573 万人，城镇化率达 64.87%；地区生产总值达到 40173 亿元，人均生产总值达到 73002 元。

第2章
国内外研究进展及其理论基础

人居环境是人类生产生活最主要的场所，是与人类生存活动密切相关的地表空间。随着人类活动影响范围和强度的增加，人居环境问题越来越突出，成为学术界近年来关注的热点。系统梳理国内外关于人居环境研究的历程与现状，明确当前研究的薄弱环节，发现相关研究的动向和前瞻趋势，这对于本书开展关于人居环境的理论探索与实证研究具有重要意义。

2.1　人居环境研究的发展历程

国外对于人居环境的研究起步较早。综合国外对人居环境理论与实践的研究历程，可将其划分为三个阶段：①18世纪60年代至20世纪50年代。18世纪60年代，以英国为首的资本主义国家率先开始工业革命，同时也拉开了人类社会城市化进程的序幕，城市成为人类集聚与生活的中心，人口开始在城市大量集聚，但缺乏有效规划的城市也逐渐暴露出各种弊端。规划学和社会学等学科开始关注这些问题，它们针对城市空间结构的理想模式，希望能找到一种理想的城市发展模式，并陆续涌现出一系列理想城市的理论及实践。例如，霍华德的田园城市、柯布西埃的明日都市、佩里的邻里单元、赖特的广亩城市、沙里宁的有机疏散理论等。②20世纪50年代至20世纪80年代前后。长期快速的工业化和城市化进程，使西方面对的资源环境挑战日益严峻，并出现很多城市问题，西方社会开始提出以人的需求为核心，并针对城市与区域发展问题探索综合解决方法的人居环境实践，诞生了诸多关于人居环境的著作和全球性会议宣言。例如，1958 年希腊学者道萨迪亚斯在对人类生活环境等问题进行大量研究的基础上，创建了人类聚居科学，系统地阐释了人类居住环境的思想。为保护和改善环境，联合国于 1972 年 6 月在瑞典首都斯德哥尔摩召开“人类环境大会”，讨论环境对人类和地球的影响，并通过了《人类环境宣言》。③20 世纪 80 年代末期至今。人类面临信息化、全球化和全球变暖，可持续发展思想日益完善，西方人居环境理论探索出现了很多学说或假说，并形成了社会学派、建筑学派、政治学派与管理学派等，联合国和西方各国也将人居环境建设纳入工作重点，形成了人居环境的科学体系和全球行动纲领。例如，联合国自 1986 年开始将每年 10 月的第一个周一设为“世界人居日”；1992 年联合国在里约热内卢召开“世界环境与发展”大会，首次明确可持续发展行动纲领，发表《里约宣言》《21 世纪议程》；直至 2016 年，第三次联合国住房和城市可持续发展会议在纽约举行，会上联合国要求各国编写“人居环境”国家报告。

国内的人居环境研究大体也可以划分为三个阶段：①20 世纪 40 年代以前。受农业社会的深刻影响，中国人自古十分关注人与自然的和谐相处，因此这一时期人们在选址、建宅以及居住环境营建时多遵循“天人合一”的人居思想（任云英、张峰，2007），即认为人是自然的一部分，需要“物我相亲”“天人和谐”。②20 世纪 40 年代至 20 世纪 80 年代。1949 年中华人民共和国成立，我国开始实行计划经济体制，受其影响，20 世纪 40 年代到 80 年代我国基本都遵循“单位制”自给自足型社区建设思想，单位制社区成为计划经济体制下中国城市的基本功能单元和管理单元（张汉，2010），这一时期人居环境研究并未受到太多的重视，研究成果也较少。现有可查的最早论文是严钦尚 1939 年在《地理学报》发表的《西康居住地理》，其后相关文献数量增长缓慢，直至 1993 年前后，吴良镛院士受道萨迪亚斯的启示，提出了人居环境科学，他提出采用分层次、分系统的研究方法，并创建了立足于中国实际的人居环境科学理论体系的基本框架，于 2001 年出版《中国人居环境科学导论》。③20 世纪末至今。在吴良镛院士的倡导下，中国现代人居环境科学才得到重视而得以发展，从 20 世纪末开始，国内关于人居环境的优秀研究成果持续大量出现，国家自然科学基金委员会相继批准了几十项关于人居环境的重点、面上与青年项目，诸多优秀的论文也相继在国内外高级别刊物上发表。

2.2　主要领域的研究动态

2.2.1　人居环境自然适宜性研究

2.2.1.1　人居环境自然适宜性的概念及构成要素

自然环境是人居环境形成与发展的本底，人的生产生活以及具体的人居环境建设活动都离不开更为广阔的自然环境背景（王坤鹏，2010）。人居环境自然适宜性是地形、气候、水土资源、地表覆被、气候气象等的自然环境组合特征及其适宜人类集中居住的程度（马仁锋，2014）。由于小尺度区域的自然环境均质化程度较高，因此人居环境自然适宜性研究主要集中在全球、国家或省级层面，而城市内部的相关研究已不是重点。通过自然环境适宜性的研究，可以为确定城市发展的适度规模、指导城市或村镇选址提供理论和实践指导。

影响人居环境的自然因素众多，但最为根本且决定着其他自然因素、对人居环境自然适宜性起主导作用的，主要包括地形条件、水热气候条件和水文状况、区域土地利用/土地覆被等（张善余，2003；封志明等，2008；张文忠等，2013）。因此，人居环境自然适宜性构成要素主要由地形起伏度所表征的地形条件、温湿指数所表征的气候条件、水文指数所表征的水文条件、地被指数所表征的地表覆盖条件等组成。

2.2.1.2　人居环境自然适宜性的研究视角及内容

人居环境自然适宜性的研究，主要集中在两个视角：

（1）分析评价自然地理单要素对人居环境适宜性的影响度，主要包括气候条件、地形条件、水文条件、土地覆被、自然灾害等对人居环境的影响与作用。气候是人居环境系统中最为密切且最直接的自然要素，相关研究也最为广泛。气候条件对人类起源、人口分布及其生活生产方式具有重要影响（William and Dear，1993），是学界评价区域环境宜居性的核心要素之一。1978年Oliver提出并构建了温湿指数和风效指数模型，并探讨了温度、湿度、风速和日照等气候条件对人体舒适度的影响，分析了气候对人类起源、分布及生活生产方式的影响。随后，他的方法模型被广泛应用于不同区域气候适宜性评价之中（Spagnolo and Dear，2003；Tang et al.，2012；Liu et al.，2015；Fitchett et al.，2016）。国内学者针对楚雄市、贵州省、中国乡村、全国公里网格等不同尺度的人居环境气候适宜度进行了实证研究，发现气候条件对区域人居环境有重要影响，中国人居环境的气候适宜性整体呈现出由东南沿海向西北内陆，由高原、山地向丘陵、平原递减的趋势（张剑光和冯云飞，1991；刘沛林，1999；何萍和李宏波，2008；唐焰等，2008）。地形是最基本的自然地理要素，它制约地表物质与能量的再分配，影响土壤与植被的形成和发育过程，因此地形起伏度也是学者进行生态环境评价的常用指标（Kodagali，1988；Liu et al.，2015）。封志明等（2014）从全国尺度研究了地形起伏度与中国人口分布的相关关系，指出中国地形起伏度与人口分布的相关性区域差异显著。周自翔等（2012）从区域尺度对关中—天水经济区地形起伏度的分布规律及其与人口分布的相关性进行了研究。此外，封志明等（2014）从全国、分省、分县三个不同尺度，分析评价了2000年和2010年中国人口分布的水资源和土地资源的限制性与限制度，研究发现中国分县人口分布的水土资源限制度西部弱于东部、南部弱于北部、长江流域弱于泛黄河流域，地域分异明显。地被是陆地生态系统的重要组成部分，是联系土壤、陆地水体和大气之间能量交换、水分循环和生物化学循环过程的纽带（Saumel et al.，2015），地被覆盖度也是反映人居生态环境的重要因子（Mamoun et al.，2013）。随着人们对居住环境健康性的不断重视，空气质量、自然灾害等指标也逐渐引起学者的关注（Zhao et al.，2009；Giovanni et al.，

2015；Castro et al.，2015）。

（2）采用多个自然地理要素综合评判区域人居环境自然适宜性，研究范式主要基于 GIS 栅格数据，综合加权地形起伏度、温湿指数、水文指数和地被指数等自然因子指数评判区域人居环境自然适宜性。如国内学者对万州区、遵义市、石羊河流域、关中—天水经济区、宁夏中部干旱带、陕西省、京津冀地区及全国的相关研究表明中国及其各区域的人居环境自然适宜性受地形起伏度、温湿指数、水文指数和地被指数等因素的综合影响，呈现出不同空间分布格局（封志明等，2008；郝慧梅和任志远，2009；娄胜霞，2011；闵婕等，2012；魏伟等，2012；程淑杰和朱志玲，2015；杨雪和张文忠，2016；Li et al.，2011；Zhu et al.，2016）。此外，针对加勒比海地区、里海南部、伊拉克、尼泊尔等地区生态环境适宜性的实证研究（Vayghan et al.，2013；Hacohen -Domené et al.，2015；Paudel et al.，2015；Omar and Raheem，2016），对于识别区域生态环境的适宜性和限制性因素，加强生态环境保护等都具有重要的理论和现实价值。

在人居环境自然适宜性评价中，合适栅格单元的选择、不同自然环境因子的权重等成为构建人居环境自然适宜性综合评价模型过程的关键技术难题，当前采用相关系数法、层次分析法或者专家打分法等来解决上述两个重要环节，在说服力上仍有欠缺，如何统筹大区域参数阈值与小区域的相关阈值也值得深究。此外，国内研究的案例区域多集中在中、西部地区，缺乏对我国东部沿海地区生态环境宜居性的研究；空气污染越来越威胁到人们生活和健康，但目前关于自然适宜性的研究可能受数据限制，还少有涉及这一指标。大数据时代背景下，用新技术方法和手段综合研究生态环境问题也是目前的一个重要趋势，卫星遥感数据、地理国情普查数据等数据的获取，使研究方法不断革新（Zhao et al.，2013；Xie et al.，2015），使不同尺度上的人居环境演变的综合研究成为可能（Varghese，2015；Zhu et al.，2016；Buruso et al.，2018）。

2.2.2　宜居城市与城市宜居性研究

随着工业化与城市化的快速发展，环境污染、生态恶化、交通拥挤、房价高昂等一系列城市问题日益严峻，严重影响了城市居民的生活品质和生活环境质量。与此同时，随着城市居民收入的增加，人们的环保意识不断提高，对更高水平的生活环境和品质的需求也越来越高。因此，城市的宜居性成为城市发展中的重要议题。城市的宜居性评价和宜居城市建设也成为人居环境研究的主流。

2.2.2.1 城市宜居性的内涵

城市宜居性概念最早是由史密斯（David L. Smith）提出的，史密斯在其所著的《宜居与城市规划》一书中从物质和环境角度定义了宜居性的内涵。随后，国外很多学者从不同视角论述了城市宜居性和宜居城市的内涵（Hahlweg，1997；Evans，2002；Timmer and Seymoar，2006；Marsal-Llacuna et al.，2015）。例如，Casellati（1997）从以人为本的视角阐述了宜居性的内涵，认为宜居的城市不会对人产生压制，宜居性意味着我们自己在城市里是一个真正意义上的人；Salzano（1997）从可持续发展的角度论述了宜居性，认为城市连接了过去和未来，不仅尊重历史的烙印，也尊重未来的人。Palej（2000）从建筑和规划的视角讨论了宜居城市建设，强调要保存和更新城市的社会组织元素。国内很多学者也对城市宜居性的内涵进行了探讨（张文忠等，2006；李丽萍和郭宝华，2006；叶立梅，2007），其中以中国科学院地理科学与资源研究所的张文忠教授团队最具代表性。张教授的团队围绕“宜居城市”这一主题，相继发表和出版了大量的论文和专著（张文忠，2007），为宜居城市内涵的理解以及宜居城市建设做出了巨大的贡献。张文忠等（2016）认为宜居城市是适宜人类居住和生活的城市，是宜人的自然生态环境与和谐的社会和人文环境的完整统一体，是城市发展的方向与目标，宜居城市应该是一个环境健康、安全、自然宜人、社会和谐、生活方便和出行便捷的城市（见图 2-1）。总的来看，宜居城市的内涵是伴随着城市发展面临的问题而不断丰富、发展和延伸的。

2.2.2.2 不同空间尺度的宜居性评价和影响机制

主要研究范式是基于城市实体组成的视角或者基于居民主观感受的视角构建适用于不同研究尺度地区的宜居城市评价指标体系，对不同城市之间、

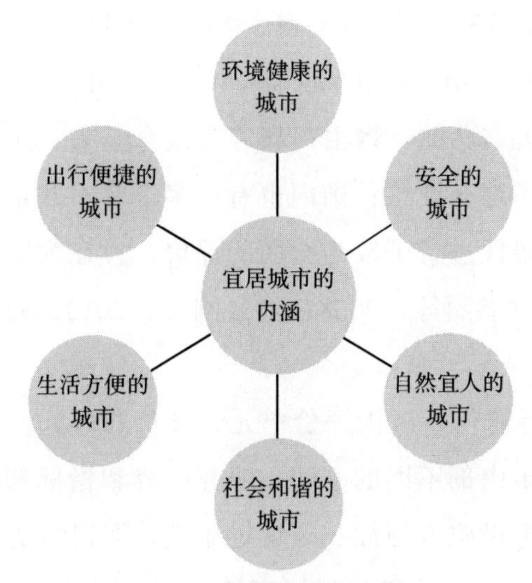

图 2.1　宜居城市的内涵

城市自身或者城市内部不同地区的宜居性进行综合评价，刻画城市宜居性的状态和发展趋势，并分析影响其宜居性的因素是什么，实现评估结果的科学化和实用化。

（1）从城市尺度出发，比较不同城市的宜居性水平，并剖析其影响因素。因为尺度相对较大，故评价的内容和相应的指标相对宏观，但核心仍然是围绕与居民生活和居住密切相关的内容（王坤鹏，2010；刘瑾，2011；Saitluanga，2014；李雪铭等，2014；Zanella et al.，2015；李陈，2015；喻忠磊等，2016；李陈，2017）。例如，Savageau（2007）构建了囊括文化氛围、住房、就业、犯罪、交通、教育等九个方面的综合指标体系对美国大都市区的生活质量进行了评价。Wang 等（2011）从社会发展、居住水平和环境质量三个方面比较了北京与纽约、伦敦和东京三个全球性城市的宜居水平，发现北京的综合宜居水平与以上三个城市存在很大差距，并指出北京在全球城市建设中要努力提高大气质量和水质。李雪铭和晋培育（2012）从社会经济环境、居住环境、基础设施和公共服务环境、生态环境四个方面对中国 286 个地级以上城市的人居环境质量特征和时空差异变化进行了分析。

（2）以独立的城市为评价单元，评价分析某个城市自身宜居性水平和影响因素（保罗·诺克斯和斯蒂文·平奇，2005；孟斌等，2009；胡娟，2010；付博，2011；胡伏湘，2012；Chiang and Liang，2013；Kotus and Rzeszewski，2013）。例如，Omuta（1988）将主观和客观结合起来，对尼日利亚首都贝宁市的生活质量进行了综合评价；国内也有很多学者对北京、大连、广州、兰州等热点城市的宜居性进行了较为全面的评价，旨在为宜居城市建设提供理论引导和决策依据（谌丽等，2008；刘云刚等，2010；张志斌等，2014；党云晓等，2015）。

（3）以街道或者居住小区为评价单元，评价和研究城市内部不同区域的宜居水平。基于城市内部不同的空间，研究内容和指标选择相对具体，包括单元的安全性、服务设施方便性、环境健康性、居民行为偏好、职住分离乃至各住宅区的面积、住房价格、楼层高度、建筑风格等（张文忠等，2006；李雪铭等，2008；Mackett et al.，2008；杨俊等，2012；龙瀛等，2012；谌丽等，2013；李雪铭等，2014；Mohadeseh et al.，2015）。例如，Lovejoy等（2010）比较了传统邻里和新城主义邻里的宜居性；李业锦（2009）等以街道为基本单元，对北京城市内部的宜居性空间差异及其影响机制进行了分析。

通常对宜居性空间差异的研究都是分别在不同尺度上进行，但不同尺度空间往往具有嵌套性，社区嵌套在街道中，街道嵌套在城市中，城市又嵌套在更大的区域之中，因此并不相互独立。党云晓等（2016）利用多层级定序因变量模型分析了居民生活满意度在北京城市内部街道和居住小区尺度内的异质性，这为宜居性的空间分析提供了新的思路。

2.2.2.3 宜居城市建设研究

改善城市人居环境质量，建设和谐宜居城市已成为现阶段我国城市发展的重要目标，对提升城市居民生活质量、完善城市功能和提高城市运行效率具有重要意义（张文忠，2016）。国外学者从不同角度对城市人居环境建设进行了探讨：Sandstrom（2002）从绿色基础设施规划的角度探讨了瑞典城市人居环境发展对策；Geller（2003）从精明增长的角度探讨适宜的人居环境；Newton（2012）从社会技术的角度出发，总结出改善澳大利亚的城市人居环境水平的若干路径。相较于西方发达国家，我国目前正处于快速城市化进程中，我国的城市化也形成了多元的格局，因此城市人居环境建设也必须适应这一进程。宁越敏和查志强（1999）对大都市人居环境演化进行考察后，提出大都市人居环境的宏观原则和微观原则。李斌（2004）在对兰州市人居环境质量评价的基础上，提出了兰州市人居环境优化的对策。胡细英等（2008）以江西省南昌市为例，分析城市化进程中的人居环境建设问题，指出认真落实生态休闲示范区规划对城市人居环境建设具有重要意义。李雪铭等（2014）对辽宁省 14 个市城市人居环境失配度时空演变、系统失配和内部作用机理进行分析，为城市人居环境建设提供了理论借鉴。张文忠（2016）在解析宜居城市的内涵和评述国际宜居城市建设经验的基础上，构建了中国宜居城市建设的核心框架，为我国建设宜居城市提供了有益的理论指导。

2.2.3　乡村人居环境研究

乡村人居环境是人居环境大系统中不可分割的组成部分，是乡村区域内农户生产生活所需物质和非物质的有机结合体（李伯华等，2008；周侃等，2011）。乡村人居环境建设是人居环境整体改善和实现农民安居乐业的基础，维护和谐的乡村人居环境对农村可持续发展和国家稳定有着非常重要的作用。随着城镇化进程中一系列生态环境问题的普遍出现，学者们也逐渐重视起对乡村地区人居环境问题的研究。目前学术界对乡村人居环境的研究主要集中在以下四个方面。

2.2.3.1　乡村聚落研究

国外学者对乡村聚落的研究侧重于乡村聚落与乡村聚落地理理论体系研究（Singh，1975；Bunce，1982；Mandal，2002）、乡村聚落区位研究（John，1969），以及土地利用评价（Mayhew，1973；Michael，2007）等。国内对乡村聚落的研究，早期侧重于乡村聚落的区域研究、类型研究、体系研究和综合研究，研究视角主要是理论研究和宏观研究，研究成果主要集中在乡村聚落地理和乡村地理等方面，如金其铭的《农村聚落地理》（1984）、陈兴中和周介铭的《中国乡村地理》（1989）等。随着城镇化的快速推进，学者们的关注点开始转向乡村聚落的演变路径与机制（马晓冬等，2012）、乡村聚落的重构

(张泉等，2005）等方面。对于前者的研究，主要从两个方面开展：一是从宏观层面探讨区域乡村聚落演变的路径与成因，如汤国安和赵牡丹（2000）基于 GIS 平台，分析了陕北榆林地区乡村聚落的空间分布规律与区位特征，并发现自然与人为因素是该地区乡村聚落的空间分布主要影响因素；二是以单个村庄为案例，研究城市化影响下的乡村聚落演变的微观机制，这里面针对“空心村”产生的动力机制研究居多（张军英，1999；程连生等，2001；薛力，2001；王成新等，2005）。

2.2.3.2 乡村人居环境评价研究

对于乡村人居环境评价的研究范式主要有：一是基于统计数据构建综合指标体系对不同区域的乡村人居环境进行评价（王莹，2011；朱彬等，2015）。杨兴柱和王群（2013）从基础设施、公共服务设施、能源消费结构、居住条件、环境卫生五个方面构建了乡村人居环境质量差异评价指标体系，并对皖南旅游区进行实证测度，为推动旅游健康发展与乡村人居环境可持续建设提供了很好的借鉴。二是基于问卷调查或访谈数据，从农户人居环境满意度的角度分析评价乡村人居环境。例如，李伯华等（2009）以石首市久合垸乡为例，采用模糊综合评价法对乡村人居环境满意度进行评价，认为需根据居民的自身愿望与现实感知的差异程度来确定乡村人居环境建设的突破口。还有学者从“乡村长寿”这一现象出发，系统考究了乡村长寿现象与优越自然生态环境、和谐人文社会环境以及舒适人工居住环境的关系，这不仅对中国乡村人居环境发展具有明显意义，而且具有健康地理研究的普遍价值（马婧婧，2012）。

2.2.3.3 乡村环境演化与机制研究

随着乡村人居环境剧烈变化的态势加剧，乡村人居环境的动态演变引起了各地理学者的注意，不同学科的切入点各不相同。人文地理是研究乡村人居环境变化的主力军，他们一方面从宏观层面着手，研究乡村生态环境演化的过程和特征，并对其机制进行解析（Dahms，1998；Schnaiberg et al.，2002；Nepal，2005；Amit，2012；李伯华，2014）；另一方面从农户的行为方式这一微观层面着手，探究乡村环境变化的根源，其中以衡阳师范学院的李伯华教授团队最具代表性。李伯华等（2014）依托国家自然科学基金项目“转型期农户空间行为驱动的乡村人居环境演化特征、作用机理与调控机制”，从农户空间行为的微观视角，探讨农户空间行为与乡村人居环境系统的相互关系和作用机制，提出了基于人地关系思想的“空间行为与人居环境变迁”的关联模型（李伯华等，2012；李伯华，2014）。自然地理学者从地貌、土壤等角度研究了乡村环境演化的过程和影响（甘枝茂，2005；岳大鹏，2005）；区域经济地理学者对区域农村生态环境与农村经济发展的关系进行了探讨（徐勇等，2002；梁流涛等，2015）。

2.2.3.4　乡村人居环境建设研究

城市化的快速推进对乡村的人文社会环境、自然生态环境和经济环境等产生了深刻的影响，同时个性化和多样化的生活居住空间需求增加，政府和乡村发展面临着乡村发展和环境保护的两难选择，国外一些学者开始关注乡村人居环境建设问题（Clocke，1983；Michael et al.，2009；Jordan et al.，2010），探索乡村人居环境可持续发展的路径（Wiley，1998；Mani，2005）。例如，Thomas（1963）对英国农村基本公共服务环境进行了研究，发现英国的供水、供电、教育、邮政等都超出了农户的实际支付价值，而唯独农村交通服务还没达到要求，因此主张建立政府基金，负责大部分农村服务资金，建立城乡交通网络。我国自改革开放以来，城市化和乡镇企业迅速崛起，经济的快速发展和城市化的快速推进使还没有来得及享受改革成果的传统乡村迅速融入城市化的浪潮中，面对城市化的“侵扰”，乡村景观、乡村空间和乡村社会逐步突破了传统的乡村人居环境均衡状态，出现了很多人居环境问题，并且目前我国农村人居环境总体水平仍然较低，在居住条件、公共设施和环境卫生等方面与全面建成小康社会的目标要求还有较大差距。针对这些情况，国务院在2014年颁布了《国务院办公厅关于改善农村人居环境的指导意见》，为乡村人居环境的改善提供了政策指导。我国很多学者也从城乡统筹发展、农业与旅游业融合发展、村民个人意愿、住宅设计和建筑等视角探索中国乡村人居环境建设与改善的路径（宁越敏等，2002；彭震伟和孙婕，2007；李昌浩等，2007；郑文俊，2009；彭震伟和陆嘉，2009；李钰，2010；杨兴柱，

2011；李伯华等，2011；殷冉，2013；李斌等，2015）。

2.2.4 居住环境评价研究

居住环境是围绕居住和生活空间的各种环境的总和，一般由自然环境、空间格局、服务设施和人文环境等构成，良好的居住环境是关乎人们最基本的生活条件，也是人居环境建设的核心和重点。1961年世界卫生组织（WHO）提出了居住环境的基本理念，即安全性、健康性、便利性、舒适性，这四个理念反映了在一定场所能够享受怎样的环境的观点，也长期被学术界借鉴和应用（张文忠等，2005）。随着人本主义兴起，居住环境理念从早期只关注建筑、街道等物质环境，开始更加注重人的尺度和人的需要，强调社会环境的重要性（张文忠等，2016）。目前关于居住环境的评价主要包括以下两个方面。

2.2.4.1 居住环境的客观实体评价

居住环境的客观实体评价主要是对评价单元内的居住环境进行实体评判与分析，定量揭示区域内部不同空间居住环境的优劣程度，研究内容主要包括以下几方面：①构建居住环境指标体系，对区域居住环境质量进行综合评价（张文忠，2007；Mohamed et al.，2012；赵倩等，2013；谌丽等，2015；卢梦笛等，2016）。例如，张文忠等（2005）从服务设施、自然环境、交通状况、区位条件四个方面综合评价了北京市城市内部居住环境区位优势度；Dovile等（2015）构建了郊区住宅环境质量综合评价指数，并比较了郊区居住环境现状与居民预期的居住环境质量。②以居住环境的单要素为对象展开研究，对居住的安全性、教育服务设施、医疗资源、交通站点等进行数量和质量的客观评价（杜德斌和汤建中，1995；Belinda，2004；Yousuf et al.，2010；Zhao et al.，2011；Tica et al.，2011；Kim et al.，2013；刘传明和曾菊新，2011；张鲜鲜等，2015；钟少颖等，2015）。例如，李业锦和朱红（2013）基于2006~2011年北京市“110”警情治安数据，利用“GIS”的空间密度分析方法，对北京社会治安公共安全的空间格局及机制进行了分析评价，该研究为城市社会治安防控的空间管理策略和城市公共安全政策制定提供参考。③利用GIS空间分析方法对区域内部居住环境的空间特征进行评价（Brown，

1978；Marcuse，1996；王茂军等，2002；顾成林等，2012）。例如，谌丽等（2015）以北京市为例，运用因子生态分析等方法对其居住环境类型区进行识别，然后基于居民个体感受，探析不同居住环境类型区的问题，最后总结北京城市居住环境类型的空间格局。

2.2.4.2 居住环境的主观认知评价

居住环境的主观认知评价主要是通过问卷调查，分析和评价居民对区域内部不同空间的居住环境的满意程度，从居民自身出发，这对居住环境建设具有重要的指导意义。居住环境满意度是居民预期居住条件与实际居住条件的差距，两者越接近，表明居住满意度越高。居住环境满意度可由个人需求与居住环境两方面之间的不匹配程度表征出来（Jansen，2012）。目前国内外学者对居住满意度的研究侧重于居住满意度影响因素的分析，从而为提高区域居住环境满意度提供理论指导。影响区域人居环境满意度的因素是多元复杂的，国外学者研究发现居住满意度主要受个体和家庭属性特征、区位特征、住房质量、周围环境、邻里关系、交通条件等因素影响（Galster and Hesser，1981；Elsinga and Hoekstra，2005；Toscano and Amestoy，2008；Salleh，2008；Han et al.，2010；Mohit et al.，2010；Jiboye，2012；Mohit and Azim，2012；Haugen et al.，2012；Saumel et al.，2015）。例如，Mohit 和 Azim（2012）对马尔代夫首都公共住房居民进行研究，发现居住满意度受住房物理性质、住房提供设施、附近公共设施和社会环境角度四个维度影响，多数居民居住满意度只是略微满意。Jens（2015）研究了居住环境的声誉对人们居住环境的选择的影响，发现人们选择居住在城市还是农村与人们感知到的环境声誉有密切的关系。国内学者通过对北京、上海、成都、环渤海等地区的实证分析，也发现城市规模、人口密度、经济发展、住房条件、配套设施、交通出行、社会支持度、社区社会资本等因素均与居住环境满意度有密切的关系（李雪铭等，2004；武晓瑞，2009；刘勇，2010；颜秉秋和高晓路，2013；湛东升等，2014；刘志林等，2015；党云晓等，2016；李俊峰等，2017）。国外还有学者对居住满意度的后果效应，即居住满意度与居住流动性的关系进行了探讨。Wolpert（1966）、Brown 和 Moore（1970）等基于对居住满意度和居住流动性的实证研究，提出了“压力门槛”学说，较早地对居住满意度和居住流动性之间的关系进行了较为系统的阐述。很多学者研究发现居住满意度和居住流动性之间存在负相关，即居住满意度越高，居住流动性发生次数越低（Speare，1974；Clark and Ledwith，2006；高斯瑶和程杨，2018），但 Kearns 和 Parkes（2003）研究却认为居住满意度和居住流动性具有正相关。

2.3 研究述评

综上所述，人居环境探究是目前学术界的研究热点，一方面，学者们从人居环境自然适宜性、宜居城市、乡村人居环境、居住环境等不同方面切入（见图 2.2），进行了大量方法和理论机制上的探索，并对不同地理尺度的区域进行实证研究，既为本书的顺利开展奠定了基础，又对我国不同区域人居环境建设具有很好的借鉴意义；另一方面，尽管不同学者从多学科、多层次和多视角对人居环境进行了研究，并取得了丰富的研究成果，但依然有一些方面值得进一步深入探讨：

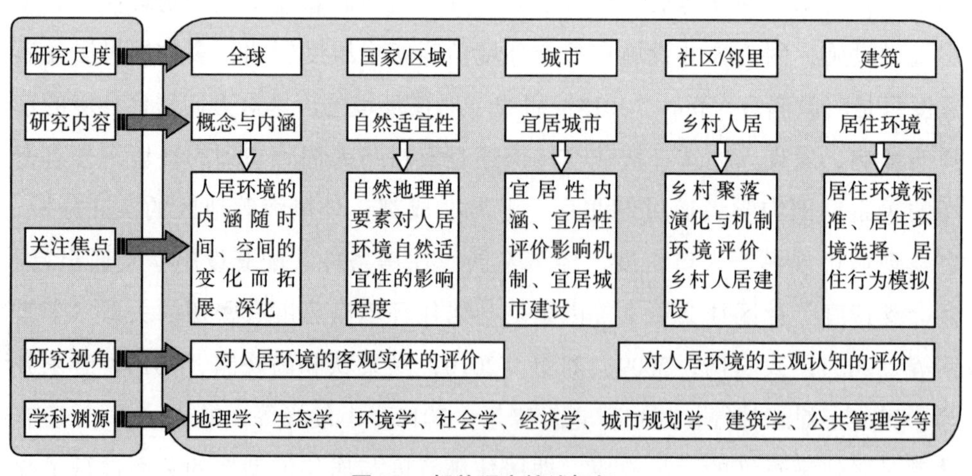

图 2.2 相关研究综述框架

（1）在研究主题和内容上，人居环境、宜居城市、乡村人居环境、居住环境都是围绕人类周围的环境开展研究，都属于人居环境的研究范畴，仅在研究范围和内容侧重点上存在一些差异。但是以往的研究多偏重于宜居城市的研究，而较少关注乡村人居环境，以致一些人误把“人居环境”等同于“城市人居环境”。此外，城市和乡村作为两种不同的地域类型，其人居环境的供给和需求均存在较大差异，但以往的相关研究多孤立地将城市与乡村割裂开来，缺少城乡人居环境的对比研究。在快速城市化和城乡统筹发展背景下，进行城乡人居环境对比研究，能将城市人居环境与乡村人居环境置于一个宏观的系统环境中，分析问题更加系统、客观。此外，对人居环境满意度机理的分析主要围绕单个或少数几个影响因素探讨，尚缺乏综合全面的分析，多以单一城市或单一地区居民人居环境感知与态度的“静态”影响因素研究为主，缺乏系统性地归纳和提炼不同地域类型区居民人居环境满意度影响机理的“动态”作用过程，对人居环境满意度后向行为意向更少涉及。

（2）在方法表达上，人居环境评估体系一直是学者们关注的热点问题。但目前已有文献中更多关注的是评价指标体系本身，而忽略了所建立的指标体系与人居环境两者之间内在机理的阐释。此外，随着人居环境的不断变化，一些新的评价指标也会不断出现，如空气质量指数、水质指数、台风危险度等，因此，人居环境的评价指标体系需要不断完善。再者，对于复杂的指标体系，已有文献都是采用一个权重体系进行人居环境的综合集成，这样就可能会导致研究结果存在争议。因为不同社会经济属性的居民群体，其人居环境要素需求存在差异性，有的看重生态环境，有的看重经济发展，当采用一个权重体系进行综合集成评价时，就很可能与人们的心理预期产生偏差。因此，如何从不同群体的人居环境要素偏好的差异性视角介入人居环境综合集成，揭示实体人居环境与居民个体需求的互动规律有待深究。

（3）在研究尺度上，不同地理尺度下人居环境内涵不尽相同，研究与实践的着眼点也各有侧重。学者们从行政地理尺度和地理网格尺度进行切入，对人居环境进行了大量的理论探索和实证研究，但未进行完整的尺度系列探索，极少实现宏观与微观的统筹兼顾。对人居环境这样一个复杂的巨系统的研究，既需要大尺度的宏观概括研究，也需要微观尺度的典型案例研究。通过大尺度宏观研究，可以揭示区域人居环境总体空间分布规律，归纳出不同类型区域人居环境的发展模式，而典型地区的示范研究和集成应用，又能为分类别、分区域、科学推进人居环境建设提供决策支持。

（4）在数据获取上，现有评价研究的数据源较为单一，主要依赖传统的官方统计数据与问卷调查数据，这些数据存在着数据量小、代表性弱等缺点。而区域人居环境综合评价涉及自然环境、经济、社会、公共服务设施等多方面，因此有待更加多元化的数据来源。随着遥感技术、GIS 空间分析技术等的快速发展，研究数据的获取手段发生了根本性变化，既能获得多期、多源遥感影像数据，国家地理信息国情普查数据等自然环境数据，又能获得比较详尽的公共服务设施节点和交通路网数据；此外，“110”警情数据、手机信令数据、公交刷卡数据等大数据的出现，为人居环境数据获取带来了全新的方法。以上不同类型数据的获取，弥补了传统数据自身的不足，为人居环境研究迎来新的发展机遇。

以上这些问题的解决（或部分解决），都将是人居环境研究的一次创新和突破，将有助于深化对区域人居环境的全面认识，扩宽数据来源，丰富研究内容和研究手段，促进人居环境科学方法体系和理论内涵的提升。

2.4 相关基础理论

自 20 世纪 50 年代道萨迪亚斯提出“人类聚居学”理论以来，人居环境建设的思想不断发展，对环境宜居的关注经历了从物质环境到人文关怀，再到关注可持续性的演变过程。目前，人地关系理论、人居环境理论、可持续发展理论、生态城市理论等理论思想从不同角度出发，为人居环境的研究与实践提供了坚实的理论基础。

2.4.1　人地关系理论

人地关系理论是人类社会经济活动和地理环境之间相互关系的理论，是人文地理学三大基本理论之一。人地关系命题是一个古老的命题，它是自人类起源以来就存在的客观关系，人类对人地关系问题的关注始于人类文明早期，伴随漫长的人类历史，人类对人地关系的认识论经历了天命论、天人合一论、地理环境决定论、或然论、人定胜天论、人地协调论等不同人地观的更替（方创琳，2004）。吴传钧院士将人地关系的思想完整地引入地理学，提出和论证了人地关系地域系统是地理学的研究核心，他关于人地关系的思想最早来源于白兰氏和白吕纳等法国人地学派。该学派根据区域观念来研究人地关系。他们认为人地关系是相对而不是绝对的，人类在利用资源方面有选择力，能改变和调节自然现象。吴传钧经过长期的实践和探索，提出“人”和“地”这两方面的要素按照一定的规律相互交织在一起，交错构成复杂开放的巨系统，巨系统内部具有一定的结构和功能机制，在空间上具有一定的地域范围，构成了一个人地关系地域系统。

在实际研究中，人地关系中人类活动和地理环境相互作用、错综复杂，可通过最能体现人地关系本质的关键要素（有学者称之为“联接点”）来剖析人地关系的主要问题（张文忠等，2016）。在人地关系矛盾中，人居于主导地位。从人与地之间的关系发展阶段来看，最初是通过粮食、居所、资源和交通等基本的“联接点”来体现。

以往人地关系的研究多侧重于人类生存所依赖的对自然资源开发利用和生产建设上，而对人类生活（如居住的环境质量）关注不多。居所是人类休息、娱乐等活动的主要场所，是保证人类劳动力再生产的重要途径。住房和住区也是城市生产、经济、社会等活动的后勤保障基地，居住是人类生存最基本的条件之一，人居环境的好坏直接影响到人类的生活质量。从这个意义上来讲，人居现象应该是联系人地的最基本联接点，人地关系理论是研究人居环境的基础。地理学人地关系理论为人居环境建设提出了人地协调的目标。

2.4.2 人居环境理论

人居环境也称人类住区。在国内，这一概念由于吴良镛（2001）提出的“人居环境科学”而得到了深入诠释。他认为人居环境科学就是围绕地区开发、城乡发展及其诸多问题进行的学科群，它是连贯一切与人类居住环境的形成与发展有关的，包括自然科学、技术科学与人文科学的新的学科体系，其涉及领域广泛，是多学科的结合。多种相关学科的交叉与融合将从不同的途径解决现实的问题，创造宜人的聚居环境。

吴良镛（2001）强调人居环境是一个广义的概念，具有综合性、系统性和开放性的特点，在研究中应该把人类居住作为一个整体综合地进行研究，并应该强调人与环境的相互关系研究。在内容上，吴良镛将人居环境解构为自然系统、人类系统、社会系统、居住系统和支撑系统共五个大系统。自然系统指气候、水、土地、植物、地理、地形、资源、环境等。整体自然环境和生态环境，是聚居产生并发挥其功能的基础，是人类安身立命之所。自然系统侧重于与人居环境有关的自然系统的机制、运行原理及理论和实践分析。人是自然界的改造者，又是人类社会的创造者。人类系统主要指作为个体的聚居者，侧重于对物质的需求与人的生理、心理、行为等有关的机制及原理、理论分析。社会系统主要是指公共管理和法律、社会关系、人口趋势、文化特征、社会分化、经济发展、健康和福利等，包括由不同的地方性、阶层、社会关系等的人群组成的系统及有关的机制、原理、理论和分析。居住系统主要指住宅、社区设施、城市中心等，人类系统、社会系统等需要利用的居住物质环境及艺术特征。支撑系统主要指人类住区的基础设施，包括公共服务设施系统——自来水、能源和污水处理，交通系统——公路、航空、铁路，以及通信系统、计算机信息系统和物质环境规划等。以上五大系统中，人类系统与自然系统是两个基本系统，居住系统与支撑系统则是人工创造与建设的结果。在级别上，他又将人居环境科学范围简化为全球、国家（区域）、城市、社区（村镇）、建筑五大层次。不同层次的人居环境单元，不仅在居住量上不同，还带来了内容与质的变化。人居环境理论一方面为本书研究提供了理论和思想指导，另一方面为本书人居环境的综合集成研究提供了切入点，还为本书跨尺度、城–乡比较研究提供了理论借鉴。

2.4.3　可持续发展理论

可持续发展的概念，最早是 1972 年在斯德哥尔摩举行的联合国人类环境研讨会上提出的，1987 年联合国环境与发展委员会在《我们共同的未来》报告中将可持续发展定义为“既能满足当代人的需要，又不对后代人满足其需要的能力构成危害的发展”。1992 年在巴西里约热内卢召开的首届联合国环境与发展大会，使可持续发展进一步从理论走向实践，各国政府相继制定“21 世纪议程”，确立可持续发展指导下的经济与社会发展的目标。对于人居环境而言，可持续发展的目标是实现环境的可持续发展、经济的可持续发展和社会的可持续发展三方面，从而让人民群众生活得更方便、更舒心、更美好。

环境的可持续发展注重以人为本，建设宜居城市、宜居社区、宜居建筑，为居民创造更适宜的居住环境、生活环境和工作环境已经成为现代人居环境建设的核心目标。环境的可持续格外重视人与自然和谐发展，不仅强调要具有舒适的气候、优美的自然环境，还注重区域生态环境保护与环境污染治理，要求实现资源的消耗和再生的平衡，绿水青山就是金山银山，因为能源、资源和环境容量是有限的。

经济的可持续发展是指建立有利于经济、社会和环境相互协调发展的生产和生活方式，改变发展的价值观和财富观。经济的可持续发展理念和内容是人居环境建设的基本指针，即在维护生态环境和社会发展的同时，如何进一步增强区域经济的活力，包括经济的高效和高质增长、新型产业的培育和发展、住宅的供求平衡、稳定的就业机会、创新能力的培育以及城市魅力的营造等。

社会的可持续发展涉及人口、教育、医疗、养老等问题。在很多地方出现了基本公共服务供需不平衡、社会隔离、社区退化、贫困等诸多社会问题，这些问题直接影响到居民对周围人居环境的评价。从人居环境建设的角度来说，需要更多关注以下问题：构建比较健全的基本公共服务体系，不断缩小区域间基本公共服务差距，努力实现基本公用服务均等化；改善社区环境，加强社区的安全保障工作，促进社区健康发展，为居民营造舒适而富有活力的街区；提升居民的地区归属感，增加不同社会群体的居民对地区的多样性认同等。

总的来说，可持续发展理论是人居环境建设的基础，研究内容也与人居环境互通，可持续发展理论中的环境可持续、经济可持续、社会可持续等为本书人居环境适宜性核心构成提供了理论指导。

2.4.4 生态城市理论

“生态城市”这一概念是在联合国教科文组织发起的“人与生物圈计划”的研究过程中提出的，苏联学者 Yanitsky（1984）认为，生态城市是一种理想城市模式，其特点是技术与自然充分融合，人的创造力和生产力得到最大限度的发挥，而居民的身心健康和环境得到最大限度的保护，物质、能量、信息高效利用，生态良性循环。美国学者 Register（1987）指出生态城市即生态健康的城市，是紧凑、充满活力、节能并与自然和谐共存的聚居地。澳大利亚学者 Downton（1992）提出生态城市是人类之间、人类与自然之间在生态上实现了平衡的城市。国内也有很多学者对生态城市理论进行了探索。黄光宇和陈勇（1997）认为，生态城市是分局生态学原理，综合研究社会、经济、自然的复合生态系统，并运用生态工程、社会工程、系统工程等现代科学与技术手段而建设的社会、经济、自然可持续发展，居民满意、经济高效、生态良性循环的人类居住区。任倩岚（2000）认为，生态城市是现代城市建设的高级阶段，是人类理想的生存环境，一般具备社会生态化、经济生态化、自然生态化等特点。李文华（2003）提出，生态城市是与生态文明时代相适应的人类社会生活新的空间组织形式，是一定地域空间内人与自然系统和谐相处、生态高效、环境优美的人类居住区，是人类住区（城乡）发展的高级阶段和高级形式。

关于生态城市建设的原则和理论，最具代表性的是 Register 的相关思想。Register 在 1987 年提出了“创建生态城市”的原则，他认为生命、美丽、公平是生态城市的基本原则。1993 年，Register 提出了 12 条生态城市的设计原则，1996 年他领导的“生态城市”组织又提出了更加完整地建立生态城市的 10 条原则。2002 年 8 月第五届国际生态城市会议在我国深圳召开，会议通过并发布了《生态城市建设的深圳宣言》，呼吁人们须努力通过合理手段推动和加强生态城市建设。

以上关于生态城市的观点和建设原则在表述上虽不尽相同，但都体现了生态城市建设的核心思想，都强调在城市发展过程中，社会、经济、自然系统的协调发展，尤其注重城市发展与生态系统的相互协调。生态城市不仅要确保自然生态系统的平衡，也要追求城市的自然与人工生态系统的协调，以及人与人和谐的人居环境（张文忠等，2016）。现代城市的发展既要创造更多物质财富和精神财富以满足人民日益增长的美好生活需要，也要提供更多优质生态产品以满足人民日益增长的优美生态环境需要。生态城市的内涵和建设原则对人居环境建设来说，共同点是考虑生态环境是否适宜于居住和生活，因此其研究内容和方法对人居环境研究具有重要的参考价值（见图 2.3）。

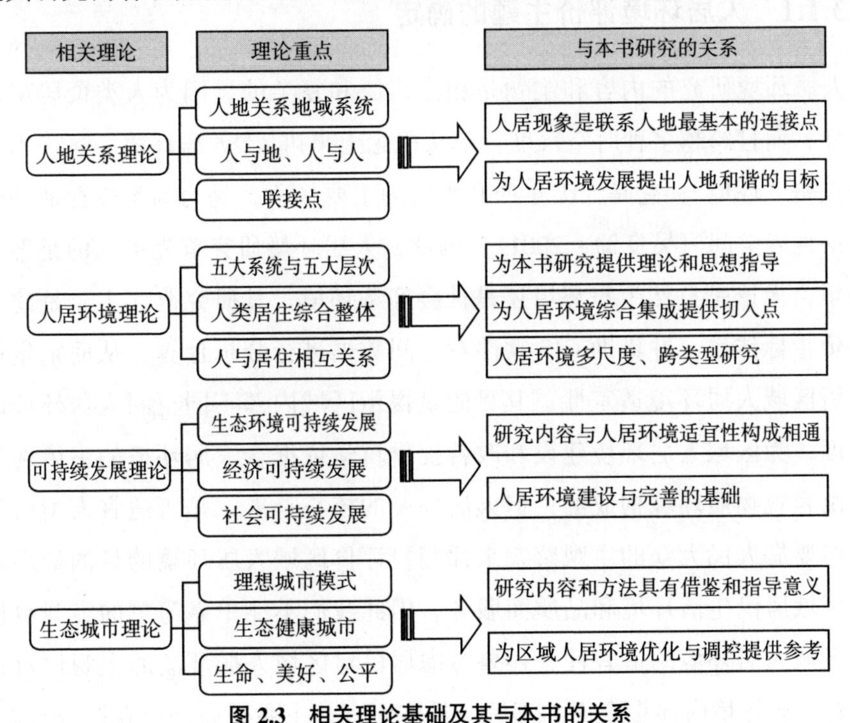

图 2.3　相关理论基础及其与本书的关系

资料来源：参考张文忠等（2016）的成果整理而成。

第3章 区域人居环境研究的主题与方法

3.1 人居环境评价研究的基本思路

3.1.1 人居环境评价主题的确定

人居环境研究的内容和主题是相当广泛和复杂的，因为人类聚居现象复杂多样，而且跨越多种时空尺度。单从概念上来讲，“人居环境”这一术语的落脚点是“环境”，它是人类生产和生活的主要场所，是与人类生存活动密切相关的地表空间（吴良镛，2001）。因此，人居环境研究首先关注的是客观物质环境，无论是自然生态环境还是社会经济环境，其研究范式主要是建立客观评价指标体系，并借助GIS软件对空间数据进行分析计算，从而定量评判和分析区域人居环境适宜性。其目的是揭示区域内部不同空间人居环境的适宜程度，为区域人居环境建设和改善提供科学依据。人居环境的主体构架虽然是由客观物质环境构成的，但人居环境的核心是人，是否适宜人类居住生活最终要靠人民大众的主观感知来评判，评价区域人居环境的目的最终也是提高区域居民生活环境和品质而服务。因此我们不能单靠简单的客观数据来判断区域人居环境的适宜性，还要考虑居民对区域人居环境的主观评价，以获得对人居环境内涵更全面的理解。具体而言，主要是通过问卷调查与访谈，来获取和分析居民对构成区域人居环境的自然生态、经济发展、公共服务、文化等的心理认知和满意程度。

基于此，本章从客观环境供给和居民主观感知两个角度出发，确定了两大研究主题：一是人居环境适宜性的空间分异研究，结合浙江省实际情况，遵循科学性、可比性、数据可获得性等原则，从生态环境优越度、经济发展活力度和公共服务便捷度三方面构建人居环境综合评价指标体系，分析评价人居环境适宜性三大构成要素及其综合集成的空间分异特征。二是人居环境满意度的特征、影响机理及后向行为意向研究，在分析评价人居环境客观适宜性的基础上，基于问卷调查数据，揭示不同群体人居环境要素需求特征和不同维度人居环境满意度特征，探讨不同地域类型人居环境满意度的影响机制及其与居民后向行为意向的相互关系。

3.1.2　研究的基本空间单元的选择

评价单元选择主要用于人居环境适宜性评价，本章分析评价浙江省全域的人居环境适宜性。目前人居环境适宜性的评价单元主要分为基于面状的矢量评价单元和基于点状的栅格评价单元两类。前者以矢量单元作为评价的信息载体和评价单元，最常见的以地级市、县界、街道等不同等级的行政单元界限作为基本单元的划分依据。该方法可以清晰地表达人居环境适宜性的地区差异，适用于地区之间的比较研究。例如，张文忠等（2005）以市辖区为基本单元，研究了北京市各区的居住环境区位优势度及其与住宅价格的空间关系；李雪铭和晋培育（2012）以地级市为基本单元，对中国 286 个城市的人居环境质量特征与时空差异进行了分析。后者以不同大小的栅格单元作为评价的信息载体和评价单元，它能够使评价结果具有精确的空间位置含义（付博，2011）。例如，杨雪和张文忠（2016）基于 90 米的栅格，对京津冀地区人居自然和人文环境质量进行了综合评价。具体评价单元的确定，要根据所需要达到的目的来确定。为兼顾评价结果的精确空间位置和区域之间人居环境适宜性的比较分析，采用矢量面状单元和点状栅格单元相结合的方法，以栅格单元作为指标因子的数据载体和基本评价单元，以行政单元——县域为综合评价分析单元。其中，行政单元的选择主要是在综合考虑研究深度、精度与准确性和可行性基础上，尤其是社会经济统计数据获取的难易度，最终确定以县域（市、区）为基础作为评价单元，这样可以清晰地表达人居环境适宜性的地域分异，适用于地区之间的比较，易于进行规划决策，而且可操作性较强。

栅格单元大小的选择从理论上讲，可以是随机的，只不过栅格单元越小，数据的精度越高。但从空间数据库组织和管理的角度讲，栅格单元的大小是需要进行合理选择的，因为在数据处理过程中受数据量、数据源特征等方面的限制。因此，在选择栅格单元大小时，应该在数据精度和数据量大小之间达到一种平衡。本章在确定栅格单元大小时，分别按 10 米、50 米、100 米、200 米、500 米、1000 米不同大小的栅格尺度，进行研究区矢量数据的栅格化，以矢量的数据为标准，对不同尺度栅格数据的精度及栅格数据量进行了比较，结果如表 3.1 和图 3.1 所示。可以看出，随着栅格边长的增大，栅格的总数量不断减少，将研究区栅格总面积与原矢量数据相比，数据精度也在逐渐降低。为了兼顾栅格数据量和精度，本章选择 200 米 × 200 米栅格单元为基本评价单元，即人居环境适宜性评价因子的基本数据存储单元。

表 3.1　栅格单元大小与精度比较

栅格单元边长（米）	样本误差	栅格数量（个）
10	0.0007	1044765960
50	0.004	41790652
100	0.011	10448783
200	0.021	2612366
500	0.058	417992
1000	0.094	104643

对于人居环境满意度的评价尺度，最理想的是与人居环境适宜性评价尺度相同，即在全省 73 个县域单元发放问卷，获取全省域居民人居环境的满意程度，并进行适宜性与满意度的空间匹配分析。但由于时间、精力和资金的限制和制约，现实条件很难达到，因此本章实地调查主要选择在杭州市区和

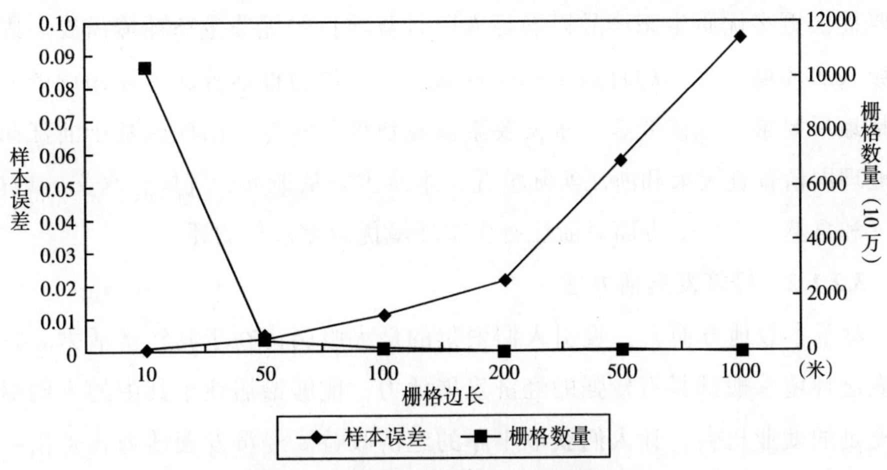

图 3.1　不同大小栅格精度与数据量对比

台州市仙居县两个地区，两个地区在地域类型和地形类型上均存在明显差异，杭州市区地处平原地区，经济发展水平高，选择它作为城市案例的代表；仙居县地处中部山地丘陵地区，城市化水平很低，选择它作为乡村案例的代表。

3.2　人居环境适宜性的测度方法

3.2.1　人居环境适宜性构成要素评价

3.2.1.1　生态环境优越度

生态环境是指影响人类生存与发展的水资源、土地资源、生物资源以及气候资源数量与质量的总称，是人类生存和发展的主要物质来源。良好的生态环境是人类发展最重要的前提，同时也是人类赖以生存、社会得以安定的基本条件（赵其国等，2016），它不仅直接影响居民的身心健康，也间接影响人类社会的发展，它还从根本上决定了某一地区人口及其他社会经济要素的空间分布格局（Isabelle and François-Michel，2016）。人与自然是生命共同体，我们既要创造更多物质财富和精神财富以满足人民日益增长的美好生活需要，也要提供更多优质生态产品以满足人民日益增长的优美生态环境需要。影响区域人居环境适宜性的自然生态要素众多，但最为根本且起主导作用的要素包括地形要素、气候要素、水文要素以及地被要素等。因此，基于浙江第一次地理国情普查成果和浙江实际情况，本章主要从地形、气候、水文、地被、大气和自然灾害六个方面对浙江省生态环境优越度进行测评。

3.2.1.2 经济发展活力度

对于多数地方而言，吸引人们聚集的最大吸引力在于其经济活力。宜居的人居环境一般都具有较强的经济发展活力，能够给居住于其中的人们提供较充足的就业机会，让人们获取丰厚的经济收益。经济发展活力，是指一个国家或地区经济持续增长的能力和潜力[①]，这种能力和潜力，从宏观上看，表现为经济实体自我积累、自我改造和自我发展的能力；从微观上看，表现为经济实体竞争能力、市场适应能力，以及对经济要素的吸引能力（侯荣涛，2015）。区域经济发展活力不仅是经济问题，很大程度上也受到社会、环境与文化活力的影响。本章在参考相关研究成果的基础上（于涛方，2004；倪鹏飞，2004；金延杰，2007），主要从经济发展水平、产业结构、科技教育水平、经济外向度、居民生活与消费等方面综合分析评价浙江省经济发展活力度。

3.2.1.3 公共服务便捷度

公共服务设施是区域公共服务的空间载体，是由政府直接或间接供给，主要呈点状分布并服务于社会大众的教育、医疗、交通、文体等社会性基础设施（王松涛等，2007），公共服务设施为公众提供了生存和发展必不可少的资源和服务，充分的公共服务设施可达性是保障居民生活质量的重要前提（宋正娜等，2010）。空间可达性是衡量公共服务设施便捷程度的有效工具之一，被广泛地应用在教育、医疗、绿地等公共服务设施布局评价中。空间可达性测度最大的优点在于能够非常直观地揭示公共服务设施空间分布的均衡性，能够反映人们享受公共产品和服务的空间公平性和达到的便捷性，清晰

① 关心城市就是关心我们的未来——“2004 CCTV 城市中国”主创人员及专家在线精华［EB/OL］. http://www.cctv.com/financial/20040831/100314.shtml，2004-08-31.

地揭示公共服务供给过度、匹配和不足的地区（钟少颖等，2015）。常用空间可达性方法有潜势能模型（宋正娜等，2010）、基于矩阵的拓扑法（陈洁等，2007）、两步移动搜寻法（Wang and Luo，2005）、核密度法（Gibin et al.，2007）和交通网络中心性测度法（陈晨等，2013）等。本章借助 GIS 工具，从公共设施的空间可达性视角出发，采用基于交通路网的最短通行时间评价模型来测度公共服务设施的可达性水平，从而进一步分析评价浙江省公共服务的便捷程度。

3.2.2　人居环境适宜性评价指标体系构建

人居环境适宜性评价指标是从区域的物质客观实体结构来看待人居环境适宜人类聚居应该具备的条件，评价指标从区域实体人居环境构成角度出发，通过分解每一个构成要素的具体内容形成指标体系。

根据科学性、综合性、简洁性、层次性和数据可获得性五个原则，基于人居环境的内涵和结构模型，结合浙江省实际情况，从生态环境优越度、经济发展活力度和公共服务便捷度三个方面，依次采用频度统计法、理论分析法、专家咨询法对指标进行设置和筛选（王毅等，2015），最终建构浙江省人居环境适宜性评价指标体系，并通过该指标体系进行人居环境适宜性综合指数的计算。其中，生态环境优越度由地形起伏度、温湿指数、水文指数、地被指数、自然灾害危险度、空气质量指数六个指数来表征；经济发展活力度由经济规模与质量、产业结构水平、财政与社会保障、企业及其收益、科技与教育水平、经济外向度、居民生活与消费七个指标来表征；公共服务便捷度由交通、教育、星级医院、养老、休闲娱乐、避灾安置六类公共服务设施的空间可达性来表征。浙江省人居环境适宜性综合指数构建结果如图 3.2 所示。

3.2.3　人居环境适宜性的综合集成

人居环境是自然、经济、社会、生态等多部门的综合集成，研究的难点就在于如何将不同要素整合进行综合研究（张文忠等，2016）。以往对于人居

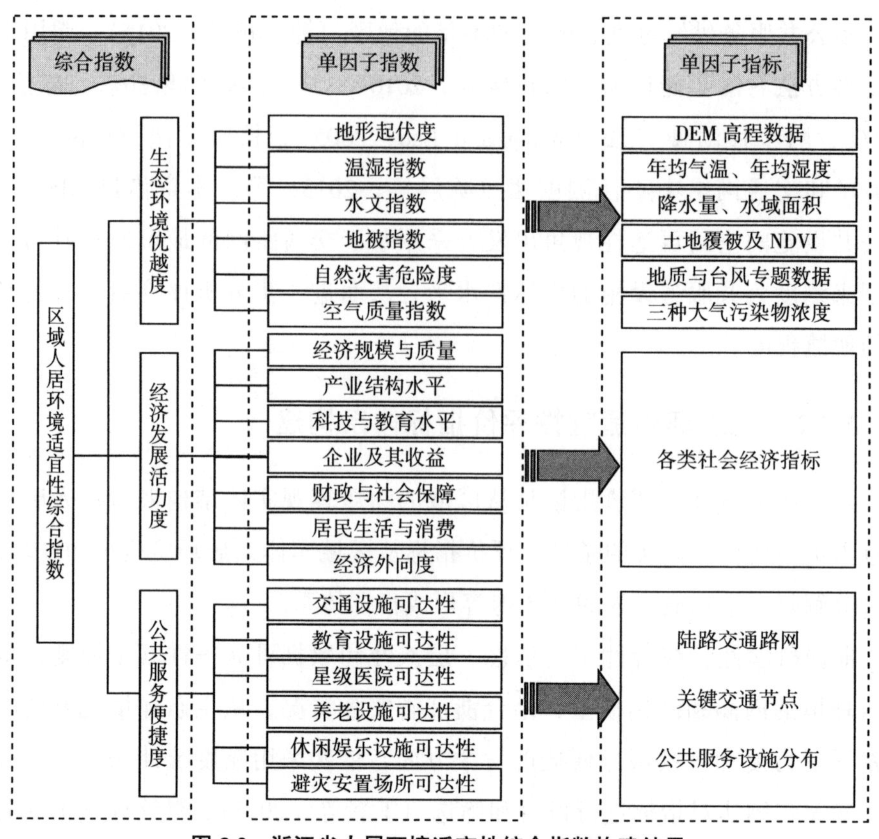

图 3.2 浙江省人居环境适宜性综合指数构建结果

环境的综合评价研究大多基于区域实体环境构成的视角（封志明等，2007；熊鹰等，2007；魏伟等，2012；Giovanni et al.，2015；Isabelle François-Michel，2016），将一些研究利用 GIS 空间分析工具对指标数据进行分级评价和可视化展示；或者基于居民主观感受的视角（Salleh，2008；Jiboye，2012；Saumel et al.，2015），对居民的人居环境感知和满意度进行评价。极少将两者统一起来，即很少有实现主观分析与客观分析的统一。即使有将客观评价方法与主观评价方法结合的研究（Omuta，1988），也只是从客观和主观两个角度去进行评价，并未做到真正的有机结合。但是区域人居环境的优劣表现出来即客观实体环境供给和居民主观需求统一程度的高低，只有将主观分析与客观分析相结合，才能获得对区域人居环境更全面、准确的评价。同时，学者们在从自然环境、基础设施、经济发展等多个层面对区域人居环境进行综合评价时，大多从大众视角出发，仅用一个权重体系综合集成人居环境主要构成因子，这样难以揭示基于不同主体人居环境需求偏好条件下的区域人居环境的差异性，所得的分析结果也很可能与居民群体的心理判断不一样，因为有的居民可能偏重自然环境，有的居民倾向于经济发展，也有的更注重公共服务。

基于此，本章首先对人居环境适宜性的三个维度——生态环境优越度、经济发展活力度和公共服务便捷度进行空间分析，可以直观地展示人居环境构成要素的空间差异。按照传统的视角，接下来可能就是分别给三个维度各赋一个权重，然后进行加权叠加，从而求得人居环境适宜性综合指数。而本章的不同之处或者创新之处在于，将人居环境的客观测度指标和居民主观评价真正地有机结合，在评价人居环境客观测度指标的基础上，进一步采用价值化的评价方法，以居民对人居环境的心理反应（要素偏好）为外在基准，进行不同模式下人居环境适宜性的综合集成研究。具体来说，就是基于问卷调查中不同群体对人居环境适宜性主要构成因子的重要程度的选择，确定三种模式下各二级指标的权重，即采用三种不同的权重体系对人居环境进行综合集成研究（见图 3.3)，揭示不同人居环境需求偏好条件下的区域人居环境特征规律，识别人居环境适宜性欠佳地区及其面临的问题。这样可以揭示实体人居环境与居民个体需求的互动规律，达到改善区域人居环境和服务民生的目的，将实现区域人居环境研究的重要突破。

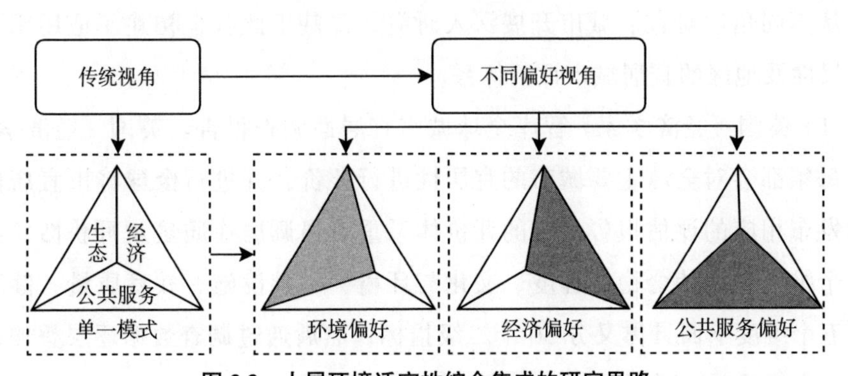

图 3.3　人居环境适宜性综合集成的研究思路

3.3 人居环境满意度的评价方法

3.3.1 人居环境满意度评价指标选择

基于居民主观感受的人居环境满意度评价指标，是从居民居住的心理需求视角出发建立的指标，将主观感受与区域人居环境实体构成对接起来，由居民对相应的实体指标进行满意评价，获取居民对人居环境要素感知评价特征，形成“以人为本”的评价结果。目前，关于人居环境满意度评价还没有明确的或权威的指标体系或测量量表，本章关于人居环境满意度的评价量表主要借鉴参考了城市宜居性评价和乡村人居环境评价两个方面的评价指标，并结合浙江省实际情况，最终确定评价指标和测量量表。

3.3.1.1 关于城市宜居性的评估体系

宜居城市是适宜人类居住的城市，是所有城市共同的发展趋势和方向（张文忠等，2016），城市宜居性通常指一个城市或地区的居民所体验到的生活质量（Timmer and Seymoar，2006）。自“宜居城市”概念提出以来，不同学者从不同角度对宜居城市开展深入研究，并基于此各自构建了适用于不同空间尺度及地区的宜居城市评价体系。

（1）英国《经济学家》智库全球城市宜居性调查报告。英国《经济学家》智库每年都会对全球主要城市的宜居性进行评价，并进行全球城市宜居性排名和发布相应的评估报告。它的评价体系重点强调居住质量及可获性，共分为五个维度，即社会稳定程度、文化与环境、基础设施、教育质量、健康水平，五个维度下面具体又分 30 个二级指标，然后通过调查数据逐层叠加，得出一个全面反映生活质量的指数。

（2）美国《财富》杂志全美宜居城市评选体系。由《财富》杂志所举办的美国年度最佳居住地评选活动每年开展一次，评估的数据主要是基于城市居民的问卷调查。该项调查评估的核心在于强调最佳居住地的客观指标测度和主观感受。它的评价内容主要包含六个方面：气候与邻里关系、教育水平、生活质量、住房、文化娱乐设施和财务状况。

（3）美国大都市区生活质量排名指标体系。这项评估工作主要是由 Savageau 教授负责，该评价体系主要是基于大尺度区域强调核心要素评价，他将美国大都市区的生活质量分解为九个方面（Savageau，2007），主要涵盖了文化氛围、住房、就业、犯罪、教育、交通、医疗保健、娱乐设施、气候，选用的指标均由可以量化表达的实体构成。

（4）国际标准化组织城市服务与生活质量指标体系。国际标准化组织经过三年努力在 2014 年发布了《社区的可持续发展——城市服务与生活质量指标》，该指标体系从城市服务和生活品质两个方面出发，以人居环境可持续性发展理念为指导，从环境、能源、经济、教育、健康、安全、治理、城市规划等 17 个方面提出了 100 项指标来衡量城市人居环境质量。

（5）日本浅见泰司的居住环境评估系统。浅见泰司在世界贸易组织宜人的人居环境四个基本理念，即安全性、保健性、便利性和舒适性的基础上加入可持续理念，他所构建的评估体系主要侧重社区尺度居住环境的评价，几乎考虑了所有的项目，较为全面地涵盖了社区层面的评价指标（浅见泰司，2006）。

（6）联合国与美国哥伦比亚大学的《全球幸福指数报告》。该报告的标准包括 9 个维度：环境、健康、管理、文化多向性和包容性、生活水平、教育、时间、内心幸福感、社区活力。在每个维度下，又分别设计 3~4 个细分题项，共计 33 个题项。目前已经公开发布 2012~2013 年的评价结果。相较于其他报告只是评价各个地区的综合指数，这一报告除了公布各国的幸福水平，还对影响幸福的因素进行了详细分析，并提出了政策建议（Helliwell et al.，2012）。

以上是几个比较有代表性的城市宜居性评价体系，还有很多值得借鉴的评估体系，这里就不详细介绍了。虽然这些指标体系在细节上存在一定的差异，但是可以发现以下几个方面是共有的（见表 3.2）：一是城市安全性，即居住在这个城市或社区是否是安全的，居民的生命和财产能否得到保障；二是各种设施的便捷性，主要是居民享用的交通、医疗、养老、教育等各种公共服务设施的方便程度和公平程度；三是社会和谐性，即城市或地区是否有浓厚的文化氛围，社会是否公平正义；四是生活健康性，即居民居住的城市或社区的各类环境是否有利于居民健康。

表 3.2　城市宜居性评价指标国外案例比较

研究机构/学者	城市宜居性评价一级指标
《经济学家》	稳定性、医疗保健、文化与环境、教育、基础设施
《财富》杂志	住房、财务状况、生活质量、文化娱乐设施、住房、气候与邻里关系
美国大都市区生活质量排名指标体系	文化氛围、就业、犯罪、交通、住房、教育、娱乐设施、气候、医疗保健
国家标准化组织	经济、能源、财政、教育、治理、环境、废水、水与卫生、休闲、火灾与应急响应、同行与创新、城市规划、安全、庇护所、交通、固体垃圾、通信与创新
浅见泰司的居住环境评估系统	安全性、保健性、便利性、舒适性、可持续性
《全球幸福指数报告》	环境、健康、管理、文化多向性和包容性、生活水平、教育、时间、内心幸福感、社区活力
联合国人居环境奖	基础设施、住房、旧城改造、灾后重建、住房困难、可持续人类住区发展

资料来源：在张文忠等（2016）总结的基础上进一步整理而得。

国内目前比较有影响力的研究是中国科学院地理科学与资源环境研究所张文忠教授领导的宜居城市课题组所负责的城市宜居性评价，他们认为宜居城市应该是一个环境健康的城市、安全的城市、自然宜人的城市、社会和谐的城市、生活方便的城市和出行便捷的城市。他们所建立的主观评价指标体系主要包含六个维度：自然环境舒适度、人文环境舒适度、生活方便性、安全性、出行方便性和居住环境健康性，下面再细分 29 个具体指标，以此指标体系为基准，课题组对中国 40 个主要城市的宜居性进行了实证研究。除了张文忠教授团队这一代表性研究调查外，还有很多专家学者对城市宜居性或人居环境评价体系进行了探讨。宁越敏和查志强（1999）以上海市为例，从居住条件、生态环境质量、基础设施与公共服务设施三个方面（共计 20 个指标）对上海市的人居环境进行了评价。陈浮（2000）从安全、舒适、和谐、方便等原则出发，提出以建筑质量、环境安全、景观、公共服务、社区文化等因素为评价因子来评估城市人居环境满意程度。胡武贤和杨万柱（2004）认为在分析评价城市人居环境时，应至少考虑城市生态环境、公共服务基础设施、居住条件和可持续性四个方面。湛东升等（2014）运用探索性因子分析和结构方程模型方法，对北京市居住环境满意度进行了研究，发现北京市居民居住满意度感知评价主要由居住环境、住房条件、配套设施和交通出行四个维度构成。

基于此，本章在设计杭州城区人居环境满意度感知评价量表时，综合考虑上述研究成果，并结合浙江省人居环境适宜性评价指标以及杭州的实际情况，从自然环境宜人性、安全性、生活方便性、人文环境舒适性、居住健康性、住房条件六个方面设计量表（见附录 A），并以此为基础探求杭州城区人居环境满意度影响机理及其与流动性意向的关系。

3.3.1.2　关于乡村人居环境的评估体系

乡村人居环境是乡镇、村庄及维护居民活动所需物质和非物质结构的有机结合体（李王鸣等，2000）。乡村人居环境的评价是一项复杂的系统工程，涉及经济、社会、资源、生态等方面。李伯华等（2009）从乡村自然生态环境满意度、乡村基础设施满意度、乡村建筑质量与设计满意度、乡村社会关系及服务满意度四个领域共 25 个指标构建了乡村人居环境满意度评价体系。马婧婧（2012）从自然生态环境、人文社会环境和人工居住环境三个层面，构建了包含乡村自然条件、乡村生态环境、乡村居民生活质量、乡村文化环境、乡村社会治安、乡村居民居住水平、乡村基础设施建设、乡村公共服务 8 个一级指标以及 24 个二级指标的乡村人居环境质量评价指标体系，并以湖北钟祥为例，系统考究了乡村长寿现象与人居环境之间的关系。杨兴柱和王群（2013）从基础设施、公共服务设施、能源消费结构、居住条件、环境卫生五个方面构建了乡村人居环境质量差异评价指标体系，对皖南旅游区乡村人居环境质量差异特征及其影响因子进行实证分析。朱彬等（2015）从人居环境概念的内涵出发，选取基础设施、公共服务、能源消费、居住条件和环境卫生 5 个一级指标，包含 61 个二级指标，对江苏省乡村人居环境质量进行评价并探讨其空间格局特征。曾菊新等（2016）从农民生活、生产环境、生态产品供给以及生态安全等人居环境核心领域出发，构建重点生态功能区乡村人居环境评价体系，并以利川市乡村人居环境为案例地进行了实证分析。

对以上关于乡村人居环境评价指标体系的综合比较和分析如表 3.3 所示，结合仙居乡镇实际情况，本章从自然生态环境、社会关系、基础设施、社会服务设施、自家居住条件五个方面设计乡村地域人居环境满意度量表（见附录 B）。

表 3.3　乡村人居环境评价国内案例比较

代表性学者	乡村人居环境评价一级指标
李伯华等	乡村自然生态环境满意度、乡村基础设施满意度、乡村建筑质量与设计满意度、乡村社会关系、服务满意度
马婧婧等	乡村自然条件、乡村生态环境、乡村居民生活质量、乡村文化环境、乡村社会治安、乡村居民居住水平、乡村基础设施建设、乡村公共服务
杨兴柱等	基础设施、公共服务设施、能源消费结构、居住条件、环境卫生
朱彬等	基础设施、公共服务、能源消费、居住条件、环境卫生
曾菊新等	农民生活、生产环境、生态产品供给、生态安全

3.3.2　人居环境满意度评价方法

3.3.2.1　问卷调查法

问卷调查是通过对个体进行一套标准化的问题调查，以获取人类活动的感知、行为、态度等原始数据的一种研究方法（Nicholas and Gill，2003；湛东升等，2016）。问卷调查方法实质上是数据获取的一种路径，相较于其他数据来源，如统计年鉴、地理国情普查数据以及新兴的大数据等，问卷调查数据拥有经济性、易获取性、时效性、可量化等多种优势（袁方和王汉生，2004）。在人居环境适宜性评价的基础上，通过问卷调查的方式，来获取居民对人居环境要素感知评价特征，进而更为深刻地揭示区域人居环境满意度的影响机理，具体问卷参见附录 A 和附录 B。

3.3.2.2　SPSS 统计分析

SPSS 的全称为“Statistical Product and Service Solution”，它是一种集成化的计算机处理和统计分析通用软件工具，被广泛应用于自然科学、社会科学的各个领域（郑宁等，2015）。本章在研究人居环境满意度的过程中，基于SPSS 平台主要应用非参数检验、信度分析、相关分析、因子分析、聚类分析、回归分析等方法来提取不同地域人居环境感知因素，探析不同维度、不同社会经济属性和不同居民类群的人居环境满意度特征，从而揭示实体人居环境与居民个体需求的互动规律，达到改善区域人居环境和服务民生的目的。

3.3.2.3　结构方程模型

结构方程模型（Structural Equation Model，SEM）是在 20 世纪 60 年代才出现的一种验证性多元统计分析技术，它整合了方差分析、回归分析、路径分析和因子分析的功能，用以处理复杂的变量之间的因果关系，被称为近年来应用统计学三大进展之一。结构方程模型方法已被广泛应用于居民出行、旅游地理和土地价格等领域研究（武文杰等，2010；曹小曙和林强，2011；毛小岗等，2013；甘霖等，2016；李瑞等，2016）。本章之所以选择结构方程模型来分析人居环境满意度影响机理，其原因在于人居环境满意度感知因素中包含一些潜在变量不利于直接观察和测量，但可以通过其他观察变量进行间接测量，并且该方法允许自变量和因变量含有测量误差（湛东升等，2014）。

3.4　数据库的建立

3.4.1　客观数据库

研究数据主要涉及基于格网尺度的生态环境数据、分县尺度的社会经济数据，以及浙江省 2014 年基础地理数据等，主要数据来源如下（见表 3.4）：

表 3.4　客观数据库说明

数据名称	主要说明	数据来源
浙江省行政区划	包括浙江省县（区）、街道（乡镇）的行政界线	浙江省测绘与地理信息局

续表

数据名称	主要说明	数据来源
浙江省自然环境数据	地表覆被数据、数字高程模型、归一化植被数据、多年平均气象资料、自然灾害专题数据	浙江省测绘与地理信息局
浙江省交通路网	包括铁路、高速公路、国道、省道等不同等级陆路交通网络数据，关键交通节点（高铁站、机场、城乡客运站、高速公路互通口）	浙江省测绘与地理信息局
浙江省服务设施分布	教育设施、养老设施、医疗设施、文化娱乐、安全设施	浙江省测绘与地理信息局
浙江省社会经济数据	人口总量及分乡镇人口、经济总量、产业结构、科技与教育水平等社会经济指标	《浙江统计年鉴》(2015)
浙江省夜间灯光数据	1千米×1千米的灰度值栅格数据	美国国家环境信息中心网站
浙江省污染物浓度	SO_2、NO_2、PM2.5 三种常规污染物	浙江省环保厅大气环境质量报告、《浙江自然资源与环境统计年鉴》

（1）自然环境数据。主要包括浙江省温度、降水、空气相对湿度等气象站台的多年平均气象资料，数字高程模型（DEM），归一化植被指数（NDVI），地表覆被数据，PM2.5 等空气污染物排放数据，崩塌、滑坡、泥石流、台风路径等自然灾害专题数据。其中，包含了温度、降水、相对湿度等 66 个气象台站资料来源于浙江省地理信息中心的数据交换平台；PM2.5 等空气污染浓度数据来自浙江省环保厅发布的《2014 年 1~12 月县级城市环境空气质量状况》；浙江数字高程模型、归一化植被指数、土地利用类型数据以及崩塌、滑坡、泥石流等自然灾害数据均源自浙江省第一次地理国情普查成果数据。

（2）基础地理数据。主要涉及 2014 年浙江数字化行政区划、陆路交通网及公共服务设施节点数据。具体来说，主要包括 2014 年浙江分市、分县、分乡镇（街道）的数字化行政区划图；铁路、高速、省道、国道、县道等不同类型陆路交通网数据，高铁站、机场、城乡客运站等交通站点数据；学校、医院、养老机构、休闲娱乐、避灾安置场所等不同类型公共服务设施节点数据。以上数据均源自浙江省第一次地理国情普查成果数据。

（3）社会经济数据。主要包括浙江省 2014 年各县域人口数量、经济总量、产业结构、科技与教育、居民生活与消费等指标数据，主要源于《浙江省统计年鉴》(2015) 以及各县2014年统计公报。

(4) 夜间灯光数据。夜间灯光指数采用2014年DMSP/OLS夜间稳定灯光数据，该数据来自美国国家环境信息中心 (National Centers for Environmental Information，NCEI)，数据灰度值范围为1~63，饱和灯光灰度值为63，它为实证研究浙江人口分布提供了优质数据源。在ArcGIS软件中进行裁剪、重采样、标准化处理等操作。

3.4.2　问卷调查数据库

区域实体环境的优良并不一定意味着居民对人居环境的满意，因为人居环境更关乎居民个体的主观感受。因此，本章在对浙江人居环境客观实体环境评价的基础上设计问卷，直接访问咨询居民对人居环境构成要素的感受，以居民对人居环境的主观评价为外在基准对各种环境属性的价值进行定量评价。

问卷调查方法是人文地理学微观研究的重要工具，在以人为本的城市发展理念影响下开始得到广泛应用 (湛东升等，2016)。本章主要以实地调查问卷的方式，在浙江省部分区域进行人居环境适宜性和满意度问卷调查。最理想的就是在全省各个县域单元进行人居调查，获取全域居民人居环境主观评价，但由于时间、精力和资金的限制，现实条件很难达到，因此本章实地调查主要选择在杭州市区和台州市的仙居县两个地区，两个地区在地域类型和地形类型上均存在明显差异：杭州市区地处平原地区，经济发展水平高，选择它作为城市案例的代表；仙居县地处中部山地丘陵地区，城市化水平很低，选择它作为乡村案例的代表。因此可以说，这两个案例地，既能代表城市与农村两种不同的地域类型，又能反映出不同地形条件对人居环境的影响。实地问卷调查的目的主要有两个方面：一是较大范围了解浙江省居民群体对人居环境的偏好，从而根据不同居民主体的偏好进行人居环境的综合集成；二是从以人为本视角出发，获取居民对人居环境要素感知评价特征，来揭示实体人居环境与居民个体需求的互动规律。调查对象以常住居民为主，不包括短期停留 (不足半年) 的群体。这主要是因为只有稳定居住一定时间，才能对其周围居住、生活的环境有一定的了解和认识，只有对这些群体的调查，才能反映出区域人居环境适宜性的状况。问卷调查的具体实施过程如下：

3.4.2.1 案例地选择

根据城市空间布局，综合考虑研究需要与可行性，确定上城区、下城区、江干区、拱墅区、西湖区、滨江区共六个区49个街道为城市人居环境调查的总体样本。此六区地处浙江省东北部平原地区，地势低平，区位得天独厚，土地总面积683平方千米，占杭州市总面积的4.12%；2015年年末总人口365.96万人，占杭州市总人口的40.58%，人口密度为5358人/平方千米；地区生产总值4189.84亿元，人均生产总值145300元。确定仙居县20个乡（镇）为乡村人居环境调查的总体样本。仙居县地处浙江东南、台州市西部，县域面积1992平方千米，其中丘陵山地（1612平方千米）占全县的80.6%，有“八山一水一分田”之说；全县下辖7个镇10个乡3个街道；2015年全县年末总人口50.6万人，人口密度为254人/平方千米；生产总值169.25亿元，人均生产总值33358元。两个区域在地缘（地理位置）、物缘（自然条件）以及社会经济条件等方面具有诸多异质性，因此成为人居环境比较研究的理想区域。

3.4.2.2 问卷设计与优化

问卷设计与优化主要包括文本收集、德尔菲调查和问卷调研三个步骤，第一个步骤用于对问卷题项进行收集，后两个步骤用于对收集到的题项进行筛选和整理，通过上述步骤最终形成城-乡人居环境满意度感知评价问卷。①文本收集：在参考已有大量的关于区域人居环境评价研究成果的基础上（谌丽等，2008；杨兴柱和王群，2013；湛东升等，2014；李伯华等，2014；张文忠等，2016），结合浙江省实际情况，分别构建了浙江省城市与乡村居民人居环境满意度评价的分析框架和测评体系，形成问卷初稿。②德尔菲调查：邀请浙江省测绘与地理信息局工作人员以及高校地理学教授组成的专家组（共8人）对问卷的指标体系设计进行评价，并给予专业性的建议，进行多轮筛选、修改、补充及整理后，专家意见基本趋于一致，在此基础上进行了问卷修改与优化。③问卷调研：在浙江某街道对部分居民开展小样本的问卷调查，对居民难以理解的内容进行调整与完善，最后形成标准问卷。标准问卷主要包括三个部分：①被调查人的基本信息，主要包括居民个人属性特征、工作特征、居住特征等居民的人口学特征信息，共 10 个题项。②人居环境满意度感知因素，因城市和乡村对人居环境的关注点存在一定的差异，故这部分问题设置也存在微小差异，但基本都涉及自然环境、人文环境、住房条件、公共服务、区域安全等方面，其中城市人居环境感知因素共设计了 29 个题项，乡村 24 个题项。③人居环境满意度评价及行为意向，这部分有 5 个测量题项，包括居民对所在区域人居环境的整体感知评价，以及居住流动性意向等。具体问卷参见附录 A 和附录 B。

3.4.2.3　填写与赋值方法

除了乡村问卷中的家庭人口数及年龄构成、住房建造时间及面积，以及人居环境核心影响因素排序（城市与乡村问卷均有）这三个题项采取填写方式外，其余测评题项全采取选择方式，均为单选项。性别、年龄、职业等人口学特征有关基本信息选项赋分采用序号数字值，数值大小不代表数量的差异，仅表示指标程度的变化。有关人居环境感知选项大多设计为五个级别，即很满意、满意、一般、不满意、很不满意；有关对居住区喜爱程度的设计为很喜爱、喜爱、一般、不喜爱、很不喜爱；有关长久居住意愿的设计为很愿意、愿意、一般、不愿意、很不愿意。以上三类题项回答均采用李克特 5 级量表形式，按“满意”“喜爱”“愿意”程度的高低分别赋值“5 分至 1 分”。对于流动性意向的选项设计为“是”和“否”，分别赋值为“1”和“0”。

3.4.2.4　调查区域确定

杭州市六个城区共有 49 个街道，仙居县共有 20 个乡（镇），在满足采样点尽可能均匀、各区都覆盖到以及方便易行的条件下，选取杭州市 25 个街道作为城市人居环境调查的采样区，选取仙居县 11 个乡（镇）为乡村人居环境调查的采样区（见表 3.5）。以人口比例分配问卷数量为主要原则，确定各采样单元应发放的问卷数量，在确定调查单元样本量之后，在实际执行过程中，还根据各区域实际情况进行一定的灵活调整。

表 3.5 问卷调查的地点及发放情况

地域类型	调查区域	街道（乡镇）	发放问卷（份）	回收有效问卷（份）
城市	上城区、下城区、江干区、拱墅区、西湖区、滨江区	上城区（清波、湖滨、小营、望江）、下城区（朝晖、武林、天水、长庆、东新、文晖）、江干区（采荷、闸弄口、四季青、笕桥）、拱墅区（小河、拱宸桥、和睦、上塘）、西湖区（灵隐、北山、西湖、古荡、翠苑、西溪）、滨江区（长河、西兴）	655	586
乡村	仙居县	福应、安洲、南峰、大战、双庙、步路、上张、田市、白塔、埠头、横溪	370	364

3.4.2.5 实地问卷调查

2017 年 7 月 2~10 日，对研究区域开展实地问卷调查，调查组由 6 名南京师范大学的硕士、博士组成，调查前对调查者在样本选择等方面进行了指导并提出明确要求。调查区域为杭州市六个区内的 25 个街道，以及仙居县内的 11 个乡镇。调查对象以常住居民为主，不包括短期停留（不足半年）的群体。调查过程中采用方便抽样（社区拦截）和交叉控制配额（性别、年龄）抽样等相结合的方法。调查组成员深入大街小巷对社区常住居民进行主题为“人居环境满意度及影响因素”的问卷调查，同时在进行方便拦截时，注意进行被访者的个人特征控制，主要控制两方面：一是性别，男女比例尽可能一致；二是年龄，要求被访问者为年满 18 周岁的成年人，同时适当侧重中青年人，从而最大限度地确保调查数据的可靠性、准确性、代表性和广泛性等。问卷发放时主要采取被调查者当面填写的方式进行作答，并进行当场回收，对部分年龄较大、不识字等不方便直接亲自填写的，采用面对面访谈的方式，由调查者根据被访者的回答进行问卷填写。

3.4.2.6 问卷数据收集与预处理

调查问卷回收后，对调查所得的各种原始数据进行初步审查、筛选、整理、汇总，主要是对每份问卷填写的齐备性、可靠性进行检验，发现问题，剔除信息不完整和存在明显问题的问卷，最后审核形成一个总的有效数据文件，从而保证数据的科学性。本次共发放问卷 1025 份，其中杭州市 655 份，仙居县 370 份，各回收有效问卷 586 份和 364 份，平均回收有效率为 92.68%。

然后，对这 950 份问卷中的性别、年龄等特征进行统计分析，结果表明样本分布结构满足抽样设计和研究要求，样本整体上具有较好的代表性，因此将其作为本书人居环境居民主观感知评价分析的基础数据来源。

第 4 章
浙江省人居环境适宜性构成要素空间格局

4.1 生态环境优越度的空间分异

浙江省地处中国东南沿海长江三角洲南翼，全省土地面积 10.55 万平方千米。浙江省地形复杂，大致可分为浙北平原、浙西丘陵、浙东丘陵、中部金衢盆地、浙南山地以及东南沿海平原六个地形区。浙江地处北温带，属亚热带季风气候，年平均气温 15℃~18℃，年均降雨量在 980~2000 毫米，也是受台风、龙卷风等灾害影响较大的地区之一（Feng and Hong，2007）。浙江境内水域面积较大，自北向南有苕溪、钱塘江、甬江等八大水系。本节主要采用地形起伏度、温湿指数、水文指数、地被指数、空气质量指数以及自然灾害危险度六个指标对浙江省生态环境优越度进行测评。具体研究主要包括以下几个步骤：确定生态环境优越度的主要影响因子、收集相关数据并建构栅格数据库、确定单要素集成测度方法并计算各单项指数、构建生态环境优越度综合指数模型、揭示生态环境优越度空间格局及其与人口的空间耦合分析（见图 4.1）。

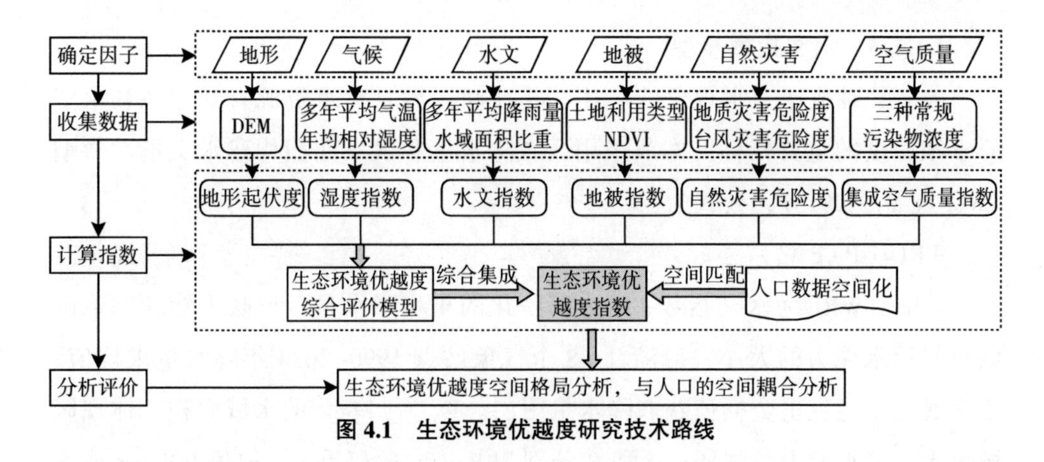

图 4.1　生态环境优越度研究技术路线

4.1.1　生态环境优越度单因子评价模型

4.1.1.1　地形起伏度模型

地形起伏度是区域海拔高度和地表切割程度的综合表征，是描述一个区域地形特征的宏观性指标。采用封志明等（2008）提出的模型计算得到地形起伏度栅格图，计算公式为：

$$RDLS = ALT/1000 + \{[Max(H) - Min(H)] \times [1 - P(A)/A]\}/500 \quad (公式 4.1)$$

式中：RDLS 为地形起伏度；ALT 为区域内的平均海拔（米）；Max（H）和 Min（H）分别为区域内最高与最低海拔（米）；P（A）为区域内的平地面积（平方米），本节将坡度小于 5°的区域划为平地；A 为区域总面积，本节确定 200 米 × 200 米栅格为区域单元，即 A 值为 40000 平方米。

4.1.1.2　温湿指数模型

温湿指数综合考虑了温度和湿度对人体舒适度的影响，可以用它来表征区域气候条件的宜居程度，其计算公式为（Steadman，1979）：

$$THI = 1.8t - 0.55(1 - f)(1.8t - 26) + 32 \quad (公式 4.2)$$

式中：THI 为温湿指数；t 为月平均气温（℃）；f 是月平均空气相对湿度（%）。根据浙江省 68 个气象站点的 1990~2014 年月平均气温和月平均空气相对湿度数据，分别采用普通克里金插值法和样条函数插值法得到两个气象要素图层，然后利用“栅格计算器”根据公式 4.2 计算得到浙江省温湿指数。

4.1.1.3 水文指数模型

水文是对地球上水现象的表述，是反映区域自然水资源有效储备和水资源丰缺程度的重要指标。本节采用区域降水量和水域面积构建水文指数模型（Wei et al.，2013），公式为：

$$WRI = \alpha P + \beta W_a \quad \text{（公式 4.3）}$$

式中：WRI 为水文指数；P 为归一化的年均降水量，反映天然状态下区域自然给水能力的大小，对浙江 68 个气象站点 1990~2014 年降水量求均值，然后通过普通克里金插值获取降水量图层。W_a 为归一化的水域面积，体现区域集水与汇水能力的强弱；α 和 β 分别为 P、W_a 的权重，α 取值 0.8，β 取值 0.2（Feng and Hong，2007）。

4.1.1.4 地被指数模型

地被指数综合表征了区域土地利用与土地覆被的特征，是反映人居生态环境的重要指标，计算公式为（Mamoun et al.，2013）：

$$LCI = LT_i \times NDVI \quad \text{（公式 4.4）}$$

式中：LCI 为地被指数；LT_i 为各土地利用类型的权重；NDVI 为归一化植被指数。本章根据文献（郝慧梅和任志远，2009；Mamoun et al.，2013）中的方法来确定土地利用类型的权重 LT_i。

4.1.1.5 空气质量指数模型

本节利用环境空气中常规的 SO_2、NO_2、PM2.5 污染物浓度值作为空气质量的评价指标，综合考虑污染物浓度最大值和平均值的影响，构建集成的区域空气质量指数（Liu et al.，2007；Xia et al.，2014）：

$$IAQI = \sqrt{Max \times Avr} \quad \text{（公式 4.5）}$$

$$Max = \max\left(\frac{c_1}{c_{o1}},\ \frac{c_2}{c_{o2}},\ \frac{c_3}{c_{o3}},\ \cdots\right),\ Avr = \frac{1}{n}\sum\frac{c_i}{c_{oi}} \quad \text{（公式 4.6）}$$

式中：IAQI 是区域空气质量指数；Max 与 Avr 分别是三个空气质量分指数的最大值和均值；n 是指标的个数，在本节中为 3；c_i/c_{oi} 是污染物 i 的空气质量分指数，是污染物年均浓度与环境空气质量二级标准的浓度之商，其中二级标准限值源自《环境空气质量标准》（GB3095-2012）。具体的空气质量区域空间分布特征利用 ArcGIS 10.2 的空间插值功能进行计算。指数越低，表示空气质量越好。

4.1.1.6 自然灾害危险度模型

自然灾害危险度是指遭到自然灾害损害的可能性大小。基于浙江省特殊的地理位置、地形地貌特征及相关历史资料，本节主要考虑两类自然灾害，一是地质灾害，包括滑坡、泥石流、坍塌和地震灾害等，二是台风威胁。

$$NHDD = \alpha DZZH + \beta TFZH \quad \text{(公式 4.7)}$$

式中：NHDD 为自然灾害危险度指数，DZZH 为地质灾害危险度，参考 Fourniadis 等（2007）的研究方法，本节基于 ArcGIS 平台，通过综合集成浙江省地质灾害易发地点核密度估计和地质灾害易发区分级赋值，得到浙江省地质灾害危险度综合结果。TFZH 为台风危险度，本节借鉴 Yin 等（2012）的方法，通过综合集成浙江省内所有台风路径节点最大风速的核密度估计与台风路径长度插值栅格图层，得到台风危险度综合结果。α 和 β 分别为 DZZH 和 TFZH 的权重，通过征询三名浙江省测绘与地理信息局的专家和两位地理学教授的意见，将 α 与 β 分别取值为 0.55、0.45。

4.1.2 生态环境优越度综合评价模型构建

在对地形、气候、水文、地被、大气及自然灾害等指标定量分析的基础上，构建浙江省生态环境宜居性综合评价模型，其计算公式为：

$$ELI = \sum_{i=1}^{n} P'_i \times W_i \quad \text{(公式 4.8)}$$

式中：ELI 为生态环境宜居性指数，P'_i 是标准化后的第 i 个生态环境宜居性影响因子，包括地形起伏度、温湿指数、水文指数、地被指数、空气质量指数和自然灾害危险度；W_i 是第 i 个影响因子的权重。在标准化过程中，对水文指数、地被指数和温湿指数等正向指标采取最大效果标准化（见公式 4.9），对于地形起伏度、空气质量指数和自然灾害危险度等逆向指标采用最小效果标准化（见公式 4.10）：

$$P'_i = (x_i - x_{min}) / (x_{max} - x_{min}) \quad \text{(公式 4.9)}$$

$$P'_i=(x_{max}-x_i)/(x_{max}-x_{min}) \quad \text{（公式 4.10）}$$

合理分配权重是量化评估的关键。基于栅格的人居环境质量评价多采用人居环境各因子与人口数量的相关系数作为各因子权重。此外，熵权法、专家打分法、因子分析法等也用来确定人居环境各因子权重（Saaty，1977；Tian et al.，2014）。本节综合考虑各方法的优缺点，选择专家打分法和层次分析法相结合确定权重，既充分利用了专家经验，又较好地克服了专家打分法的主观随机性，避免了单一法确定权重的缺陷，可信度较高。具体来说，首先通过访谈的方式，采用九级标度法，由浙江省测绘与地理信息局、环保局以及地理学教授组成的专家组（共 10 人）对六个生态环境评价指标进行两两对比打分；在此基础上，通过构造判断矩阵、层次总排序、层次单排序和一致性检验，计算出各因子的权重（见表 4.1）。

表 4.1 生态环境优越度各单因子权重赋值

指标	RDLS	THI	WRI	LCI	IAQI	NHHD
权重	0.268	0.156	0.127	0.163	0.142	0.144

4.1.3 生态环境优越度单因子空间分异规律

4.1.3.1 地形起伏度

基于浙江省的数字高程模型，利用公式 4.1 计算得到浙江省的地形起伏度，并以此来揭示其空间分布规律。浙江地形自西南向东北呈阶梯状倾斜，西南部以山地为主，中部以丘陵为主，东北部是低平的冲积平原。浙江省地形起伏度在 0~560.45 米，自西南向东北呈阶梯状递减，表现出与浙江地形变化极高的相似性。起伏度较大的区域主要集中在浙江南部和西北部，这些区域在地形上宜居性较低，不适合人类居住和发展。起伏度较小的区域主要分布在北部平原、中部金衢盆地以及东部沿海地区，这些地区地势平坦，有利于人类集聚和发展。各市地形起伏度平均值显示，丽水和温州地形起伏度最大，分别达到 239.36 米和 150.79 米；嘉兴和舟山地形起伏度最小，分别仅为 2.63 米和 47.36 米。

4.1.3.2　温湿指数

基于浙江省的月平均气温和月平均空气相对湿度数据，利用公式 4.2 计算得到浙江省的温湿指数。浙江省全域温湿指数介于 56~65，根据学者对温湿指数的等级划分（唐焰等，2008），浙江省的气候舒适等级主要为清凉、舒适以及凉、非常舒适这两个等级，均属于温湿较舒适的范围区间，即浙江省整体的气候宜居性很好。浙江省内部温湿指数地域分异较小，大体呈自南向北递减的趋势，中、北部地区的温湿舒适等级为清凉、舒适，略逊于南部地区的凉、非常舒适。各市温湿指数平均值显示，温州和丽水两市的温湿指数最高，分别达到 62.35 和 61.52；湖州和嘉兴最小，分别为 56.59 和 57.32。

4.1.3.3　水文指数

基于浙江省的年平均降水量数据和水域分布数据，利用公式 4.3 计算得到浙江省的水文指数。浙江省水文指数处于 2.42~80.22，均值为 45.63，高于全国平均水平（全国均值为 32），最高值为 80.22，处于全国中上水平（全国最高为 100），以上说明浙江省水文条件总体较好。就空间分布状况来看，浙江省内部水文条件地域分异明显，西北、南部和东南沿海所构成的“V”形区域水文指数较高，而中部、北部地区水文指数偏小。其中，温州市水文指数最高，达到 56.42，舟山市最小，仅为 26.25。

4.1.3.4　地被指数

基于浙江省的归一化植被指数和土地利用数据，利用公式 4.4 计算得到浙江省的地被指数。浙江省地被指数处于–0.25~0.79，均值为 0.51，有 50% 的区域超过 0.6，说明浙江省地被情况整体较好，地被宜居性较高，仅钱塘江、杭州市区、温州市区、沿海地区等人类活动强度大的区域地被指数较低。浙江省土地覆被中森林面积达到 60261.62 平方千米，占比达到 57.87%，这是浙江地被指数整体较高的主要原因。在空间格局上，地被指数在西部和西南部山区较大，东北部较小，中部河谷地带中等。其中，衢州市地被指数最大，为 0.42，舟山市最小，仅为 0.28。

4.1.3.5　自然灾害危险度指数

浙江省地形以山地和丘陵为主，地质灾害包括崩塌、滑坡、泥石流、地面塌陷、地面沉降等多种类型。基于浙江省的地质灾害易发地点核密度估计和地质灾害易发区分级赋值，计算得到浙江省地质灾害危险度综合结果。可以看出，地质灾害最严重的地区主要集中在浙南温州市、浙西南的丽水市以及浙西北的临安、淳安等地区。基于浙江省历年的台风路径和台风节点数据，通过栅格叠加计算得到浙江省的台风灾害危险度，浙江省台风灾害危险度大体自东部沿海地区向西北地区递减。

利用公式 4.7 综合集成地质灾害危险度和台风灾害危险度，得到浙江省自然灾害危险度综合指数。经过正向标准化后，指数越低表示自然灾害危险度越高，宜居性越差；指数越高表示自然灾害危险度越低，表明该区域自然灾害对人类居住的限制较低，宜居性较好。浙江省自然灾害危险度与地形和距海洋距离有很强的关系，表现出自东部沿海地区向西部地区递减的趋势。东北部平原、中部金衢盆地形平坦，地质条件稳定，受台风影响较小，自然灾害危险度较低，其中嘉兴最低；浙江西北和西南地区，多为山地和丘陵，地形起伏较大，多为地质灾害易发区，自然灾害危险度较高；浙江东南部地质灾害和台风威胁均显著，故自然灾害危险度最高，其中温州最高。

4.1.3.6 集成空气质量指数

浙江省集成空气质量指数处于 29~70，均值为 48.33，根据 PM2.5 检测网的空气质量新标准，浙江省空气质量整体处于良好等级（35~75）。浙江省集成空气质量指数空间分异规律明显，表现出由北向南、由西向东逐渐增大的趋势，最大值出现在湖州市，为 64.01；最小值出现在舟山市，仅为 30.29。

4.1.4 生态环境优越度空间格局特征

结合以上分析和权重赋值（见表 4.1），在 GIS 平台中进行栅格叠加分析，计算得到各栅格的生态环境优越度指数，并利用公式 4.9 进行归一化处理，则优越度指数越高，生态环境状况越好，越有利于人类居住和发展。同时利用自然间断裂点方法，对指数进行级数分类，并以此来分析浙江省生态环境优越度的空间格局特征。根据该指数将评价值分为五级，分别为高适宜区（0.658~1）、较高适宜区（0.552~0.658）、中适宜区（0.447~0.552）、较低适宜区（0.333~0.447）和低适宜区（0~0.333）五种类型（见表 4.2）。可以发现，受地形、气候、水文、地被等自然因素的影响，浙江省生态环境优越度呈现明显的地域分异规律，其总体分布态势是：由西南地区向东北地区，由山地向丘陵、河谷、平原递减。此外，浙江省生态环境优越度主要受地形条件制约，生态环境优越度空间格局与地形地势具有很高的一致性。因此，地形地貌区域分异对浙江省生态环境优越度的地域差异起基础性作用。

在适宜性分区中，中适宜区、较低适宜区和低适宜区总面积为 58777.69 平方千米，占全省面积的 56.56%，它们对人类居住限制性较大；而较高适宜区和高适宜区总面积为 45141.85 平方千米，占全省面积的 43.44%，它们适合人类居住，对各种自然环境因素的限制较低（见表 4.2）。

表 4.2　浙江省生态环境优越度评价统计

区域类型	土地		人口		人口密度（人/平方千米）
	面积（平方千米）	比例（%）	人数（万）	比例（%）	
低适宜区	11619.19	11.18	1621.18	29.64	1395
较低适宜区	21486.26	20.68	1485.08	27.15	691
中适宜区	25672.24	24.70	1258.26	23.00	490
较高适宜区	27176.52	26.15	793.26	14.50	291
高适宜区	17965.33	17.29	312.12	5.71	173
合计	103917	100	5470	100	526

注：因在数据处理时，筛除了一部分面积极小的岛屿，故表中总国土面积与总人口数与研究区概况中不一致。

低适宜区面积为 11619.19 平方千米，占全省面积的 11.18%，覆盖人口最多，为 1621.18 万，占全省总人口的 29.64%，人口密度为 1395 人/平方千米。主要集中分布在浙江省东北地区的湖州、嘉兴、杭州、宁波等市，这些地区虽地形平坦，适宜人类聚居，但由于人类活动历史悠久，开发强度大，地被情况较差，并且在水文、气候、安全、空气等方面都不占优势，因而适宜性指数较低。

较低适宜区面积为 21486.26 平方千米，占全省面积的 20.68%，覆盖人口 1485.08 万，占全省总人口的 27.15%，人口密度为 691 人/平方千米。这类区域分布相对零散，主要分布在浙江省东北地区、东南沿海地区及中部盆地的中、小城市的市区和大部分县城。

中适宜区面积为25672.24平方千米，占全省面积的24.70%，覆盖人口1258.26万，占全省总人口的23.00%，人口密度为490人/平方千米。主要分布在浙江省中部地区，这些地区处在生态环境宜居性高低的中间地带，是生态环境是否宜居的过渡区域。

较高适宜区面积最广，为27176.52平方千米，占全省面积的26.15%，覆盖人口793.26万，占全省总人口的14.50%，人口密度为291人/平方千米。主要分布在浙江省南部地区的山地、丘陵地区，虽地形条件差，但在气候、水文、地被、空气质量等方面都具有明显的优势，故宜居性较高。

高适宜区面积为17965.33平方千米，占全省面积的17.29%，覆盖人口312.12万，占全省总人口的5.71%，人口密度为173人/平方千米。主要分布在浙江省南部和西南的山间坝子和地势较低的区域。这里地形相对较高适宜区较好，在气候、水文、地被、空气等方面也优势明显，故宜居性最好。

4.1.5 生态环境优越度与人口、经济分布的关系

生态环境与人口、经济发展之间的关系是人文地理学、人居环境科学等研究的重要内容。在对浙江省生态环境宜居性实证研究的基础上，为了进一步明确人口、经济分布与区域生态环境优越度的相互关系，本节定量计算了浙江省不同区域生态环境优越度与人口、经济分布之间的相关性。具体而言，本节选取人口密度和单位面积GDP密度这两个指标来表征人口与经济发展态势。在ArcGIS的空间分析模块下，运用区域统计分析模型，将生态环境优越度汇总至县域尺度，然后将其生态环境宜居性指数与人口密度、GDP密度进行空间匹配，从而获得各指数对应的人口密度与GDP密度；随后利用SPSS软件绘制宜居性指数与人口密度、GDP密度相互关系的散点图，并进行相关性分析。

浙江省县域生态环境优越度与人口、经济分布的相关性拟合曲线（见图4.2）显示，两者整体上均具有明显的相关性。一方面，从生态环境优越度与

人口密度拟合结果来看，两者具有指数函数关系，且曲线拟合度 R^2 值达到 0.835，但是指数函数的系数为负数（–0.465）；这说明浙江省生态环境优越度与人口密度之间存在较强的负相关关系，大部分人口明显集中分布于生态环境优越度指数较低的地区。另一方面，从生态环境优越度与 GDP 密度拟合结果来看，两者也呈现出一定的指数函数关系，曲线拟合度 R^2 值为 0.6559，指数函数的系数也为负数（–0.45）；这表明浙江省生态环境优越度评估价值与单位面积上的 GDP 呈负相关。总体而言，浙江省生态环境优越度与人口密度、GDP 密度之间存在较强的负相关关系，浙江省人口居住和生产活动多集中于生态环境优越度较差的地区，生态环境对人口集聚和经济活动集聚作用并不明显。

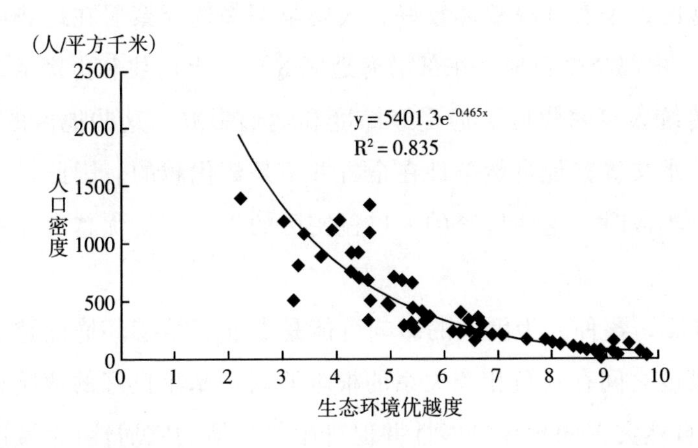

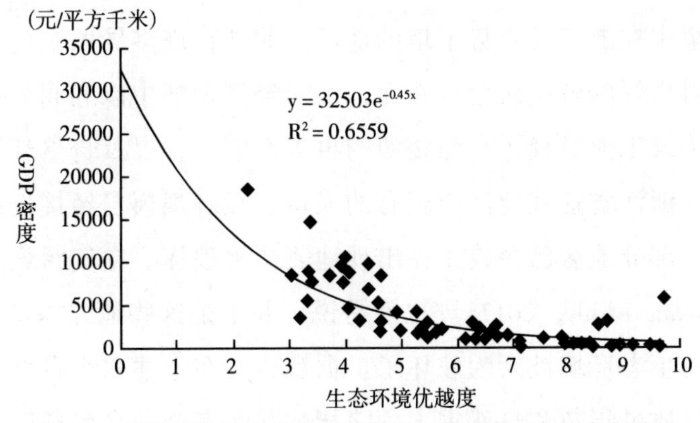

图 4.2　浙江省生态环境优越度与人口密度及 GDP 密度关系

综上所述，浙江省生态环境优越度与人口、经济分布之间存在较强的负相关性。这与以往学者对石羊河流域（魏伟等，2012）、重庆市（Vayghan et al.，2013）、陕西省（郝慧梅和任志远，2009）等区域的研究结果存在较大差异，他们研究发现区域人居环境自然适宜性与人口分布、经济发展存在明显的正相关关系，人口和经济集聚具有明显的自然环境导向性。究其原因：

一方面，研究区域所处的大的地理环境不同。以上研究区域多位于中国西部内陆干旱半干旱地区，一般地形较平坦的地区也一直是水系发达、地表覆被较好、地质稳定的地区，人类居住和经济活动也多趋于在这些地区集聚，因此人居环境自然适宜性与人类活动空间分布正相关性强。但不同地区自然环境本底不同，一般的规律不一定适合所有的区域。浙江省地处中国东部沿海的湿润地区，生态环境整体较好，人类早期多选择聚居在地势低平的地区（北部平原、中部金衢盆地、东部沿海地区等）从事居住和生产活动，这些地区也成为传统人口密集区。但受经纬度和地形影响，这些地区的地表覆被、气候气象、水文等其他自然条件在全省并不是最优越的。因此，在进行自然要素的综合集成时，这些传统的人口稠密区的生态环境优越度并不是最为理想的。

另一方面，各种人为因素的影响可能是浙江省生态环境优越度与人口密度、GDP 密度之间存在负相关关系的根本原因。基于良好的地质和地形条件（可以缓解自然灾害的潜在可能性并促进生态环境的宜居性），城市化和集聚经济倾向于集中在浙江省地势平坦的地区。此外，许多居民倾向于迁移到这些地方以获得更好的就业机会。然而，由于经济发展中以利润为导向的资本逻辑，加上传统工业忽视了自然资源的再生产能力，以及自然环境的有限生物降解能力，浙江省这些地区内现有的人口、经济规模已经接近或超过生态环境承载力，部分地区已经或正在出现地表覆被破坏、空气污染和生态环境恶化现象（Wang et al.，2017）。也就是说，并不是这些地方本身不宜居，而是这些地区的生态环境被人为破坏了。据观察，在上述六个自然指数中，地被指数、空气质量指数和自然灾害危险指数并非完全的自然环境因素，它们经常会受到人类活动的间接影响。例如，空气污染很多可能是由工业化和运输过程造成的，而土地覆盖的退化可能是由于过快的城市化和城市扩张实践所致。因此，在综合集成地形、气候、水文、地被、空气和自然灾害等生态环境因子时，传统人口密集地区的生态环境宜居性指数却不是最高的，两者之间还呈现出较强的负相关性。因此，评价结果符合研究区实际情况，具有较强的现实指导意义。

受地理环境和历史发展基础等因素的影响，生态环境优越度与人口、经济分布的负相关关系可能在很多地方都会出现。并且未来相当长的一段时期内，人口与经济发展对生态环境的胁迫和阻滞作用都可能存在，这种负相关关系也不可能马上得以转变。因此，准确把握区域生态环境适宜性与人口、经济分布的相互关系，引导人口有序流动和适度聚集，努力推进人口集聚规模、经济活动与区域自然生态环境承载能力相匹配，既是学科发展的需求，更是顺应社会发展的要求。

4.1.6　小结

本节从地形、气候、水文等六个方面构建生态环境优越度评价模型，系统评估了浙江省不同地区的生态环境的适宜性和限制性特征，定量揭示了省内生态环境优越度的空间格局与地域差异，并探析了生态环境优越度与人口、经济分布之间的关系。结果表明：

（1）受地形、气候、水文、地被等自然因素的影响，浙江省生态环境优越度呈现明显的地域分异规律，其总体分布态势由西南地区向东北地区，由山地向丘陵、河谷、平原递减。生态环境宜居性程度分区中，低适宜区覆盖人口最多，为1621.18万，占全省总人口的29.64%，人口密度为1395人/平方千米，主要分布在浙江省东北地区的湖州、嘉兴、杭州、宁波等市区。较高适宜区面积最广，为27176.52平方千米，占全省面积的26.15%，人口密度为291人/平方千米，主要分布在浙江省南部地区的山地、丘陵地区。所有市域之中，丽水、衢州和温州三个城市的生态环境宜居性在全省处于绝对优势地位。

（2）浙江生态环境优越度与人口密度、GDP密度均成指数函数关系，曲

线拟合度 R^2 值分别达到 0.835 与 0.6559。但是指数函数的系数为负数，说明浙江生态环境优越度与人口、经济分布之间存在较强的负相关关系。浙江省人口居住和生产活动多集中于生态环境优越度较差的地区，生态环境对人口集聚和经济活动集聚作用并不明显。这主要是由于浙江省内部不同地域之间地形优劣与气候、水文、空气、地被条件的好坏并不是高度一致导致。

以浙江省为例，对生态环境优越度及其与人口、经济分布的关系进行定量研究，在模型构建上，除了考虑地形、气候、水文、地被四个传统因子，还引入了与人们生命健康关联极大的自然灾害和空气质量因子。因此，评价模型可以更全面地反映区域的生态环境特征，能够较好地揭示区域生态环境宜居性的空间规律性，具有较好的实用性。此外，本节研究发现区域生态环境优越度与人口、经济分布并不存在空间一致性，实际上它反映和代表了很多发展中国家区域共同面临的问题，因此可为广大发展中国家的区域人居环境研究和建设提供案例示范和政策启示。受数据可得性制约，工作条件只允许本节对 2014 年的数据进行分析，单时段的数据分析缺少了连续性，无法揭示纵向的发展变化态势及其动力机制。全面验证生态环境与社会经济发展的关系是一个系统工程，需要长期稳定的数据积累和持续的方法创新，这是今后努力的方向。

4.2 经济发展活力度的空间分异

经济发展环境是人居环境的核心组成部分，近年来，浙江省社会经济长期保持较快发展，为人居环境的建设提供了强劲的物质基础和动力源泉。2005~2015 年，浙江省总人口（常住）由 4898 万增长到 5539 万，年均增长率为 1.24%，同期城镇人口由 2674.31 万增长到 3644.66 万，年均增长率为 3.14%，明显快于总人口增长速率（见图 4.3）。城镇化率由 2005 年的 54.6% 上升到 2015 年的 65.8%，每年将近提高 1.9 个百分点。在人口保持稳定增长的同时，浙江省经济发展也呈现持续快速的增长态势，人均 GDP 由 2005 年的 27062 元增加到 2015 年的 77644 元，年均增长率为 11.11%（见图 4.4）。

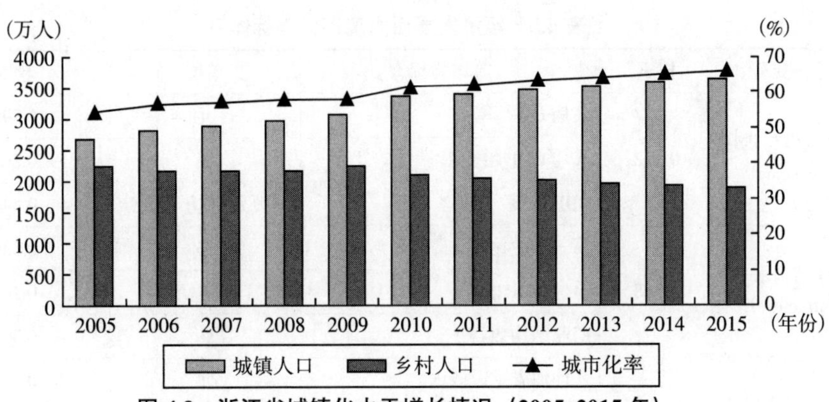

图 4.3　浙江省城镇化水平增长情况（2005~2015 年）

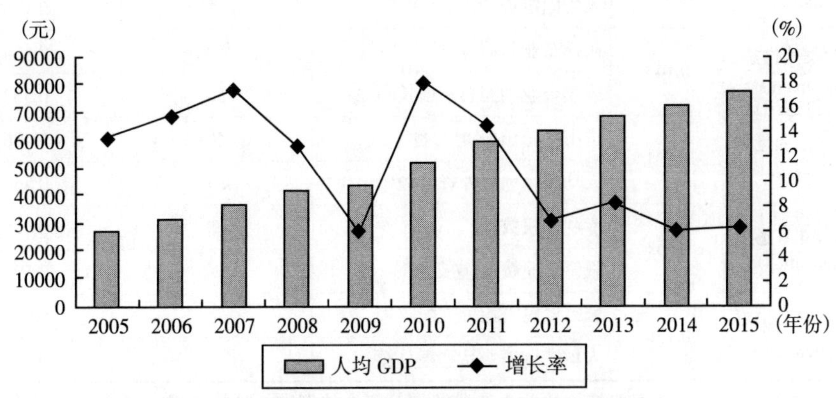

图 4.4　浙江省人均 GDP 增长情况（2005~2015 年）

4.2.1　经济发展活力度指标体系构建及赋权

区域社会经济发展活力是一项涉及人、社会等多要素的复合系统工程，结合已有相关研究成果（于涛方，2004；倪鹏飞，2004；庞敦之，2006；金延杰，2007；牛盼强等，2009；赵文亮等，2011；赵玉芝和董平，2012；Wang et al.，2017），遵循指标体系构建的全面性、典型性、可比性和可操作性等原则，本节将经济发展活力度解析为包含经济规模与质量、产业结构水平、财政与社会保障、企业及其收益、经济外向度、科技与教育水平、居民生活与消费七个维度，它们累计叠加构成区域经济发展活力度评价指标体系（见表 4.3）。

表 4.3　经济发展活力度评价指标体系

综合变量	权重	具体指标	单位	权重
经济规模与质量（economy）	0.172	人均 GDP	元	0.390
		人均 GDP 增长率	%	0.267
		GDP 密度	万元/平方千米	0.343
产业结构水平（structure）	0.108	第三产业比重	%	0.339
		单位 GDP 能耗	千瓦时/万元	0.262
		产业结构效益 *	%	0.399
财政与社会保障（society）	0.137	人均地方财政收入	元	0.543
		养老保险覆盖率	%	0.301
		人均固定资产投资	元	0.156
企业及其收益（company）	0.143	规模企业利润总额	万元	0.468
		规模企业利润总额增长率	%	0.532
经济外向度（openness）	0.131	进出口总额/GDP 总额	%	0.436
		人均实际利用外资金额	美元	0.564
科技与教育水平（education）	0.151	专利授权数	件	0.405
		教育事业费/财政支出	%	0.595
居民生活与消费（human）	0.156	城镇居民人均可支配收入	元	0.613
		人均社会消费品零售总额	元	0.387

注：* 表示这里所述产业结构效益为产业结构偏离度的倒数，计算公式见参考文献（欧向军等，2007）。

（1）经济规模与质量。经济规模总量是区域经济发展活力的基础。经济总量形成的规模经济导致生产及经济要素集聚，从而提高区域的产出效率，进而支撑经济的持续增长，而经济增长速度则是区域经济活力释放的最直接体现。因此，本节主要选取人均 GDP、人均 GDP 增长率、GDP 密度来表征区域经济规模与质量。

（2）产业结构水平。加快产业结构调整，是经济发展到一定阶段的客观要求，也是实践科学发展观的必然选择。服务型经济已成为当今世界经济发展的主要趋势，服务业的兴旺发达已成为现代经济的一个显著特征（江小涓和李辉，2004）。浙江省作为我国经济发展水平较高的省份，努力提高服务经济的比重是经济发展的主要方向之一。因此，本节选取第三产业比重作为衡量产业结构水平的指标之一。此外，绿色发展已经成为我国五大发展理念之一，很多国家已把发展绿色产业作为推动经济结构调整的重要举措，故本节还选取了单位GDP能耗来反映产业结构水平。

（3）财政与社会保障。政府的宏观调控政策和效率对区域经济发展活力也具有重要的影响。而区域政府效率主要取决于政府对市场的干预程度、采取的政策、政务的公开程度、公众的参与程度等，而其中重要的衡量指标即为财政与社会保障（李齐云，2003）。因此，本节选取人均地方财政收入、人均固定资产投资和养老保险覆盖率来反映区域财政与社会保障水平。

（4）企业及其收益。企业作为区域的基本单元之一，既是城市活力的经济细胞，又是城市扩大投资、拓展生产力发展规模和提高生产力发展水平的基础（刘东和梁东黎，2000）。企业的活力构成了区域经济发展活力的微观基础，而企业家精神在经济发展中也将发挥日益重要的作用（周伟林和严冀，2004）。因此，本节选取规模企业利润总额及其增长率来表征区域企业及其收益水平。

（5）经济外向度。主要反映区域的对外交往能力及开放程度，越开放的经济体，经济活力越高。本节选取进出口总额/GDP总额和人均实际利用外资金额来反映区域经济外向度水平（王毅等，2017）。

（6）科技与教育水平。科技进步既可以为区域经济的发展提供技术支持，又能对区域外的高素质生产要素产生较大吸引力，从而推动区域经济的进一步发展。而专利作为最先进技术的载体（宋慧林和马运来，2010；王毅，2015），是国家或地区科技资产的核心和最富经济价值的部分，因此本节选取专利授权数来衡量区域科技水平。教育水平是区域经济发展活力的灵魂，它不单影响劳动力的素质及区域的创新能力，还影响技术转化为生产力的能力（金延杰，2007）。因此，本节选取教育事业费/财政支出来衡量区域教育水平。

（7）居民生活与消费。人是经济发展的主体，经济发展必须促进居民生活质量的提高，才具有实实在在的意义。居民的收入与消费水平能够直接体现经济发展给居民带来的好处，即生活质量的改善，一个具有较高经济活力的地区应使当地居民保持长期稳定的生活质量。而能够获取可观的收入是居民改善生活质量的基础，也能进一步刺激居民投入到经济建设中去。此外，居民收入水平较高的地区对高素质劳动力有较高的吸引力，劳动力素质的提高也将促进区域经济的进一步发展。因此，本节选取城镇居民人均可支配收入来反映居民的生活与消费水平。

本节采用熵值法来计算各指标的权重。熵最初来源于物理学中的热力学概念，现已广泛应用于可持续发展评价及社会经济等研究领域（方创琳和魏也华，2001；袁久和祁春节，2013）。其原理是设有 n 个指标，m 个区域，组成矩阵 $X=(x_{ij})_{m,n}$，数据的离散程度越大，信息熵越小，其提供的信息量则越大，该指标对综合评价的影响也越大，其权重也应越大；反之，各指标值差异越小，信息熵就越大，其提供的信息量则越小，该指标对评价结果的影响也越小，其权重亦应越小。熵值法能够克服其他方法人为确定权重的主观性以及多指标变量间信息的重叠性（郭显光，1998；乔家君，2004）。其计算步骤如下：

（1）计算第 j 项指标下区域 i 指标值的比重 P_{ij}：$P_{ij}=x_{ij}/\sum_{i=1}^{m}x_{ij}$；

（2）计算第 j 项指标的熵值 E_j：$E_j=-K/\sum_{i=1}^{m}P_{ij}\ln P_{ij}$，令 $K=\frac{1}{\ln m}$，则 $E_j=-\frac{1}{\ln m}\sum_{i=1}^{m}P_{ij}\ln P_{ij}$；

（3）计算第 j 项指标的差异性系数 G_j，熵值越小，指标间差异性越大，指标越重要：$G_j=1-E_j$；

（4）确定第 j 项指标的权数 A_j：$A_j=G_j/\sum_{j=1}^{n}j$。

4.2.2 经济发展活力度单因子空间分异特征

基于上述指标体系（见表 4.3）及其权重赋值加总得到综合变量值，进而分别评价各变量的空间格局特征。

4.2.2.1　变量全局空间分布特征

变量的全局空间分布特征通过 Moran's I 指数与全局 G 系数表征（李国平和王春杨，2012；曹芳东等，2013），通过表 4.4 可以看出，不同变量的空间关联程度高低存在一定差异。经济规模与质量、财政与社会保障、经济外向度、居民生活与消费四个变量对应的 Moran's I 值均在 0.55 以上，全局 G 系数也在 0.015~0.031，表明这些变量的空间格局中存在十分显著的空间自相关及高低集聚的现象。企业及其收益、科技与教育水平两个变量的对应的 Moran's I 值和全局 G 系数相对较小，但也通过了 0.05 的显著性检验，说明它们的空间分布也具有一定的空间自相关及高低集聚特征。相比以上变量，产业结构水平的 Moran's I 值与 G 值分别为 0.522、0.007，均小于其他变量，且不显著，其空间分布可能存在高低集聚相互嵌套的情况。

表 4.4　所有综合因子的全局 Moran's I 值与全局 G 值

变量	M（I）	Z（I）	G（d）	Z（d）
economy	0.656	7.511	0.028	7.233
structure	0.033	**0.522**	0.007	**1.124**
society	0.611	7.248	0.024	7.104
company	0.450	5.885	0.018	6.261
openness	0.704	8.084	0.031	7.452
education	0.342	3.592	0.015	3.216
human	0.568	6.440	0.021	6.581

注：表中的 M（I）为 Moran's I 指数值，其中 Moran's I 值与全局 G 值的期望 E（I）和 E（d）在整个过程分别为-0.019 和 0.017；表中加粗数值表示没有通过显著性检验。

4.2.2.2　变量局部空间格局特征

通过 Getis-Ord Gi* 指数考察所有变量的局部空间分布特征及与全局指数的对应性（Getis and Ord，1992），参考已有研究按照 Jenks 自然断裂法对局部空间关联的划分（柯文前等，2013），本节进一步将不同县域单元划分为核心热点区、次核心热点区、边缘热点区、边缘冷点区、次核心冷点区和核心冷点区六类，并将热点区和冷点区各自三种类型分别命名为高值簇地区和低值簇地区，进而探索变量的可能潜在关系。

2014 年浙江省经济发展所有综合变量集聚态势表现出与全局空间特征相互对应的特征。具体而言，除少数变量外，其他变量核心热点区与核心冷点区分别集聚于浙东北的杭嘉湖、环杭州湾地区与浙南的温州—丽水连绵区，从而大致形成以核心热点区和核心冷点区的高值中心和低值中心向外扩散的“圈层结构”模式，并且高值簇与低值簇的分界线一直稳定于浙中地区，表明浙江经济发展活力度“东北高西南低”分异格局很可能是多个因素共同作用的结果。

具体而言，经济规模与质量、财政与社会保障、企业及其收益三个变量的空间分布表现出极高的趋同性。对于高值簇而言，上述三者的核心热点区、次核心热点区主要分布在浙江东北地区的大部分县域，尤其是核心热点区主要集中在杭州、绍兴、宁波和舟山的市辖区；边缘热点区分布相对分散，除了湖州和绍兴下属的若干县域外，浙东南的温州市和台州市也有所分布。对于低值簇来说，核心冷点区主要集中于浙西南丽水和温州的少数县域以及台州市的仙居县等，次核心冷点区和边缘冷点区分布范围均相对广泛，浙西南、浙南以及中部地区大部分县域均是这两种类型。居民生活与消费、经济外向度与上述三个变量的格局也较为相似，只是在个别类型区分布上存在一定的差异：居民生活与消费的次核心热点区除了集中分布于浙江东北地区外，东南部的台州市区、温岭市和乐清县同为次核心热点区；浙江东南沿海地区县域的经济外向度相对较弱，这一地区经济外向度并未进入热点区，而以次核心冷点区和边缘冷点区为主。产业结构水平、科技与教育水平与以上五个变量空间格局差异较大，它们均出现不同程度的镶嵌而表现出特殊性，并未呈现出较为明显的地域分异规律。

4.2.3 经济发展活力度空间格局特征

4.2.3.1 总体空间格局特征

对表 4.3 中的评价因子加总得到 2014 年浙江省各县域经济发展活力度指数，并对其进行聚类分析，同时兼顾取整数原则，将经济发展活力度由低到高的阈值确定为 0.14、0.21、0.35、0.49，共划分为五个等级：经济发展活力度低于 0.14 的定义为经济落后区（11 个）；介于 0.14~0.21 的定义为经济较落后区（17 个）；介于 0.21~0.35 的定义为经济一般区（28 个）；介于 0.35~0.49 的定义为经济发达区（14 个）；大于 0.49 的定义为经济极发达区（3 个）。综合上述分级标准及其对应的县域单元，我们发现，浙江省经济发展活力度格局呈现以行政等级差异为主、空间集聚差异为辅的双重差异特征。行政等级差异在各地级市域内部表现较为显著：县域行政等级越高，经济发展活力度越高，总体上呈现出“副省级城市市区——一般地级市市区—县（县级市）”的经济发展活力度差异格局；空间集聚差异表现是：高经济发展活力度区域集中在以杭嘉湖平原地区以及宁波市为代表的浙江东北部以及少数东南沿海县域，中、低经济发展活力度广泛分布在浙江省西部和南部地区。

根据 Moran's I 指数进一步分析浙江经济活力度的空间关联与集聚特征。采用 FD 法作为空间权重矩阵的判断依据，计算出 Moran's I 指数为 0.5126，Z 统计值为 7.278。由此说明浙江省县域经济发展活力度在空间分布上存在显著正自相关关系，即县域经济发展活力度在空间格局表现上并非呈现出完全随机的分布状态，而是呈现出若干县域单元相似属性值在特定空间区域上趋于集聚分布，进而反映出浙江省县域经济发展活力度存在显著的空间集聚规律。即具有较高或者较低全局空间自相关分析的县域单元之间倾向于相互邻近集聚。

4.2.3.2　局域空间格局特征

采用局域空间自相关分析进一步揭示内部局域县域之间经济发展活力度的空间集聚格局（见图 4.5）。局域 Moran's I 指数散点分布显示，有 24 个县域单元落在局域 Moran's I 指数散点图的第一象限，有 30 个县域落在局域 Moran's I 指数散点图的第三象限，这两类县域数量占全省县域总数的比例分别为 32.88%、41.09%，进而说明浙江省县域经济发展活力度空间分布表现出明显的高高集聚和低低集聚两种类型，从而直观印证了 Moran's I 指数的客观判断。浙江省县域经济发展活力度相似的地区在空间上均呈集聚分布形态，是由扩散互溢与低速增长两种典型空间分异特征所主导的（张立生，2016）。经济发展活力度较高地区（HH 集聚区），除各地市辖区外，主要集中分布在浙东北地区的杭州、宁波、嘉兴、湖州、绍兴与舟山所属县域单元，经济发展活力度较低地区（LL 集聚区）主要集中分布在浙南和浙西南地区的温州、台州、衢州和丽水所属大部分县域单元。HL 集聚区数量较少，只有金华市区和丽水市区两个单元；LH 集聚区也仅包含台州市所辖的天台和三门两个县域。

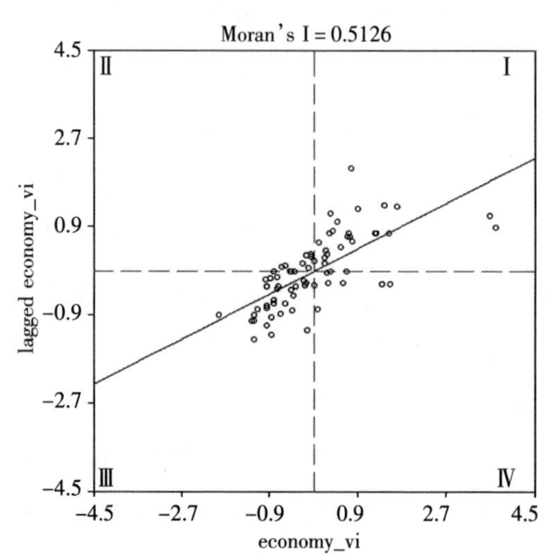

图 4.5　2014 年浙江经济发展活力度的 Moran 散点图

注：Ⅰ表示高高集聚；Ⅱ表示低高集聚；Ⅲ表示低低集聚；Ⅳ表示高低集聚。

4.2.3.3　经济发展活力度热点探测

进一步采用 Getis-Ord Gi* 指数及其空间化表达来直观考察浙江省县域经济发展活力度集聚分布的冷热点区域空间格局特征。从整体看，浙江省县域经济发展活力度空间格局呈现显著的“核心-边缘”结构。

一方面，经济发展活力度热点区高值簇尤其是经济核心热点区和次核心热点区，主要集中于浙江省东北部的杭嘉湖和环杭州湾两处高值簇集聚区，并体现出以湖州、杭州、嘉兴、绍兴、宁波和舟山为中心的圈层空间结构，这表明浙东北地区是最具活力的发动机，是浙江经济发展的核心区域。主要原因在于，在浙江省实施效率优先的非均衡发展战略背景下，浙东北地区凭借其在自然环境条件、地理位置优势、基础设施、服务功能、制度环境和规模经济等方面的历史传统优势及其循环累积效应，不断吸引其他地区的人力、资本、信息、技术与金融等生产要素愈益聚集，经济发展在不断集聚过程中形成的规模经济和外部性优势共同促使浙东北地区成为全省县域经济发展的中心增长极（张立生，2016；陈翊等，2017）。中心增长极所产生的“极化效应”和“回波效应”进一步强化了浙东北地区县域经济发展水平与其他地区县域之间的绝对差距。浙江东南部温州市的部分县域也进入经济边缘热点区，这主要得益于区域内的人力资源——具有区域特色商业文化传统的各种经营人才（史晋川和朱康对，2002），创造了举世闻名的“温州模式”，从而带动区域经济的异军突起。

另一方面，经济发展活力度冷点区的空间结构则主要呈现出两处低值簇连绵区，即衢—丽—温连绵区和台州连绵区。其中衢州、丽水与温南处于浙江省县域经济欠发达集中地区，经济发展活力度各项综合变量均不高，而台州大部分县域处在宁波与温台发达县域之间，并且分别与金华和绍兴部分欠发达县域邻接，进而导致这一地区低值经济发展活力度彼此连绵。这些地区在自然地理条件、地理位置、交通、基础设施等方面在全省均处于不利位置，因此长期占据冷点地区。

4.2.4　小结

以浙江省县域行政单元为基本分析对象，以 ESDA 方法作为主要统计分析技术，对浙江省县域经济发展活力度各综合变量及其综合评价值的空间分异进行了定量测度与揭示，研究发现：

（1）经济发展活力度的不同类型区与绝大多数变量的空间对应程度很高，浙江省县域经济发展活力度格局呈现以行政等级性为主、空间集聚性为辅的双重差异特征，在行政等级上表现为“副省级城市市区——一般地级市市区—县（县级市）”的经济发展活力度差异格局；在空间关联和集聚差异上表现为浙江东北部地区高高集聚，以及浙江省西部和南部地区的低低集聚两种类型。

（2）经济发展活力度热点探测显示，整体上浙江省县域经济发展活力度空间格局呈现显著的“核心-边缘”结构。浙江省东北部的杭嘉湖和环杭州湾两处高值簇集聚区构成浙江经济发展活力度的主要热点区，浙江省南部的“衢—丽—温”连绵区和台州两处低值簇连绵区构成浙江经济发展活力度的冷点区。自然环境条件、地理位置优势、基础设施、服务功能、制度环境等因素是这种空间差异产生的主要原因。

需要强调的是，本节尝试对数据的时空分布特征进行充分挖掘，对区域经济发展空间格局进行了较为有效的探索，但变量和指标的选择不同可能造成模拟结果或参数估计的差异，从而对区域经济评价产生一定影响，因此如何选取科学性和可信度更高的指标变量构建逻辑合理的评价体系值得进一步深究。

4.3 公共服务便捷度的空间分异

自改革开放以来，中国经济持续快速发展，人民生活水平日益提高，人们对基本公共服务的需求也呈不断增加的态势。但与此同时，中国基本公共服务区域间、城乡间的非均等化问题也越来越凸显，总体上表现出“性能水平低，发展不平衡和低效率收敛”的特征（Chen and Cai，2007）。而区域公共服务具有强正外部效应特征，其供给及空间分布事关区域居民生活质量和社会公平，很可能成为引导不同阶层社会群体空间竞争和冲突的重要因素（Gao et al.，2011）。提高公共服务的效率、实现公共服务均等化对于维护社会公共资源配置和权力分配的社会公平、地域公正，消除社会分异、空间极化具有重要的理论和实践意义。此外，充分的公共服务是改善居民生活品质、提高区域人居环境适宜性的重要前提。一个地方的居民能否方便和平等地享用区域公共服务设施的各项功能和服务，也是区域人居环境适宜性评价的重要指标。

本节从区域公共服务设施可达性视角来综合分析公共服务设施便捷度。主要的思路是基于浙江省第一次地理国情普查数据，利用教育、医疗、养老等六类公共服务设施的空间可达性作为具体测度指标，借助 GIS 空间分析方法多角度评价浙江 2014 年公共服务发展综合水平，并从地理环境、需求、供给三个方面分析其影响机制（见图4.6），以期为后续指导浙江公平而高效的公共服务设施规划、建设、管理以及公共服务均等化发展决策提供前瞻性依据。

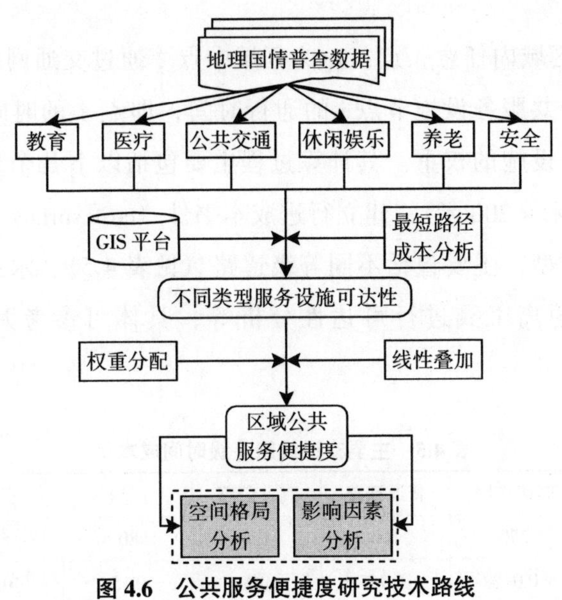

图4.6 公共服务便捷度研究技术路线

4.3.1 公共服务便捷度研究方法

4.3.1.1 公共服务设施可达性计算

可达性（accessibility）是指利用一种特定的交通系统从某一给定区位到达活动地点的便利程度（Hansen，1959；朱杰等，2007）。本节中是指居民克服距离、旅行时间和费用等阻力（impendence）到达一个服务设施或活动场所的愿望和能力的定量表达（李业锦，2009），它是衡量人们享受公共产品和服务的空间公平性和达到的便捷性的重要标准和常用工具（Delmellea and Casas，2012；Porta et al.，2012）。很多学者以基本公共服务的单要素为对象展开研究，对教育服务设施（Yousuf et al.，2010）、医疗资源（Zhao et al.，2011）、交通站点（Tica et al.，2011）等的布局与配置等作了较为深入的研究，提出了现有资源设施配置的不足之处以及改进的办法。可达性的计算方法有多种，常用的有缓冲区分析法、最小邻近距离法、行进成本法和吸引力指数法等。本节采用基于交通路网的最短通行时间评价模型来测度公共服务设施的可达性水平（靳诚和黄震方，2012；Jin et al.，2015），分析模型如下：

$$T_i = \sum_{k=1}^{n} w_k \min(T_{ij}) \quad \text{（公式 4.11）}$$

式中：i 为区域内任意一点；T_{ij} 为区域中点 i 通过交通网络中通行时间最短的路线到达公共服务设施节点 j 的通行时间，即点 i 的时间可达性；w_k 为第 k 类公共服务设施的权重。其计算过程主要包括以下几个步骤：原矢量底图栅格化（200 米 × 200 米）；建立行进成本书件（cost surface grid file），即创建成本消费面模型，主要包括不同等级道路（见表 4.5）、水系、坡度的成本值；使用成本距离工具进行可达性分析等，具体可参考尹海伟和孔繁华（2014）。

表 4.5 主要交通线路等级时间成本值

道路等级	高速铁路	普通铁路	高速公路	国道	省道	县道
速度（千米/小时）	250	100	120	80	60	40
时间成本（分钟）	0.048	0.12	0.1	0.15	0.2	0.3

注：根据 2010 年中国不同等级的铁路里程和速度标准，以及前人研究成果（钟业喜，2011；靳诚、黄震方，2012）进行设置。

4.3.1.2 核密度估计

核密度估计反映的是空间点位分布的相对集中程度，目前已被广泛地应用于点要素的空间集聚分析（Wang，2009）。在二维空间中，核密度函数可表示为：

$$\lambda(s) = \sum_{i=1}^{n} \frac{1}{\pi r^2} \varphi(d_{is}/r) \quad \text{（公式 4.12）}$$

式中：λ(s)是地点 s 处的核密度估计，r 为带宽，n 为样本数，φ 是地点 i 与 s 之间距离 d_{is} 的权重。

4.3.1.3 多元线性回归模型

区域公共服务水平受多种因素影响。对此本节选择常用的多元线性回归模型定量分析浙江公共服务综合水平的影响因子。回归模型为：

$$Y = \mu + a_1 F_1 + a_2 F_2 + \cdots + a_n F_n + \varepsilon \quad \text{（公式 4.13）}$$

式中：Y 为区域公共服务综合水平；μ 为常数项；F_1，F_2，…，F_n 为影响公共服务综合水平的各因素；a_1，a_2，…，a_n 为各影响因素的回归系数；ε 为随机误差。

4.3.1.4　公共服务设施细分及其可达性赋权

公共服务设施包括公共交通、教育、医疗、文体、商业等社会性基础设施，本节主要测算教育设施、医疗设施、养老设施、公共交通设施、文化体育设施、安全防护设施六类公共服务设施的时间可达性。在六类公共服务设施中，又进一步对教育、医疗、养老、交通和文化体育进行了细分，形成了 18 个具体细分类别，如表 4.6 所示。

表 4.6　公共服务设施分类及其可达性权重

设施类型	设施细分（可达性的权重）
教育设施	小学（0.0994）、普通中学（0.0835）、高级中学（0.0741）
医疗设施	星级医院（0.1003）、卫生院（0.0923）
养老设施	公办社会养老机构、公办敬老院及社会福利院（0.0722）
公共交通设施	高铁站点（0.0896）、城乡客运站（0.0824）、高速路互通口（0.0807）、机场（0.0692）
文化体育设施	体育馆、体育中心、公共图书馆、文化馆及博物馆（0.0962）
安全防护设施	避灾安置场所（0.0601）

4.3.2　公共服务设施空间分布格局

通过分析浙江省各类公共服务设施节点的空间分布规律，我们发现，在省域层面，除了卫生院分布较为均衡外，其他几类设施不均衡态势明显。浙江东北部和东南沿海地区公共服务设施数量较多且分布密集，中部和西部地区设施数量较少，分布稀疏。利用公式 4.12 计算得到六类设施的核密度估计值。结果显示，在全省尺度上，教育设施聚集状态明显，呈现典型的多中心形态；医疗设施分布较为均衡，集聚的区域连接成片；养老设施也形成了较多的集聚区域，但较为分散；公共交通设施核密度极值出现在杭州市中心城区，以杭州市为中心，向外呈放射状扩散；文化体育设施数量相对较少，空间分布比较零散；安全防护设施空间集聚较为明显，核密度高值区集中分布在东部的沿杭州湾和沿海地带。

总体来看，浙江省各类公共服务设施空间分布不均衡特征明显。杭嘉湖地区、宁波、东南沿海地区等公共服务设施配置齐全，各类设施供给规模均居全省前列，空间聚集程度较高，它们构成浙江公共服务设施空间格局的核心区。而衢州、丽水及杭州西部地区等位于边缘山区，各类服务设施供给仍在逐步完善中，设施配置密度较低，是浙江公共服务设施分布格局边缘地带。

4.3.3　公共服务便捷度空间分异特征

利用公式 4.11 测度各类公共服务设施节点的时间可达性，将其作为公共服务便捷度的单因子评价指标，针对各类公共服务设施的时间可达性值域的不同，分别以 2 分钟、5 分钟、10 分钟、15 分钟、30 分钟等不同时间间隔进行可达性时间段划分，具体结果如图 4.24 所示。在此基础上，将所有设施的可达性进行标准化处理，然后采用层次分析法和专家打分法相结合的方法（Saaty，1977）确定各类公共设施可达性的权重（见表 4.6），利用地图代数工具进行栅格汇总计算，得到浙江省公共服务设施便捷度，并汇总至县域尺度。鉴于公共服务便捷度是一种缺乏明确的等级划分标准的渐变变量，本节采用自然间断点分级法将其划分为高、较高、中等、较低和低。可以发现浙江省公共服务便捷度具有以下特征：

4.3.3.1　空间不均衡显著

浙江县域公共服务便捷度的均值为 7.0691，位于平均水平以上的县域有 41 个，占 54.8%，总体而言，浙江公共服务设施便捷度较高。但省域内部也存在明显地域差异，便捷度较高的地区主要是浙江的东北部和东南沿海地区，西北和西南地区公共服务便捷度普遍偏低，概而言之，浙江公共服务设施便捷度空间不均衡特征比较显著。基于 ArcGIS 10.2 趋势面分析工具识别的结果（见图 4.7），进一步表明浙江公共服务便捷度大体上由东向西、由北向南逐渐降低，呈现出较明显的地带性梯度。这一现象凸显了虽然浙江公共服务便捷度综合水平总体较高，但地域差异依然较大，这基本与浙江省经济发展空间格局一致。

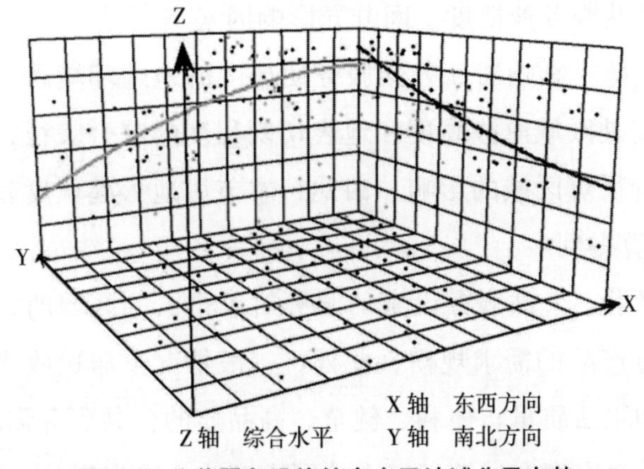

图 4.7　公共服务设施综合水平地域分异态势

4.3.3.2　集聚分布特征明显

公共服务便捷度较高和高的县域集中分布在东北部的以杭州、嘉兴和湖州市区为核心所构成的杭嘉湖平原地区，宁波、舟山两市的市区及东南沿海地区的温州、台州部分地区也形成了一定规模的高值集群，而较低和低水平县域趋于中西部山区和省际边缘区集中分布。进一步利用 ArcGIS 10.2 中热点分析工具探索分析浙江公共服务设施综合水平分布态势，发现浙江东北地区形成了连片的热点区，表明这一区域属于高值集聚区；这些地区社会经济最发达、对外开放程度最高，也是承载人口最多的地区，为基本公共服务建设提供了雄厚的社会基础和经济支持，基本公共服务体系发展较为健全，公共服务便捷度综合水平在全省处于领先地位。在浙江的西南地区形成了较大的低值集聚区，这些地区受山地地形和省际边缘区位的双重制约，各种公共基础设施不齐备，交通设施、文体设施、养老设施等公共服务体系有待改善。

4.3.4　公共服务便捷度空间分异影响因素分析

4.3.4.1　影响因素选取

公共服务设施作为公共消费物品，其发展水平受供给因素制约，同时需求规模也对其具有驱动作用；此外，公共服务设施综合水平具有一定的地方性，也受到区域地理环境的影响。据此，本节从地理环境、需求、供给三个方面分析浙江公共服务便捷度空间分异影响因素。

（1）地理环境，影响浙江公共服务便捷度的地理环境因素主要是地形条件，地形起伏度是区域海拔高度和地表切割程度的综合表征，它更能表征地形变化和地貌特征对区域的影响。因此，本节用地形起伏度表征地理环境因素，由 DEM 计算得到。

（2）需求因素，公共服务设施的服务对象是人，区域的人口规模或密度影响其公共服务产品的需求规模；此外，一般情况下居民收入水平越高就越重视生活品质和生活质量，便利、健全、高品质的公共服务需求也就越旺盛，据此本节选择人口密度和城镇居民人均可支配收入来表征公共服务需求规模。

（3）供给因素，公共服务设施作为公共物品，其供给因子主要是指公共服务设施及服务人员的建设与供给规模、能力等。首先，其投入能力取决于经济发展水平。一般而言，区域经济发展水平越高，政府部门就会越重视公共服务设施建设，其建设的投入能力也会越强；因此，本节选取人均 GDP 作为公共服务设施建设投入能力的变量。其次，公共服务设施的运营主要由城市的公共和私营服务业来保障，因此城市服务业发展水平和公共服务供给能力对公共服务便捷度有重要影响，城市服务业发展水平可通过服务业增加值来表征，而城市公共服务供给能力可借助城市公共服务就业人数来反映。

4.3.4.2 各因素具体作用机制

本节先通过多元线性回归验证各因素对浙江公共服务综合水平的影响程度，再探讨各因子的作用机制。通过模型回归得出调整 R^2 为 0.844，df 值为 6，显著性水平为 0.000，各个自变量的显著性都比较高，说明回归模型的总体拟合较好。回归结果（见表 4.7）显示，地理环境、需求因素和供给因素三个维度下六个变量均对浙江公共服务便捷度的地域分异具有影响。从各变量影响系数来看，地形起伏度的回归系数最大，显著性最好，它在浙江公共服务便捷度地域分异中发挥着基础性作用，人口密度因素在浙江公共服务便捷度的地域分异中发挥着仅次于地形起伏度的主导作用，其他需求因素和供给因素影响相对较弱。

表 4.7　浙江公共服务综合水平影响因素的回归估计结果

影响因素（自变量）		标准化回归系数	显著性水平
地理环境	常量	—	0.001
	地形起伏度	-0.728	0.000
需求因素	人口密度	0.343	0.001
	城镇居民人均可支配收入	0.307	0.003
供给因素	人均 GDP	0.329	0.006
	服务业增加值	0.202	0.013
	公共服务就业人数	-0.069	0.041

各因子的具体作用机制如下：

（1）地理环境。地形起伏度对浙江公共服务便捷度的影响系数为-0.728，其绝对量远高于其他影响因子，表明地形条件是浙江公共服务便捷度空间格局形成的前提条件，它对公共服务便捷度综合水平的地域差异起基础性作用，随着地形起伏度的增加，公共服务便捷度逐渐降低。究其原因，一方面，浙江东北及沿海地区地势平缓、地质地貌相对稳定，自然条件及其经济区位均比较优越，适宜人类聚居和开展社会经济活动，人口密度大、经济发展水平高，故公共服务的需求和供给水平高；而浙江西南、西北等地区海拔较高且地形起伏度较大，往往是地质灾害易发区域，不太适宜于人类生产生活。另一方面，浙江东北及沿海地区地势平缓，在公共服务设施尤其是交通运输设施的建设、运营、维护以及服务强度和效率等方面具有明显优势，因而其便捷度综合水平较高，而其他地区则反之。此外，上述影响还具有历史惯性与累积效果，浙江东北地区自然地形条件优越，城市多为建设历史悠久、等级较高的行政文化中心和经济中心，因而公共服务设施累积作用强，配套体系完善，综合服务水平较高。

（2）需求因素。公共服务设施作为一种公共物品，其“生产”规模和发展水平的提升有赖于需求驱动。如表 4.7 所示，人口密度和城镇居民人均可支配收入的影响系数分别为 0.343、0.307，这表明公共服务需求对公共服务便捷度具有显著正向影响作用，区域人口密度越大，居民收入水平越高，公共服务便捷度往往越高。其原因在于，一定规模或密度的人口是公共服务设施布局的必要条件，它们决定了区域公共服务有效需求总量，并且公共服务发展目标是尽可能让所有人都享有政府提供的大体相同的公共服务。因此，政府部门在谋划布局公共服务发展时都尽可能以区域人口规模和人口密度为依据，推动公共服务供给与人口规模之间相匹配，努力实现空间公平和设施的有效分配，推动公共服务设施配置与人口空间分布状况相协调。此外，居民人均可支配收入越高，就越重视生活品质与质量，健全、高品质的公共服务需求也就越旺盛，就越能促进和刺激政府以及诸多私有资本运营的企业对公共服务设施的投资，刺激各种资本流入与公共服务业相关的行业。

（3）供给因素。公共服务发展水平受需求驱动，但区域公共服务设施的投入水平和供给能力也会对其产生重要影响。如表 4.7 所示，人均 GDP 的影响系数为 0.329，在所有六个因子中位列第三，这表明区域经济水平与公共服务发展水平显著正相关；反映公共服务供给水平的服务业增加值和公共服务部门就业人数的影响系数分别为 0.202 与-0.069。通常情况下，区域经济发展水平越高，可用于医疗、卫生、教育、养老、交通等公共服务设施建设方面的资金、技术等资源就越丰富，区域公共服务发展水平及其便捷度也会越高。从产业结构来讲，医疗、卫生、教育、交通等产业都归属于服务业，服务业的发展水平往往体现了区域公共服务发展的供给能力和质量，因此其对公共服务发展水平有较强的影响。而公共服务部门就业人数与浙江公共服务发展水平存在一定的负相关关系，这一定程度上说明当前浙江很多区域公共服务业就业规模相对偏低，难以满足地方居民需求，成为公共服务发展的制约因子。可能原因在于，公共部门行业单位多属于政府部门和事业单位机构，劳动力的可进入性和就业规模弹性相对较弱，一定程度上制约了区域公共服务发展水平。

4.3.5 小结

本节基于地理国情普查数据，从空间可达性视角对浙江 2014 年不同类型公共服务设施及其便捷度进行测评，探析公共服务便捷度的空间分异特征及影响机制。研究发现，浙江公共服务便捷度总体较高，但省域内部空间不均衡特征显著：大体上由东向西、由北向南逐渐降低；呈现较明显的地带性梯度；集聚分布特征明显，较高和高水平区域集中分布在东北部，它们是浙江公共服务设施空间格局的核心区，较低和低水平区域趋于中西部山区，它们是浙江公共服务设施分布格局边缘地带。浙江公共服务便捷度地域分异是多因素共同作用的结果，地形地貌区域分异对浙江公共服务便捷度的地域差异起基础性作用，以人口规模和收入水平为主导的需求因素驱动公共服务便捷度空间分异，公共服务设施的投入水平和供给能力共同影响浙江公共服务便捷度。

通过本章研究结果，发现浙江公共服务发展中存在一些值得讨论的问题。首先，浙江省公共服务便捷度不均衡的空间格局是地理环境、需求因素和供给因素综合影响的结果。但是可以发现浙江省的人口分布、人均 GDP 等需求、供给因素与地形分布有着空间上的一致性，即自然环境中的地形条件对浙江公共服务便捷度的地域差异起基础性作用，甚至可以说是决定性作用。这与一般印象中经济发展水平是决定性因素有着较大的区别，需要说明的是，这种决定作用不是普遍的和固定不变的，自然环境区位较差的地区通过系统改善公共服务发展的弹性约束条件也可成为热点区域。因此，从政府的角度而言，如何在公共服务建设乃至经济与社会发展中考虑地形等地理环境因素，而从地理学研究而言，如何在经济与社会发展的实践中科学评价地理环境所起作用都是值得探讨的。其次，从公共服务便捷度与公共部门从业人数的关系分析来看，地方公共服务业就业规模相对偏低，这应当成为改善区域公共服务水平关注的重要问题。此外，虽然浙江省公共服务便捷度整体水平较高，但我们不能忽视浙江省内仍存在一定范围的公共服务便捷度欠佳地区，其中以浙江西部和西南部山区部分县市最为突出，这些地区的居民享受的公共服务无论是数量还是质量都还与其他地区存在较大差距。我们必须高度关注这些地区及其面临的问题，它们将是推进大众居民最大限度地公平享受政府提供的公共服务，实现基本公共服务均等化的关键所在。

本章将可达性分析与地统计分析相结合，着力构建一套量化和可视化的公共服务便捷度空间分异的评价理论和方法，不仅可以评价区域现有公共服务设施的空间均衡性，以此分析空间不均衡的形成机理，也可为如何从现状出发、通过合理规划达到空间均衡的配置状态提供建议。当然也存在若干不足，有待继续完善：一是本章仅从理论可达性的基础上探讨了浙江省公共服务便捷度问题，与实际客观的通达度存在一定的差距，忽略了影响可达性的一些因素，例如交通拥挤度、交通方式、交通组合方式等，这些因素对可达性的影响还有待今后进一步的深入研究；二是在探讨公共服务综合水平地域分异机制时，未考虑政策、制度等其他因素的影响作用。此外，本章是从相对宏观的尺度来分析区域公共服务便捷度及其区域间的差异，小尺度的城市内部公共服务设施配置的有效性测评与空间格局以及不同居民对公共服务的满意度等也是值得深入探讨的问题。

第5章
浙江省人居环境适宜性综合集成及其与人口分布的关系

第4章对人居环境适宜性的三个核心构成要素的空间分异规律和特征进行了系统分析，本章在此基础上，首先对浙江省的人口分布特征进行解析，为统计不同人居环境适宜性分区覆盖人口数量，以及探析人口分布与人居环境适宜性之间的关系奠定基础；然后以居民对人居环境的心理反应（要素偏好）为外在基准，进行不同模式下人居环境适宜性的综合集成研究，并探讨不同模式下人居环境适宜性与人口分布之间的空间关系。

5.1 浙江省人口空间分布特征

人口数据是表征人类活动最直接的指标之一，人口的空间分布是特定时空背景下人与自然环境关系的反映（王法辉等，2004），对人口分布态势的分析是研究区域人居环境适宜性与人类活动关系的逻辑起点。本节基于浙江省第一次地理国情普查成果，从不同空间尺度上人口密度的差异、镇域人口分布形态、人口数据空间化及空间形态特征三个方面分析浙江省人口空间分布的特征和趋向。

5.1.1 不同空间尺度上人口密度的差异

人口分布的疏密不均是普遍现象，稠密区中有相对稀疏的部分，稀疏区中有相对稠密的部分（张海霞等，2016）。以浙江省 11 个地市级单元计算，人口密度最大的是嘉兴市，为 889.25 人/平方千米，最小的是丽水市，仅为 153.57 人/平方千米，前者是后者的 5.79 倍。按照县级单元来统计，人口密度最大的为温岭市 1456.9 人/平方千米，最小的是景宁自治县 88.87 人/平方千米，极值比为 16.39。依据镇域单元统计，极值比高达 24515.8（见表 5.1）。可以发现，分析单元的空间尺度越大，其人口密度的极值比就越小，平均化趋向越强，随着空间尺度的缩小，人口密度极值比迅速扩大，这表明空间尺度缩小能有效降低平均化趋向，更精确地表现人口空间分布。

表 5.1 三个空间尺度上的极值比的变化

空间尺度	单元个数	面积（平方千米）			人口总数（万人）			人口密度（人/平方千米）		
		max	min	max/min	max	min	max/min	max	min	max/min
地市级	11	17298	1455	11.89	813.69	97.49	8.35	889.25	153.57	5.79
县级	73	4876	97	4.89	525.08	7.80	67.32	1456.9	88.87	16.39
乡镇级	1530	413.24	1.04	397.92	33.69	0.036	935.8	34322	1.40	24515.8

5.1.2 镇域人口分布形态

上述分析表明以镇域尺度来分析人口的分布规律具有更高的精确性，此外，乡镇（街道）处于中国行政体系的基层位置，是人们开展生活和生产的基础单元，较县域单元反映出更多的空间异质性（柏中强等，2015），因此下面主要探讨浙江省镇域尺度人口的分布形态。

表 5.2 统计了不同人口密度区间的乡镇人口总数与土地总面积，并计算了其比例结构，可以发现，不同区间内的人口占比与面积比例严重失衡。进一步利用 Lorenz 曲线分析浙江省乡镇尺度人口分布的不均匀性（Lorenz，1905）。以浙江省 1530 个镇域单元的人口累计百分比为纵轴，土地面积累计百分比为横轴，绘制研究区的人口分布的 Lorenz 曲线（见图 5.1），通过它能

够直观地表现人口在地理分布上的不均衡现象。可以看出，Lorenz 曲线的弯曲程度较大，严重偏离对角线，反映出浙江省镇域尺度人口分布不均衡程度较大，这也与表 5.2 的结果相互印证。

表 5.2　人口密度各值域范围总人口及面积统计

人口密度区间（人/平方千米）	镇域个数	总人口（人）	人口占比（%）	总面积（平方米）	面积占比（%）
1~10	8	3454	0.0063	487659508	0.4697
10~25	47	107022	0.1967	5701744528	5.4913
25~50	100	386791	0.7107	9982053948	9.6136
50~100	164	1050072	1.9295	14565830502	14.0281
100~250	326	4476142	8.2250	26932441688	25.9382
250~500	247	6537618	12.0130	18289813512	17.6146
500~750	127	5122313	9.4124	8499712528	8.1859
750~1000	103	5697056	10.4685	6544762568	6.3032
1000~1250	49	3155529	5.7984	2822447000	2.7183
1250~1500	52	3564391	6.5497	2632059042	2.5349
1500~2500	54	4061781	7.4636	2302972092	2.2180
2500~3000	80	6675134	12.9604	2749077956	2.6476
>3000	173	13583681	24.9604	2322554560	2.2368

注：表中数据是基于浙江省人口密度数据，利用 ArcGIS 软件中的 Zonal Statistics 工具进行计算、统计而得到的。

在图 5.1 的左下角，当土地面积累计百分比达到 53.25%时，人口累计百分比仅为 10%，对应 238 人/平方千米以下的人口稀疏区，这些镇域为人口低密度区，主要分布在浙西南、浙西以及地区的大部分镇域。在图 5.1 的右上角，10%的土地面积上拥有 54.69%的人口，此时对应的人口密度约为 1250 人/平方千米。这些地方为人口高密度区，它们主要分布在大、中、小城市的市区，县城及部分区位条件较好的建制镇。洛伦兹曲线的中间部分介于人口稀疏区与稠密区之间，为人口密度居中区。经计算，浙江省乡镇级人口密度空间自相关系数——全局 Moran's I 指数为 0.7131，随机分布检验的标准化 Z 值为 423.12，并且绝大多数镇域都通过了 0.01 的显著性检验，这表明浙江乡镇水平上人口空间分布存在很强的正自相关性，呈现出较为显著的高值区和高值区相邻、低值区和低值区相邻的空间集聚特征。

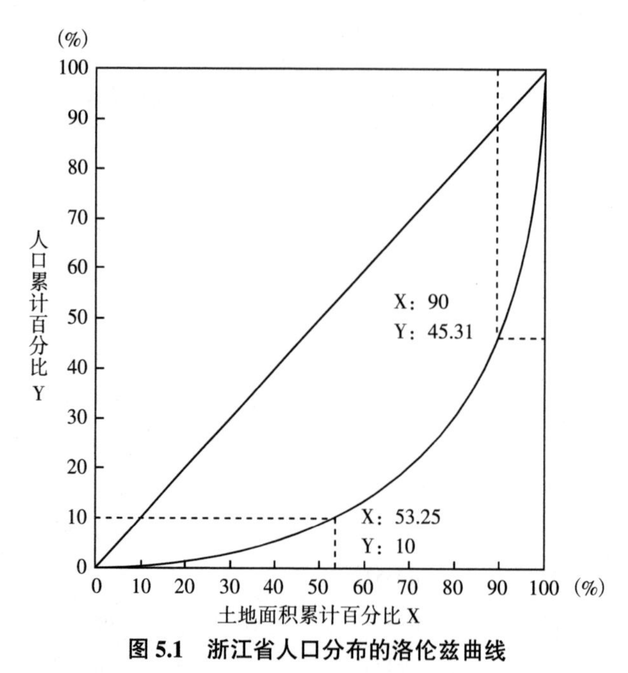

图 5.1 浙江省人口分布的洛伦兹曲线

5.1.3 人口数据空间化及空间形态特征

5.1.3.1 人口数据空间化

以上两小节对浙江省人口分布特征的探讨是基于乡镇这一行政区单元而进行的，即镇域人口数据，它具有权威、系统、规范的特点（胡云峰等，2011），但是当它被应用于空间分析或与其他要素进行空间匹配分析时，就会出现如下问题：一是人口统计数据所依赖的镇域行政单元与人居环境适宜性分区的边界不一致，不便于进行人居环境适宜性与人口的空间耦合分析；二是镇域尺度人口统计数据时间分辨率低，更新周期长，目前能获取的数据还停留在 2010 年，其精度无法达到本研究的要求；三是数据结构单一，不便于可视化和空间分析操作，不利于表现和挖掘人口的分布规律。因此需要实现浙江省人口数据空间化，人口空间分布数据有助于从不同地理尺度和地理维度对人口统计数据形成有益补充。人口数据空间化即通过统计型人口数据，采用适宜的参数和模型方法，反映出人口在一定时间和一定地理空间中的分布状态，其实质就是创建区域范围内连续的人口密度表面（叶宇等，2006）。夜间灯光指数是一个反映人类活动强度、城镇建设用地和城市化水平的人文要素综合指标，它涵盖了交通道路、居民地等与人口、城市等因子分布密切相关的信息，在社会经济数据空间化方面已得到较广泛的应用（卓莉等，2005；杨妮等，2014；王钊等，2015）。

本节利用夜间灯光数据来进行浙江省人口数据的空间化。首先，统一灯光数据与浙江矢量数据的投影格式，并进行空间上的叠合。其次，用最近邻方法对灯光数据进行重采样，网格大小为 200 米 × 200 米。最后，将浙江省划分为市、县两个层级，对不同层级的人口数据与灯光数据分别做回归分析，探讨常住人口总量和灯光总量之间的相互关系。以 2014 年浙江省 11 个地级市或 73 个县级行政区的常住人口数 P 为因变量 y，以 11 个地级市或 73 个县级行政区内所有栅格的灰度值之和为自变量 x，即每个行政区的灯光值总数 D。计算获得地级市和县级市基于灯光强度的拟合图和对应的回归方程（见图 5.2），拟合优度 R^2 分别为 0.8218 和 0.9457，拟合效果较好。利用公式 5.1、公式 5.2 可分别求得各行政区内基于灯光像元的预测初始人口数 YP_1、YP_2。初始预测结果可能会存在误差，需要进行校正。通过人口校准参数 A_n 校正像元人口数，也可利用人口校准参数 A_n 对行政单元上模拟的总人口进行修正，得到最终的栅格单元人口数 ZP_i（见公式 5.3）。由此得到浙江省人口空间模拟的最终结果。

$$YP_1 = -2 \times 10^{-5} \times D^3 + 0.0202 \times D^2 - 3.5027 \times D + 333.74 \quad \text{（公式 5.1）}$$

$$YP_2 = -10^{-6} \times D^3 + 0.0031 \times D^2 - 0.8691 \times D + 21.555 \quad \text{（公式 5.2）}$$

$$ZP_i = YP \times A_n = YP \times \frac{P_n}{MP_n} \quad \text{（公式 5.3）}$$

式中：ZP_i 为像元上最终的人口数；D 为区域内像元总灰度值；A_n 为校正比例参数，是该类型第 n 个行政单元上的统计常住人口总数 P_n 与模拟的初始人口总数 MP_n 之比。

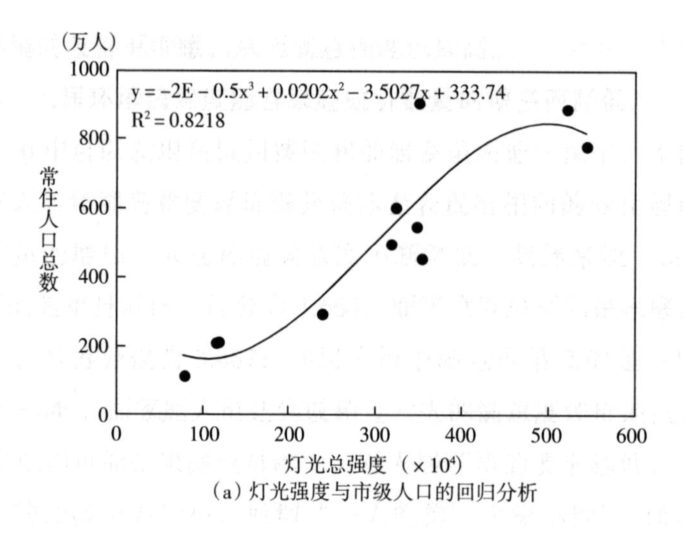

（a）灯光强度与市级人口的回归分析

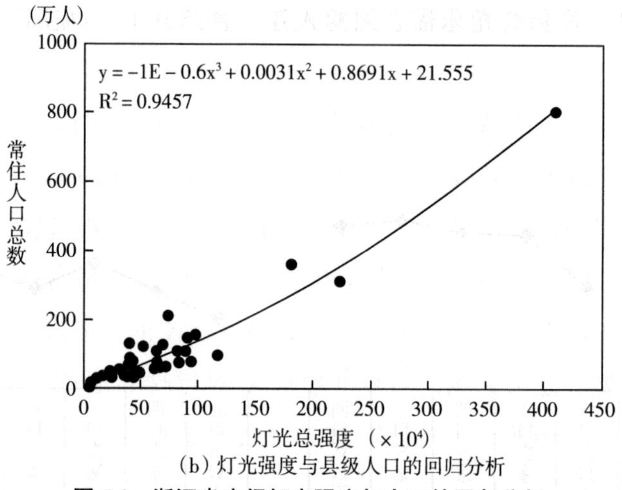

（b）灯光强度与县级人口的回归分析

图 5.2　浙江省夜间灯光强度与人口的回归分析

5.1.3.2　人口空间格局特征

通过研究可以发现，浙江省乡镇级人口空间分布表现出极大的不均衡性，总体上呈现出东北地区高于西南地区，沿海地区高于内陆地区的趋势，最高值出现在江干区的采荷街道。人口稠密区主要分布在东北部平原地区和东部沿海地区，杭州市区、宁波市区、绍兴市区、嘉兴市区、温州市区、温岭市、玉环县等是人口密度最高的“点”，前三个高值点被杭甬高速相连，形成浙东北环杭州湾人口稠密区；后三个高值点被甬台温高速相连，形成浙东南沿海人口稠密区。浙江中部的金衢盆地以及所有大、中、小城市的市区和极少数县城也都形成了局部的人口密度高值区。人口密度较大的区域空间分布和海岸线、交通干线、河流及平地具有很强的空间耦合性，这些地区地处沿海平原地区，区位条件优越，交通便利，经济发展水平高，因而人口密度较大。人口稀疏区主要分布在浙江省西北山区和西南山区，几乎占到全省面积的一半，这些地区多为内陆地区的山地和丘陵，经济条件差，人口承载力相对较低。根据人口的分布形态，浙江人口分布基本上可划分为三大类：低密度的山区、中密度的平原农村地区和高密度的平原城市和沿海城市地区。

5.2　不同偏好模式下人居环境适宜性评价

第 4 章对人居环境适宜性的三大核心构成要素——生态环境优越度、经济发展活力度和公共服务便捷度进行了系统全面的分析，本节主要是在第 4 章对人居环境适宜性客观构成要素分析评价的基础上，进一步采用了价值化的评价方法，以居民对人居环境的心理反应（要素偏好）为外在基准，进行不同模式下人居环境适宜性的综合集成研究。

5.2.1　指标体系的构建

基于人居环境的内涵和结构模型，整合第 4 章的分析结果，从生态环境优越度、经济发展活力度和公共服务便捷度三个方面构建浙江省人居环境适宜性综合评价指标体系，该指标体系共包含 3 个二级指标，以及 19 个三级指标，具体指标体系如表 5.3 所示。

5.2.2　指标权重的确立

人居环境适宜性综合集成中指标权重确定问题是决定评价结果的重要因素。以往研究较多从大众视角出发，用一个权重体系综合集成人居环境主要

表 5.3 人居环境适宜性综合评价指标体系及权重

一级指标	二级指标	三级指标	权重	指标类型
人居环境适宜性	生态环境优越度	地形起伏度	0.268	–
		水文指数	0.156	+
		温湿指数	0.127	+
		地被指数	0.163	+
		空气质量指数	0.142	+
		自然灾害危险度	0.144	–
	经济发展活力度	经济规模与质量	0.172	+
		产业结构水平	0.108	+
		财政与社会保障	0.137	+
		企业及其收益	0.143	+
		科技与教育水平	0.153	+
		经济外向度	0.131	+
		居民生活与消费	0.156	+
	公共服务便捷度	交通设施可达性	0.233	+
		教育设施可达性	0.192	+
		星级医院可达性	0.184	+
		公办养老设施可达性	0.165	+
		休闲娱乐设施可达性	0.118	+
		避难安置场所可达性	0.108	+

构成因子，这样难以揭示不同主体人居环境需求偏好条件下的区域人居环境的差异性。为提高评价结果的科学性和可信度，本节采用主客观组合赋权法确定三级指标的权重，基于问卷调查中不同群体对人居环境适宜性主要构成因子的重要程度的选择确定二级指标的权重。

5.2.2.1 基于主客观组合的三级指标赋权

采用 CRITIC 法和专家打分法相结合确定三级指标权重，这样可以结合主观和客观，克服了单一法确定权重的缺陷，可信度较高。

首先，利用 CRITIC 法进行客观权重计算。它是由 Diakoulaki 提出的一种客观赋权方法（Diakoulaki et al.，1995），其原理是运用指标对比强度和指标间冲突性来反映指标的信息量和独立性，从而确定指标权重。先计算 M_j：

$$M_j = c_j \sum_{i=1}^{m} (1 - r_{ij}) \quad \text{（公式 5.4）}$$

式中：M_j 为指标 j 所包含信息量，M_j 越大表示指标 j 所包含的信息量越大，其权重也越大；c_j 为指标 j 的变异系数，$c_j = \sigma_j / \bar{x}_j$，其中，$\bar{x}_j = \frac{1}{m} \sum_{i=1}^{m} x_{ij}$，$\sigma_j = \frac{1}{n} \sum_{i=1}^{m} (x_{ij} - \bar{x}_j)$；$r_{ij}$ 是指标 i 和指标 j 的相关系数，$r_{ij} = \sum_{i=1,j=1}^{i=m,j=n} (x_i - \bar{x}_i)(x_j - \bar{x}_j) / \sqrt{\sum_{i=1}^{m} (x_i - \bar{x}_i)^2 \times \sum_{j=1}^{n} (x_j - \bar{x}_j)^2}$。

其次，对 M_j 进行归一化处理，得到指标 j 的客观权重：

$$\omega_{1j} = M_j / \sum_{j=1}^{n} M_j \quad \text{（公式 5.5）}$$

再次，通过征询人居环境研究领域专家的意见，对专家意见进行统计、处理、分析和归纳，利用专家打分法，确定每个指标对总目标的权重系数 ω_{2j}。

最后，进行组合权重计算。由客观权重 ω_{1j} 和主观权重 ω_{2j} 可得组合权重 ω_j，显然 ω_j 和 ω_{1j}、ω_{2j} 应尽可能地接近。根据最小相对信息熵原理构建函数（韩增林等，2015）：

$$F = \sum_{i=1}^{n} \omega_j (\ln\omega_j - \ln\omega_{1j}) + \sum_{i=1}^{n} \omega_j (\ln\omega_j - \ln\omega_{2j}), \text{其中} \sum_{i=1}^{n} \omega_j = 1, \ \omega_j > 0 \quad \text{（公式 5.6）}$$

利用拉格朗日乘数法解得最优解，即可得到各三级指标的权重：

$$\omega_j = \sqrt{\omega_{1j}\omega_{2j}} / \sum_{j=1}^{n} \sqrt{\omega_{1j}\omega_{2j}} \quad \text{（公式 5.7）}$$

5.2.2.2　基于问卷调查的二级指标赋权

本次调查着眼于普通民众对居住环境偏好的选择，所以在问卷设计中，专门设计了一个问题来反映群众对人居环境适宜性三个二级指标偏好程度的选择。该问题是请受访者对生态环境优越度、经济发展活力度、公共服务便捷度三个要素重要程度按照十分制进行打分。对每一个居民而言，在其评价结果中，哪种要素得分最高，那么这个居民则被视为该要素偏好。不同偏好模式下三个二级指标的权重计算公式为（Wang et al.，2017）：

$$W_{iq} = \sum_{p=1}^{n_i} f_{iqp} / \sum_{p=1}^{n_i} \sum_{q=1}^{3} f_{iqp} \quad \text{（公式 5.8）}$$

式中，W_{iq} 为第 i 类偏好模式下第 q 种二级指标的权重，f_{iqp} 为第 i 类偏好模式下第 p 个居民对第 q 种二级指标的打分，n_i 为第 i 类偏好模式下受访居民个数。二级指标权重的计算结果如表 5-4 所示。

表 5.4　不同偏好下人居环境适宜性二级指标权重

人居环境偏好类型	二级指标权重		
	生态环境优越度	经济发展活力度	公共服务便捷度
生态环境偏好	0.571	0.238	0.191
经济发展偏好	0.164	0.625	0.211
公共服务偏好	0.172	0.221	0.607

5.2.3　评价模型的构建

5.2.3.1　二级指标得分评价模型

基于各三级指标数值及其权重，各二级指标评价分值可由如下公式计算得到：

$$S_q = \sum X_j' \times \omega_j \quad \text{（公式 5.9）}$$

式中：X_j 为三级指标的原始数值，X_j'为标准化后的数值，ω_j 为三级指标的权重。

5.2.3.2　人居环境适宜性综合评价模型

不同偏好模式下人居环境适宜性综合评价指数：

$$Z_i = \sum_{q=1}^{3} W_{iq} \times S_q \quad \text{（公式 5.10）}$$

式中，Z_i 为第 i 类偏好模式下人居环境得分，W_{iq} 为第 i 类偏好模式下第 q 种二级指标的权重，S_q 为第 q 种二级指标评价分值。

5.2.4　人居环境构成因子空间分异规律概述

利用表 5.3 的人居环境适宜性评价指标体系，通过公式 5.4~公式 5.8，测算三个二级指标的综合评价值，进而揭示其空间格局特征。总体来看，三个二级指标空间差异比较明显，存在显著地带性梯度。浙江省生态环境优越度总体分布态势是由西南地区向东北地区，由山地向丘陵、河谷、平原递减；生态环境最好的是南部温州市和丽水市，生态环境较差的是北部嘉兴市和湖州市。浙江省经济发展活力度整体呈现出由东北向西南递减的趋势，经济发展水平较高的是杭州、嘉兴、宁波、舟山等市，并以杭州和宁波为核心，经济发展水平较低的是衢州、丽水的部分县市。浙江省公共服务便捷度整体水平较高，绝大部分地区都达到较便捷水平，空间分布上呈现出由东北向西南递减的趋势，杭州、宁波便捷度最好，而衢州、丽水等三省交界的省际边缘区便捷度较差。

5.2.5　基于不同偏好的人居环境适宜性评价

根据公式 5.10 计算得到不同偏好条件下栅格尺度的人居环境适宜性评价值，并利用区域分析工具汇总至县域尺度。采用自然间断裂点方法将不同偏好条件下人居环境适宜性综合评价值划分为不适宜区、临界适宜区、一般适宜区、比较适宜区和高度适宜区五个等级，三种偏好条件下适宜性具体评价结果如下：

5.2.5.1　模式 a：基于生态环境偏好

从空间分布来看，基于生态环境偏好的浙江人居环境适宜性由南部向北部递减，人居环境高度适宜区主要位于浙江省南部的温州、丽水地区，这类地区气候温和、植被繁茂、水文条件良好，生态环境优越；不适宜区和临界适宜区主要集中在浙江省北部的湖州、嘉兴地区等，这些地区虽地形平坦，适宜人类聚居，但由于人类活动历史悠久，开发强度大，地被情况较差，并且在水文、气候、安全等方面不具有明显优势，因而基于生态环境偏好的人居环境适宜性较低。

从人居环境适宜程度分级统计来看（见表5.5），人居环境适宜性达到高度适宜的县域仅9个，仅占全省总量的13.63%，占地面积为9924.44平方千米，占比仅为9.61%；人居环境适宜性达到比较适宜的县域达26个，接近全省总量的2/5，土地占比为24.23%；人居环境适宜性未达到一般适宜的县域有15个，接近全省总量的1/5，相应土地面积为33187.74平方千米，占比为32.15%。

表5.5 基于生态环境偏好的人居环境适宜性评价

适宜性类型分区	划分标准	县（市、区）		土地	
		数量（个）	比例（%）	面积（平方千米）	比例（%）
不适宜区	<3.18	5	7.57	7703.04	7.46
临界适宜区	3.18~4.24	10	15.15	25484.70	24.69
一般适宜区	4.24~5.10	16	24.24	35092.30	34
比较适宜区	5.10~6.12	26	39.39	25014.4	24.23
高度适宜区	>6.12	9	13.63	9924.44	9.61

5.2.5.2 模式b：基于经济发展偏好

就空间分布看，基于经济发展偏好的人居环境适宜性东北地区高于西南地区、沿海地区高于内陆地区，地域分异明显。其中，人居环境高度适宜区主要位于浙江省东北部的杭州市、嘉兴市、绍兴市和宁波市，这类地区地势平坦，自然条件相对较好，区内物质积累水平和经济发展水平高且水陆交通方便，多为传统人口密集区；不适宜区主要位于与江西省、福建省交界边缘地带的衢州、丽水部分县市。

从人居环境适宜程度分级统计来看（见表5.6），在基于经济发展偏好的人居环境适宜性分区中，人居环境适宜性达到高度适宜的县域达16个，接近全省总量的1/4，相应土地面积为16317平方千米，占比15.81%；人居环境适宜性达到比较适宜的县域有12个，接近全省总量的1/5，相应土地面积占比19.93%；人居环境适宜性未达到一般适宜的县域有24个，约占全省总量的36%，相应土地面积44240.6平方千米，占比为42.86%。

表5.6　基于经济发展偏好的人居环境适宜性评价

适宜性类型分区	划分标准	县（市、区）		土地	
		数量（个）	比例（%）	面积（平方千米）	比例（%）
不适宜区	<3.25	13	19.69	22029.2	21.34
临界适宜区	3.25~4.58	11	16.66	22211.4	21.52
一般适宜区	4.58~5.88	14	21.21	22092.2	21.40
比较适宜区	5.88~7.29	12	18.18	20568.9	19.93
高度适宜区	>7.29	16	24.24	16317	15.81

5.2.5.3　模式c：基于公共服务偏好

基于公共服务偏好的人居环境适宜性呈现出东北部优于西南部、沿海地区好于内陆地区、平原地区高于山地地区的基本格局，与基于经济发展活力度偏好的评价结果存在较大的相似性。高度适宜区主要集中在两大地带，即东北部的杭州市、嘉兴市、绍兴市、宁波市及东南温州沿海地带，这类地区水陆空交通设施齐全，公共服务便捷度高且经济发展水平较高。不适宜区主要位于西北部及西南部的省际边缘区的部分县市。

从人居环境适宜程度分级统计来看（见表5.7），在基于公共服务偏好的人居环境适宜性分区中，有1/2以上的县域和国土人居环境达到比较适宜及高度适宜。具体而言，人居环境适宜性达到高度适宜的县域达20个，接近全省总量的1/3，相应土地面积占全省的22.58%；人居环境适宜性达到比较适宜的县域有14个，超过全省总量的1/5，相应土地占29.90%；人居环境适宜性低于一般适宜的县域有14个，约占全省总量的1/5，相应土地占22.40%。

表5.7　基于公共服务偏好的人居环境适宜性评价

适宜性类型分区	划分标准	县（市、区）		土地	
		数量（个）	比例（%）	面积（平方千米）	比例（%）
不适宜区	<3.38	5	7.58	6908.48	6.69
临界适宜区	3.38~4.35	9	13.63	16216.00	15.71
一般适宜区	4.35~5.16	18	27.27	25927.60	25.12
比较适宜区	5.16~6.24	14	21.21	30860.40	29.90
高度适宜区	>6.24	20	30.30	23306.30	22.58

5.3 人口分布与人居环境适宜性的相关性分析

人居环境的核心是“人”，因此有必要进一步探讨浙江省人口空间分布与人居环境适宜性之间的空间耦合关系。在第 5.1 节中人口数据空间化的基础上，本节绘制了不同偏好模式下的人居环境适宜性指数的人口累积频率分布图（见图 5.3），以揭示浙江省人口分布对人居环境适宜性的响应效果。人口累积曲线越陡，斜率越大。可以发现，浙江人口分布对不同偏好模式下的人居环境适宜性响应效果差异显著。

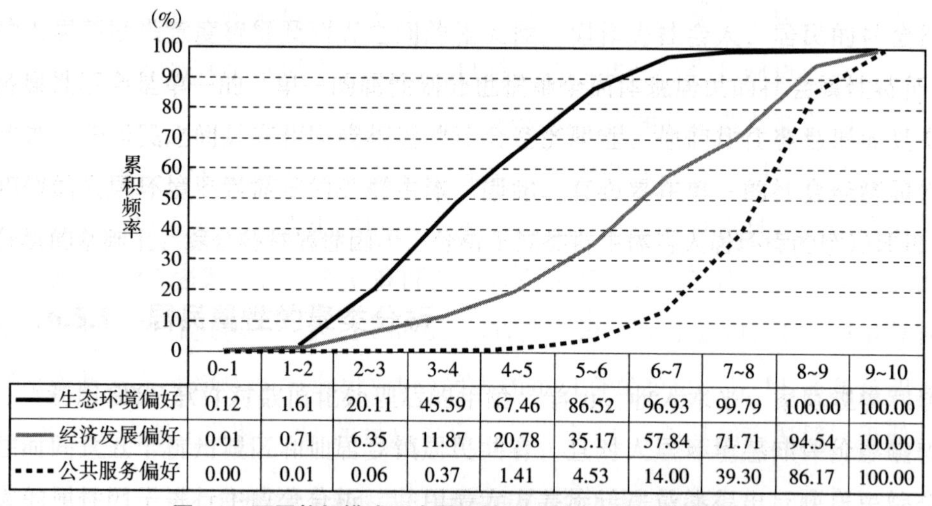

	0~1	1~2	2~3	3~4	4~5	5~6	6~7	7~8	8~9	9~10
生态环境偏好	0.12	1.61	20.11	45.59	67.46	86.52	96.93	99.79	100.00	100.00
经济发展偏好	0.01	0.71	6.35	11.87	20.78	35.17	57.84	71.71	94.54	100.00
公共服务偏好	0.00	0.01	0.06	0.37	1.41	4.53	14.00	39.30	86.17	100.00

图 5.3 不同偏好模式下人居环境适宜性人口累积频率分布

三种偏好模式中，人口分布对基于生态环境偏好的人居环境适宜性响应效果最弱。在生态环境偏好模式下，适宜性指数低于 4 的地区，人口占比达到 45.59%；适宜性指数低于 6 的地区，人口占比高达 86.52%；而适宜性指数大于 8 的区域的人口不足 1%。这表明浙江省人口分布疏密与生态环境适宜性高低并不是高度一致，大部分人口分布于人居环境适宜性指数较低的地区。

人口分布对基于经济发展偏好的人居环境适宜性存在较明显的响应。在经济发展偏好模式下，适宜性指数低于 4 的地区，人口占比仅为 11.87%；适宜性指数低于 6 的地区，人口占比也只有 35.17%；而适宜性指数大于 8 的区域，相应人口却占到全省的 28.29%。这表明，浙江人口分布与经济发展存在较强的空间一致性，人口集聚表现出一定的经济导向性。

人口分布对基于公共服务偏好的人居环境适宜性响应效果最为显著。在公共服务偏好模式下，适宜性指数低于 4 的地区，人口占比仅为 0.37%；适宜性指数低于 6 的地区，人口只占全省的 4.53%。相反，适宜性指数在 8 以上的地区，人口却占到了全省的 61.70%。这表明，浙江的人口分布与基于公共服务偏好模式的人居环境适宜性具有显著的空间耦合性，大部分人口分布于人居环境适宜性较高的地区。

5.4　人居环境欠佳地区及其问题识别

浙江人居环境适宜性地区差异显著，必须高度关注人居环境适宜性欠佳地区及其面临问题，它们将是促进浙江人口与资源环境协调发展、提高浙江人居环境适宜性的关键所在。

基于生态环境偏好的不适宜和临界适宜地区及其主要问题。浙江人口分布大势从根本上受自然环境特别是地形条件制约，但人口分布却与基于生态环境偏好的人居环境适宜性存在较显著的负相关关系。2014 年浙江人居环境欠佳地区有 15 个县（市），占地约 32.15%。这些地区主要分布在浙江省北部，多为传统人口密集区。这类地区的基础问题是现有人口、经济规模已经接近或超过生态环境承载力，部分地区已经或正在出现生态破坏和环境恶化现象，人为活动已经对生态环境构成威胁。未来应努力推进该类地区经济活动、人口集聚规模与区域自然生态环境承载能力相匹配，最大限度减少对环境和生态的压力，同时注重城市生态环境保护与环境污染治理，实现经济社会发展与区域自然环境和谐共生。

基于经济发展偏好的不适宜和临界适宜地区及其主要问题。区域社会经济发展与人口分布的关系是区域可持续发展研究的重要命题。2014 年经济发展偏好下浙江人居环境不适宜和临界适宜地区有 24 个县（市），占地约 43%，主要集中在省际边缘区及少数中部县市。这类地区的基础问题是人居环境中的物质积累基础相对滞后，经济发展活力度欠佳。要提高该类地区人居环境适宜性，未来应重点关注社会经济发展相对滞后地区的基础设施建设问题，在不大幅破坏生态环境的前提下培育区域经济发展增长极，提高经济发展水平，改善物质积累基础，有效实施资源环境补偿与财政转移支付，统筹区域协调发展。

基于公共服务偏好的不适宜和临界适宜地区及其主要问题。公共服务设施均等化、便捷化是居住环境的重要组成部分，也是体现居民生活质量的重要方面。2014 年浙江人口分布与基于公共服务偏好的人居环境适宜性具有高度一致性，但也不可忽视人居环境不适宜和临界适宜地区有 14 个县（市），占地 22.40%，主要集中在浙江西部和西南部山区部分县市，多为浙江省重点生态功能区和生态屏障所在。这类地区因地理位置和地形条件的限制，区内经济落后，公共服务设施数量较少，区域交通网络稀疏且等级较低。要提高该类地区人居环境适宜性，既要注重生态环境保护，保持并提高区域生态产品供给；又要在浙江公共服务设施布局中坚持人文关怀和社会公正的原则，切实保障公益性公共设施的建设用地和服务供给。

5.5 主客观相结合视域下人居环境适宜性评价反思

本章在分析浙江省人口分布格局的基础上，从生态环境、经济发展和公共服务三个维度构建人居环境适宜性评估框架，据此选取指标体系，基于不同偏好视角，综合测度人居环境适宜性水平，分析不同偏好模式下人居环境适宜性的空间格局及其与人口分布的空间耦合关系。结果表明：

（1）在生态环境偏好模式下：浙江人居环境适宜性由南部向北部递减，人口分布疏密与人居环境适宜性高低并不是高度一致，浙江大部分人口分布于人居环境宜居性指数较低的地区，人口分布对人居环境适宜性并不存在明显的响应，人居环境适宜性大于 8 的区域的面积和人口均不足 1%。

（2）在经济发展偏好模式下：浙江人居环境适宜性东北地区高于西南地区、沿海地区高于内陆地区，地域分异明显。浙江人口分布与经济发展水平存在较强的空间一致性，人口分布对人居环境适宜性存在较明显的响应，超过 64.83%的人口居住在人居环境适宜性高于 6 的地区。

（3）在公共服务偏好模式下：浙江人居环境适宜性呈现出东北部优于西南部、沿海地区好于内陆地区、平原地区高于山地地区的基本格局。浙江省大部分人口分布于人居环境适宜性较高的地区，人口分布对人居环境适宜性存在显著的响应，两者保持了高度一致性，将近 61.70%的人口居住在人居环境适宜性高于 8 的地区。

以往学者对区域人居环境的研究主要是利用客观指标进行分析和比较，或是基于居民主观感受进行满意度的测评，前者相对忽略了居民对人居环境的主观感知，后者相对忽视了区域客观环境本底，很少有研究将客观指标与居民主观感知联系起来，这样可能会导致评价结果与实际不符。本章的进步之处在于利用大规模地理信息数据和人居环境主观调查数据，将人居环境的客观测度指标和居民主观感知相结合，从不同居民群体的人居环境需求偏好出发，探讨不同需求偏好下人居环境空间差异性特征，揭示实体人居环境与人口分布、居民个体需求的互动规律。相关研究结论和发现丰富和深化了人居环境研究，对发展中国家类似区域的发展和人居环境建设也有一定政策启示意义。

出于一些客观原因，本书研究仍存在若干不足，有待继续完善。一方面，社会经济数据是基于县域单元进行统计、分析的，空间尺度较大，因此相关数据可能存在一定的误差；另一方面，受数据可得性制约及数据处理量较大的影响，工作条件只允许对 2014 年的数据进行分析，单时段的数据分析缺少了连续性，利用多时段数据探析人居环境的演变是今后努力的方向。

第6章 浙江省不同地域类型居民人居环境满意度感知特征

以上两章对浙江省全域人居环境适宜性进行了定量分析与评价，揭示了不同需求偏好模式下浙江省人居环境适宜性空间分异规律及其与人口分布的空间耦合关系，并识别了人居环境适宜性欠佳地区及其面临问题。但是人居环境的主体和核心是人，是否适宜人类居住生活，人们居住是否满意，最终都要靠人的主观感知来评判。因此我们不能单靠简单的客观数据来判断区域人居环境的适宜性，还要考虑居民对区域人居环境的主观评价，以获得对人居环境内涵更全面的理解。

此外，人居环境的综合研究，不仅需要大尺度的宏观研究，也需要小尺度的典型案例研究，因为特定地域具有特有的地理分布特征、自然资源禀赋、人口规模和社会经济系统等。城市和乡村作为两种不同的地域类型，其客观人居环境供给和居民主观需求均存在较大差异。在快速城市化和城乡统筹发展背景下，进行城乡人居环境感知对比研究，可以更科学、更深刻地解读不同地域类型区内居民人居环境满意度影响因素的关联效应与影响机理，并为合理、有针对性地优化调控区域人居环境提供科学理论指导。

基于上述考虑，本章选取杭州市城区作为城市区域代表，选取仙居县部分乡镇作为乡村区域代表，探讨和解析城市地域和乡村地域内不同维度、不同社会经济属性、不同居民类群人居环境主观满意度特征。

6.1　研究数据及其有效性验证

本章所需数据的获取主要采用问卷调研的形式，直接调查和了解杭州城区与仙居乡镇两地居民对居住地环境的满意程度。调研目的主要是了解不同地域类型区不同属性特征居民如何看待其所处的人居环境现状和问题，具体问卷与量表参见附录 A 和附录 B，发放、获取及预处理过程参见第 3.4.2 节。本次共发放问卷 1025 份，其中杭州市 655 份，仙居县 370 份，各回收有效问卷 586 份和 364 份，平均回收有效率为 92.68%。

6.1.1　样本统计特征分析

表 6.1 与表 6.2 列出两地调研对象的基本属性特征统计。从性别结构来看，在杭州市城区被调查者中，男性占 54.09%，女性占 45.91%；仙居县内被调查者男性占 54.12%，女性占 45.87%。从年龄结构看，两地均以中青年为主，20~29 岁、30~39 岁所占比例最大，而 60 岁及以上的老龄人口较少，仅占 5%~6%。从学历结构来看，城区以高中、本科和大专为主，三者占比超过 80%；仙居县以初中及以下、高中为主，共占比 66.20%。从家庭人口数量来看，城区以单身和三口之家为主，其中单身比例高达 34.64%；仙居县以三口之家和四口之家为主，两者占比超过 60%。从职业类型来分析，城区以私营业主和企业单位为主，占比分别为 31.57%和 18.60%；仙居县以务农和个体户为主，占比分别为 24.45%和 18.41%。从居住时间看，城区以短期居住（1~5 年）和长期居住（≥20 年）为主，两者占比为 54.43%；仙居县以长期居住为主，有将近一半的被调查者居住超过 20 年。从收入水平来看，城区和仙居县均体现出金字塔型结构特征，收入越高，居民数量越少。除了以上共性指标外，杭州市城区和仙居县还有若干题项设置不一样，其中，城区设计了户籍题项，结果显示，被调查者中 35.15%的居民是杭州本地户籍，其余是

外地户籍。仙居县还设计了住宅建造方式和时间，统计显示仙居县各乡镇，81.59%的居民住宅是自建的，住宅建造时间以10~30年为主。可以看出，样本选择总体上是合理的。

表 6.1　市区样本社会经济属性构成

属性	分类	样本数（人）	百分比（%）	属性	分类	样本数（人）	百分比（%）
性别	男	317	54.09	月收入	<3000 元	128	21.84
	女	269	45.91		3000~4999 元	199	33.96
年龄	<20 岁	59	10.07		5000~6999 元	124	21.16
	20~29 岁	285	48.63		7000~8999 元	49	8.36
	30~39 岁	125	21.33		9000~9999 元	38	6.49
	40~49 岁	63	10.75		1 万~1.5 万元	30	5.12
	50~59 岁	20	3.41		> 1.5 万元	18	3.07
	≥60 岁	34	5.81	职业	公职人员	5	0.86
学历	初中及以下	91	15.53		事业单位	41	6.99
	高中	184	31.40		企业单位	109	18.60
	大专	148	25.25		私营业主	185	31.57
	本科	144	24.58		学生	73	12.46
	硕士及以上	19	3.24		退休及赋闲在家	34	5.80
家庭构成	单身	203	34.64		自由职业	90	15.36
	两口之家	70	11.95		其他	49	8.36
	三口之家	162	27.64	户籍	本地户籍	206	35.15
	四口之家	93	15.87		外地户籍	380	64.85
	五口及以上	58	9.90	居住时间	<1 年	106	18.09
住房性质	自有房	208	35.50		1~5 年	191	32.59
	租赁房	295	50.34		5~10 年	91	15.52
	借住	32	5.46		10~20 年	70	11.95
	单位宿舍	51	8.70		≥20 年	128	21.84

表 6.2　乡村样本社会经济属性构成

属性	分类	样本数（人）	百分比（%）	属性	分类	样本数（人）	百分比（%）
性别	男	197	54.12	职业	公职人员	29	7.97
	女	167	45.87		专业人员	52	14.29
年龄	<20 岁	35	9.62		务农	89	24.45
	20~29 岁	99	27.19		个体户	67	18.41
	30~39 岁	81	22.25		学生	34	9.34
	40~49 岁	71	19.51		退休及赋闲在家	10	2.74
	50~59 岁	58	15.93		自由职业	65	17.85
	≥60 岁	20	5.49		其他	18	4.95
学历	初中及以下	113	31.04	居住时间	< 1 年	13	3.57
	高中	128	35.16		1~5 年	38	10.44
	大专	52	14.29		5~10 年	56	15.38
	本科	62	17.03		10~20 年	76	20.88
	硕士及以上	9	2.47		≥20 年	181	49.73
家庭构成	两口及以下	11	3.02	家庭年均收入	<1 万元	29	7.97
	三口之家	80	21.98		1 万~3 万元	63	17.31
	四口之家	144	39.56		3 万~10 万元	152	41.75
	五口之家	57	15.66		10 万~15 万元	58	15.93
	六口之家	51	14.01		15 万~25 万元	43	11.81
	七口及以上	21	5.76		≤25 万元	19	5.22
住宅建造方式	自建	297	81.59	住宅建造时间	< 5 年	24	6.59
	政府代建	14	3.85		5~10 年	61	16.76
	委托施工	26	7.14		10~20 年	102	28.02
	其他	27	7.17		20~30 年	83	22.80
外出打工	有	103	28.31		≥30 年	24	6.59
	无	261	71.69		不清楚	70	19.23

6.1.2　量表信度与效度分析

制作完成一份量表或问卷后，应对该问卷进行信度分析，以确保其可靠性和稳定性，以免影响问卷内容分析结果的准确性。信度分析是指两个以上参与内容分析的研究者对相同类别判断的一致性，是被测特征真实程度的指标。一致性越高，内容分析的可信度越高；反之则越低。因此，内容分析必须经过信度分析，才能保证内容分析结果的可靠性。一份信度系数好的量表或问卷最好在 0.80 以上，若问卷的内部一致性系数低于 0.60 或者总量表的信度系数在 0.60 以下，则应该重新修订或者删减问卷题目（吴明隆，2009）。

6.1.2.1　信度分析

本节采用 Cronbach's Alpha 系数（α）来检测样本的信度，其计算公式为：

$$\alpha = \frac{k}{k-1}\left(1 - \frac{\sum_{i=1}^{k} var(i)}{var}\right) \quad \text{（公式 6.1）}$$

式中，k 为量表中评估项目总数，var（i）为第 i 个项目得分的表内方差，var 为全部项目总得分的方差。α 值越大，表明问卷的可信程度越高。具体运用 SPSS 22.0 软件对城市和乡村问卷分别进行可靠性分析，测量样本信度。结果显示，杭州城区总量表的信度值 α 达到 0.925，仙居乡镇总量表的信度值 α 高达 0.958，表明两个地区的样本测量指标的一致性程度均较强，量表的信度均比较好。

6.1.2.2　效度分析

对数据进行 KMO 值分析和 Bartlett 球形检验。结果显示，杭州城区和仙居乡镇 KMO 值分别为 0.933 和 0.948，均大于 0.70；Bartlett 球形检验的 χ^2 值分别为 8660.824 和 5914.737，自由度分别为 406 与 276，显著性 P 值均为 0.000（$P < 0.001$），表明两个地区的量表都通过了 Bartlett 球形检验，因此样本数据效度较高，适合进行因子分析（见表 6.3）。

表 6.3　KMO 和 Bartlett 球形检验

区域类别	检验类别		数值
杭州城区	KMO 值		0.933
	Bartlett's	Approx Chi-Square	8660.824
		df	406
		Sig.	0.000

续表

区域类别	检验类别		数值
仙居乡镇	KMO 值		0.948
	Bartlett's	Approx Chi-Square	5914.737
		df	276
		Sig.	0.000

6.2　人居环境满意度探索性因子分析

采用主成分分析方法分别对杭州城区和仙居乡镇问卷数据进行探索性因子分析，选择方差最大法进行因子旋转，依据特征值大于 1 的原则分别提取公因子。

6.2.1　杭州城区人居环境感知因素提取

进行初步因子分析发现，有六个公因子对整体问卷的解释率达到 63.53%；其中，“应急避难场所状况”题项的因子载荷量小于 0.5，没有得到保留，可能原因是民众对应急避难场所现状了解不多，因而这一题项的显著性较低，因子载荷小，也反映出社会防灾宣传和居民防灾意识还有待进一步提高。为了改善因子分析结果，将这一题项删除。在此基础上再进行因子分析，从 28 个变量中共提取六个主因子，累计方差贡献率达到 63.988%（见表 6-4）。

表 6.4　杭州城区探索性因子分析结果

变量	因子载荷						设计参考
	1	2	3	4	5	6	
气候舒适性 X_1				0.562			王坤鹏；张志斌等；李雪铭等；贾占华等
居住区内绿化状况 X_2				0.784			
居住区内清洁状况 X_3				0.775			
公用空地活动场所状况 X_4				0.736			

续表

变量	因子载荷						设计参考
	1	2	3	4	5	6	
社会治安状况 X_5						0.689	党云晓等；张文忠等；余建辉等
交通安全状况 X_6						0.722	
能源及供水稳定性 X_7						0.727	
应急避难场所状况 X_8							
购物餐饮设施方便性 X_9	0.646						湛东升等；李业锦；谌丽等；李雪铭等；张文忠等；韩增林等
医疗设施方便性 X_{10}	0.672						
教育设施方便性 X_{11}	0.660						
休闲娱乐设施方便性 X_{12}	0.645						
到工作单位方便性 X_{13}	0.701						
到公交站方便性 X_{14}	0.759						
到地铁站方便性 X_{15}	0.704						
快递企业网点方便性 X_{16}	0.554						
物业服务水平 X_{17}					0.707		谌丽等；曾文；武晓瑞
居民文化素质 X_{18}					0.708		
邻里关系和睦性 X_{19}					0.701		
社区活动多样性 X_{20}					0.683		
空气污染状况 X_{21}			0.758				党云晓等；孟斌等；吴箐等
雨污水排放和水污染状况 X_{22}			0.766				
噪声污染状况 X_{23}			0.754				
垃圾废弃物污染状况 X_{24}			0.727				
住房价格 X_{25}		0.781					王洋等；湛东升等；何深静等；熊鹰等
住房面积 X_{26}		0.841					
建筑质量 X_{27}		0.726					
户型结构 X_{28}		0.753					
采光通风 X_{29}		0.695					
特征值	10.086	2.327	1.799	1.450	1.213	1.040	
因子方差贡献率（%）	36.023	8.312	6.426	5.178	4.333	3.716	
累计方差贡献率（%）	36.023	44.336	50.761	55.940	60.273	63.988	

注：探索性因子分析中指标在其他维度上较小载荷省略。

具体来说，第一主因子的贡献率为 36.023%，在“购物餐饮设施方便性、医疗设施方便性、教育设施方便性、休闲娱乐设施方便性、到工作单位方便性、到公交站方便性、到地铁站方便性、快递企业网点方便性”上因子载荷系数较高，基本都超过 0.6，主要反映居民“生活方便程度”；第二主因子的贡献率为 8.312%，在“住房价格、住房面积、建筑质量、户型结构、采光通风”上具有较高载荷，主要反映居民的“住房条件”；第三主因子的贡献率为 6.426%，与“空气污染状况、雨污水排放和水污染状况、噪声污染状况、垃圾废弃物污染状况”指标呈正相关，主要反映人居环境的“居住健康性”；第四主因子的贡献率为 5.178%，与“气候舒适性、居住区内绿化状况、居住区内清洁状况、公用空地活动场所状况”相关性较强，主要反映居民住地的“自然环境条件”；第五主因子的贡献率为 4.333%，与“物业服务水平、居民文化素质、邻里关系和睦性、社区活动多样性”呈正相关，主要反映居民住地的“人文环境舒适性”；第六主因子的贡献率为 3.716%，与“社会治安状况、交通安全状况、能源及供水稳定性”呈正相关，主要反映“社区安全性”。以上分析和预先假设的潜变量基本吻合。

基于以上分析，可以发现杭州城区人居环境满意度存在六个维度的感知因素：生活方便程度、住房条件、居住健康性、自然环境条件、人文环境舒适性、社区安全性。

6.2.2　仙居乡镇人居环境感知因素提取

进行初步因子分析发现，有五个公因子对整体问卷的解释率达到 64.237%。在具体细分变量上，河塘污染治理和邮电通信设施两个因子的载荷量都小于 0.5，没有得到保留，分析发现这两个题项分别与村内清洁状况、邮政快递设施题项存在重复。因此，将这两个题项舍弃。在此基础上再次进行因子分析，从 22 个变量中共提取五个主因子，累计贡献率达到 66.557%（见表 6.5）。

从因子载荷上看，公因子 1 方差贡献率达 38.523%，与“出行方便程度、就医方便程度、子女上学方便程度、购物方便程度、社会保障程度”呈高度

表 6.5 仙居乡镇探索性因子分析结果

变量	因子载荷					设计参考
	1	2	3	4	5	
气候舒适性 X_1			0.689			
地形平坦程度 X_2			0.849			
饮用水水质 X_3			0.868			马婧婧等
绿化植被状况 X_4			0.873			杨兴柱等
村内清洁状况 X_5			0.837			
河塘污染治理 X_6						
社会治安 X_7					0.790	
邻里关系 X_8					0.776	周侃等
民主管理 X_9					0.659	李伯华等
乡村道路 X_{10}		0.532				
自来水设施 X_{11}		0.598				
邮电通信设施 X_{12}						
电力能源供给 X_{13}		0.666				杨兴柱等
污水及垃圾处理设施 X_{14}		0.675				殷冉
文化娱乐设施 X_{15}		0.689				李志军等
邮政快递设施 X_{16}		0.692				王利伟等
出行方便程度 X_{17}	0.661					
就医方便程度 X_{18}	0.784					
子女上学方便程度 X_{19}	0.745					罗蕾
购物方便程度 X_{20}	0.723					宋潇君等
社会保障程度 X_{21}	0.666					马晓东等
建筑质量 X_{22}				0.774		
建筑面积 X_{23}				0.829		
房屋内外装修 X_{24}				0.829		朱彬等
房前屋后景观 X_{25}				0.786		李君等
特征值	8.810	2.711	2.081	1.475	1.015	
因子方差贡献率（%）	38.523	11.365	8.621	5.025	3.023	
累计方差贡献率（%）	38.523	49.888	58.509	63.524	66.557	

注：探索性因子分析中指标在其他维度上较小载荷省略。

相关，较好地反映了乡村“公共服务水平”；公因子 2 方差贡献率达 11.365%，与“乡村道路、自来水设施、电力能源供给、污水及垃圾处理设施、文化娱乐设施、邮政快递设施”呈高度相关，较好地反映了乡村“基础设施条件”；公因子 3 方差贡献率为 8.621%，与“气候舒适性、地形平坦程度、饮用水水质、绿化植被状况、村内清洁状况”呈高度相关，较好地反映了居民住区的“自然环境条件”；公因子 4 方差贡献率为 5.025%，与“建筑质量、建筑面积、房屋内外装修、房前屋后景观”呈高度相关，较好地反映了居民的“住房条件”；公因子 5 方差贡献率为 3.023%，与“社会治安、邻里关系、民主管理”具有较强相关性，主要反映“人文环境舒适性”。

基于以上分析，可以发现仙居乡镇人居环境满意度存在五个维度的感知因素：基础设施条件、公共服务水平、住房条件、自然环境条件、人文环境舒适性。

再次对各维度数据进行信度分析，结果显示，杭州城区各个层面的 α 系数都超过 0.800；仙居乡镇各个层面的 α 系数也都超过 0.820，表明两个地区的样本测量指标的一致性程度均较强，量表的信度均比较好，也比较适合进行因子分析（见表 6.6）。

表 6.6 问卷信度分析

区域类型	潜变量	观测变量	α 系数
杭州城区	自然环境条件	X_1~X_4	0.842
	社区安全性	X_5~X_7	0.802
	生活方便程度	X_9~X_{16}	0.873
	人文环境舒适性	X_{17}~X_{19}	0.830
	居住健康性	X_{21}~X_{23}	0.832
	住房条件	X_{24}~X_{28}	0.874
	总量表	X_1~X_{29}	0.936
仙居乡镇	自然环境条件	X_1~X_5	0.869
	人文环境舒适性	X_7~X_9	0.825
	基础设施条件	X_{10}~X_{16}（不包含 X_{12}）	0.874
	公共服务水平	X_{17}~X_{20}	0.888
	住房条件	X_{22}~X_{25}	0.877
	总量表	X_1~X_{25}	0.966

需要注意和说明的是：在很多人居环境感知评价研究中，都将经济因素作为一个重要的变量，但本研究在进行城市和乡村人居环境感知评价时，分析框架中并未包括经济利益因素和其他可能的经济压力。将经济因素排除在外的原因是：一方面，尽管经济因素可以很好地支持宜居城市的建设，但经济发达的城市往往同时面临巨大的压力，如住房和生活的高成本，这反过来又对城市宜居性构成挑战（Zhan et al.，2018）。另一方面，尽管经济因素可能支持美丽乡村的建设，但农村经济的快速发展也可能对农村生态环境产生负面影响。此外，与宜居城市相比，乡村地区类型多样，乡村的生态价值、文化价值、家园价值本质上才是生态宜居乡村的独特魅力。

6.3 不同维度的人居环境满意度特征

6.3.1 变量计算方法

基于问卷调查数据，综合各观测变量的频数与等级赋分，计算出杭州城区和仙居乡镇两地各观测变量的得分，计算公式如下：

$$G_j = \sum_{j=1}^{n} P_j \times F_d / N \qquad \text{（公式 6.2）}$$

式中，G_j 为第 j 个观测变量的得分；P_j 为第 j 个指标从非常满意到非常不满意的样本频数；F_d 为“非常满意”到“非常不满意”的赋值，这里从高到低分别赋值 5 到 1；N 为回收的有效问卷量，即各等级频数之和。

运用 CRITIC 法和专家打分法相结合的方法确定各项观测变量的权重 w_j，并对各观测变量加权汇总，得到各项潜变量的评价分值。以提取出来的各公因子方差贡献率占提取公因子累计方差贡献率的比重作为权重，对各潜变量赋予权重 w_i（杨兴柱和王群，2013），对各潜变量得分进行加权汇总，分别得到杭州城区与仙居乡镇人居环境满意度最终得分，计算公式如下：

$$HSES=\sum_{i=1}^{f} Q_j \times w_i；\ Q_i=\sum_{j=1}^{m} G_j \times w_j \qquad （公式 6.3）$$

式中，HSES 为人居环境满意度的最终得分，Q_i 为第 i 个潜变量的评价得分，w_i 为第 i 个潜变量的权重，w_j 为第 j 个观测变量的权重。

6.3.2　人居环境满意度总体评价及维度解析

利用公式 6.2 与公式 6.3 计算得到杭州城区和仙居乡镇人居环境满意度各潜变量的分值和最终分值，即两地人居环境满意度的分维度评价和总体评价。从总体评价来看，杭州城区人居环境总体满意度得分为 3.593（满分为 5），得分并不是很高，表明杭州城区人居环境建设依然任重道远；而仙居乡镇满意度总得分略高于杭州城区，为 3.646，但也仅达到合格水准，人居环境建设也还有很大的进步空间。从各维度评价来看，杭州城区居民对人居环境六个维度的评价存在一定的差异（见图 6.1），居民对社区安全性的满意程度最高，生活方便程度次之；而对住房条件的满意度最低，住房条件也成为城区居民人居环境满意度提高的主要阻力点。仙居乡镇居民对人居环境五个维度的评价差异相对较小，各维度得分也都超过 3.500，其中自然环境条件维度得分最高，表明本地自然环境是仙居乡镇居民比较满意的方面，人文环境舒适性得分位居第二，而公共服务水平得分最低，表明仙居乡镇的公共服务设施建设有待进一步加强（见图 6.2）。

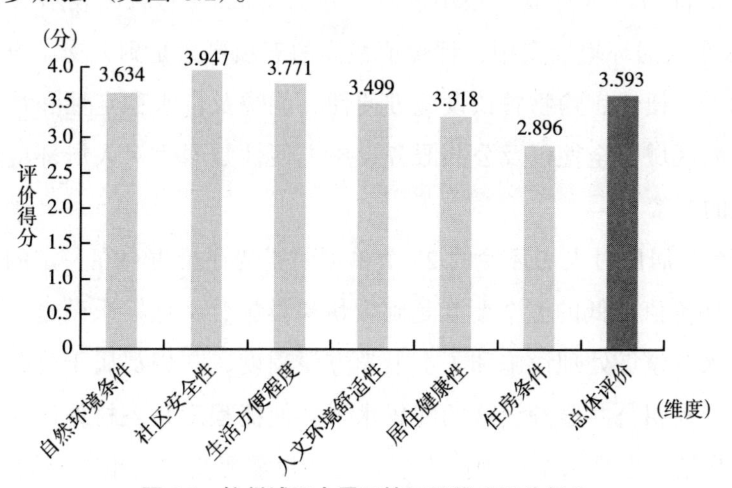

图 6.1　杭州城区人居环境不同维度评价得分

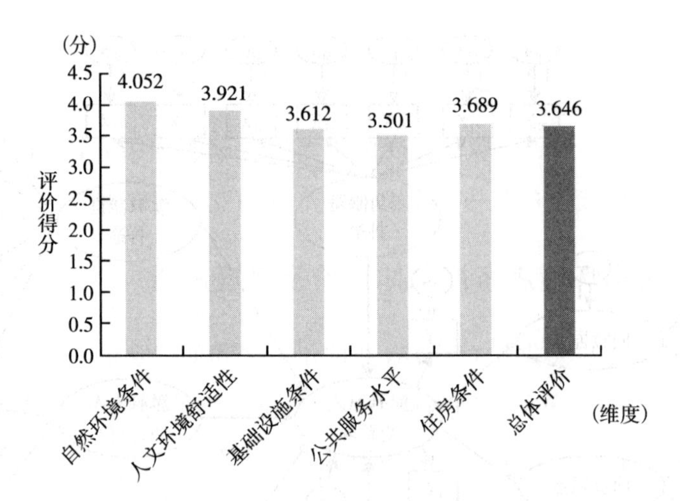

图 6.2　仙居乡镇人居环境不同维度评价得分

6.3.3　人居环境满意度不同要素评价

杭州城区居民对人居环境的 28 个单项要素的评价存在较大差异（见图 6.3），评价值最低的五个要素分别是住房价格、社区活动多样性、噪声污染状况、住房面积和公用空地活动场所状况，这五个因素的得分基本都低于 3，尤其是住房条件方面，住房价格因素的得分仅为 2.18，住房条件五项指标的平均分也仅为 3.06，说明杭州城区居民普遍对住房条件满意度较差。这一结论在问卷调查结果也能得到验证，在杭州城区所有的受访者中，有 43.86%的居民对住房价格不满意或者很不满意，仅有 20.25%的居民表示满意或很满意。在 28 项人居环境要素中，评价值最高的五项要素是到公交站方便性、快递企业网点方便性、购物餐饮设施方便性、能源及供水稳定性和社会治安状况，这表明区域安全性以及公共服务设施方便性是居民对人居环境建设方面比较满意的要素。

仙居乡镇居民对人居环境的 23 个单项要素的评价也存在一定的差异（见图 6.4），评价值最低的五个要素是邮政快递设施、文化娱乐设施、就医方便程度、污水及垃圾处理设施和子女上学方便程度，它们都属于公共服务设施水平范畴，表明公共服务设施的配置水平和便捷程度是乡村地区人居环境建设的主要症结，也是未来该地区人居环境建设需要突破的重点领域。在 23 项人居环境要素中，评价值最高的五项要素分别是社会治安、邻里关系、饮用水水质、绿化植被状况以及气候舒适性，表明仙居乡镇居民对人居环境中自然环境宜人性和社会关系和谐性比较认可，尤其是自然环境方面，良好的自然环境本底条件使居民对其满意度较高。

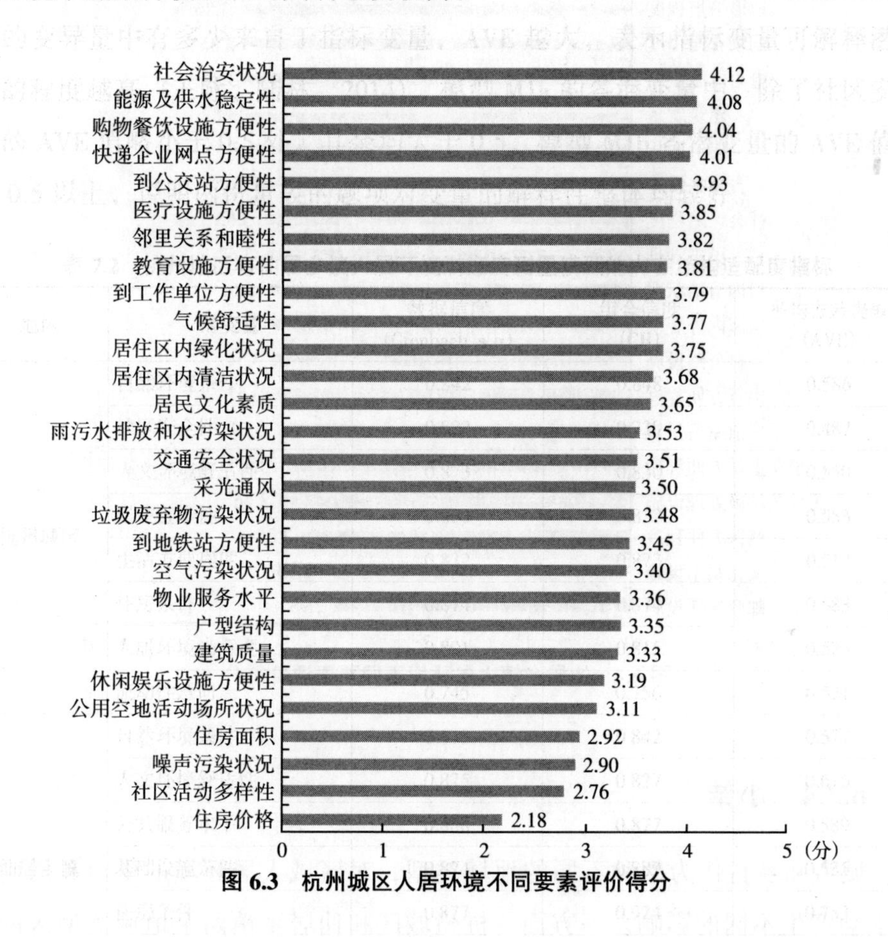

图 6.3　杭州城区人居环境不同要素评价得分

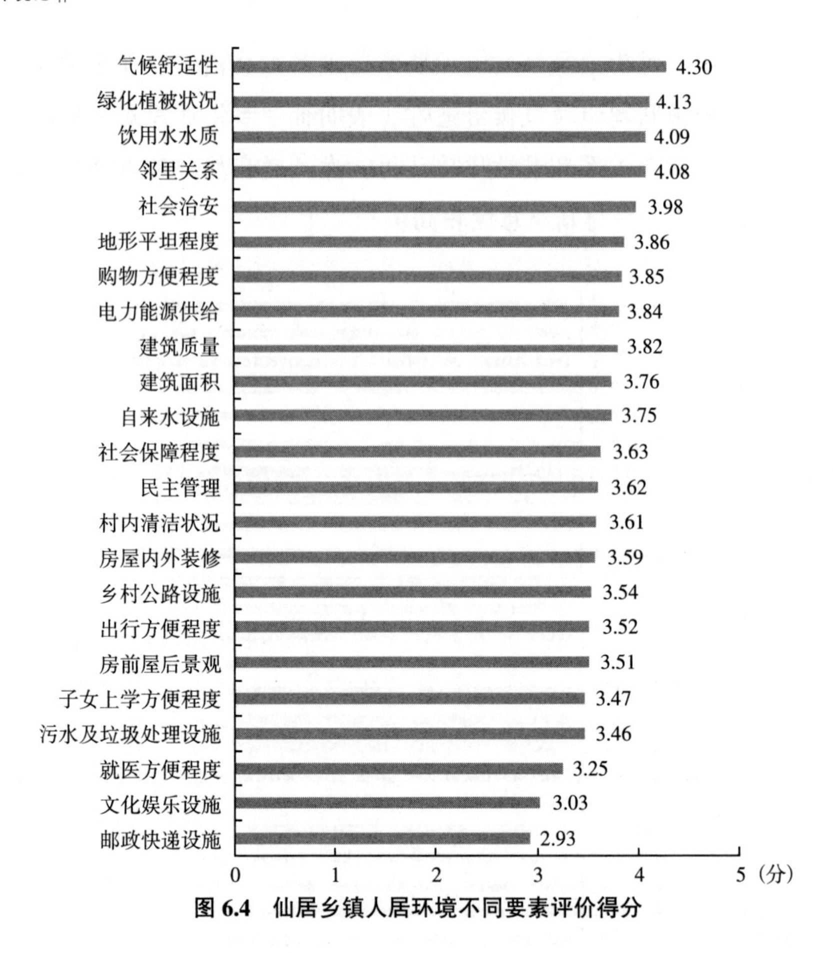

图 6.4　仙居乡镇人居环境不同要素评价得分

6.3.4　小结

城市和乡村作为两种不同的地域类型，对区域人居环境的供给和居民的需求会产生不同的影响。一方面，杭州城区和仙居乡镇两个地域类型区的居民，对所处地区人居环境的总体满意度评价均一般，但乡村略高于城区。另一方面，两个地域类型区居民在人居环境维度评价上也表现出不同的趋势，城区居民对以社区治安、能源供给以及购物餐饮与快递网点等为代表的社区安全性和公共服务设施水平两个维度满意度较高，对住房面积、住房价格等变量所构成的住房条件维度评价最低；乡镇居民对以气候、绿化和饮用水等为代表的区域自然环境维度满意度较高，而对邮政快递、文化娱乐、医院等所构成的公共服务和基础设施维度评价较低。这反映出杭州城区在公共服务设施建设和社会安全维护方面具有较大的优势，但在住房条件改善，尤其是在兼顾促进城市经济持续发展和调控住房价格适宜的前提下，更大程度满足普通居民购房需求方面还任重道远；而乡村地区优越的自然环境条件是人居环境建设的天然优势，在此基础上进一步提高公共服务设施便捷程度应是人居环境优化的主攻方向之一。

6.4　不同社会经济属性的人居环境满意度特征

居民的社会经济属性不同，对人居环境要素的需求特征和认知程度也会产生差异，从而对人居环境的映像感知评价也会存在不同。本节重点分析评价了性别、年龄、职业类型、学历、收入水平等八项社会经济属性差异对人居环境感知评价结果的影响及其两者的相关性，以揭示不同社会属性居民群体人居环境满意度的特征和规律。

6.4.1　不同社会经济属性居民人居环境满意度评价

6.4.1.1　性别属性对人居环境满意度的影响不显著

图 6.5 为杭州城区与仙居乡镇两地不同性别属性居民对所处地区人居环境满意度的评价得分。可以看出，无论是女性还是男性，仙居乡镇居民人居环境满意度都要略高于杭州城区，这与第 5.2.2 节中的人居环境总体满意度评价结果相吻合。但是，从性别属性横向比较来看，两地的男性和女性人居环境满意度评价得分非常接近，杭州城区女性与男性得分仅相差 0.01，仙居乡镇也只有 0.08。这表明性别属性对人居环境整体满意度影响极小，人居环境满意度性别差异不显著。

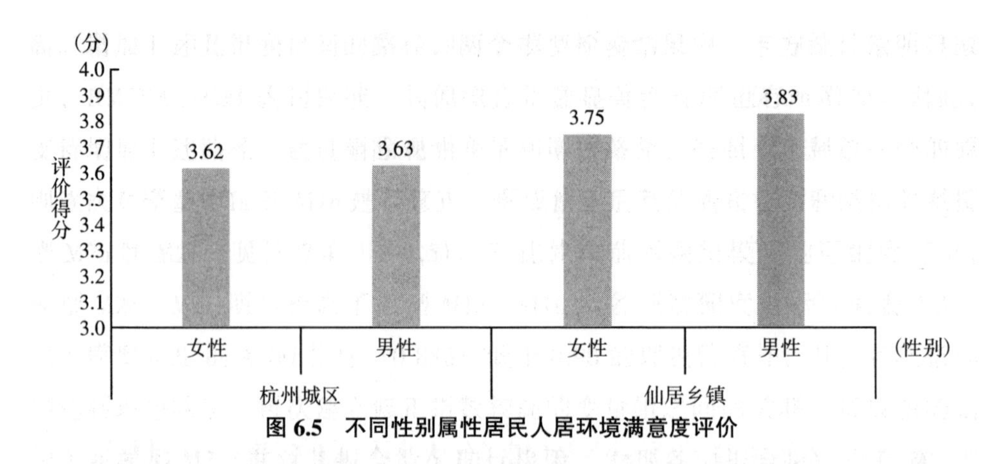

图 6.5　不同性别属性居民人居环境满意度评价

6.4.1.2　不同年龄群体的居民对人居环境满意度评价呈波浪式变化

图 6.6 为杭州城区与仙居乡镇两地不同年龄段居民对所处地区人居环境满意度的评价得分。可以发现，两地不同年龄段的居民群体对人居环境满意度评价存在较大差异，随着年龄的变化，不同居民的满意度评价得分呈现出波浪式的变化特征。具体而言，杭州城区中 20 岁以下、30~39 岁和 60 岁及以上的居民群体人居环境满意度相对较高，满意度得分都超过 3.6，而 20~29 岁、40~59 岁的居民群体人居环境满意度相对较低，得分都低于 3.5。仙居乡镇不同年龄段居民满意度得分在总体趋势上与杭州城区表现出相反的态势，其中 20~29 岁、30~39 岁和 50~59 岁居民群体满意度相对较高，得分均超过 3.65，而 40~49 岁、60 岁及以上的居民群体满意度得分较低，基本都低于 3.5。其原因可能是：一方面，城市和乡村大的环境背景存在明显差异，无论是生产水平、经济收入，还是文化水平和生活条件等都存在着本质差别，因

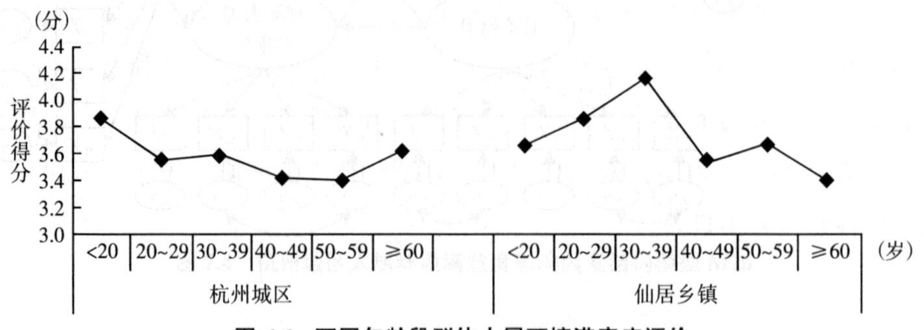

图 6.6　不同年龄段群体人居环境满意度评价

此他们在人居环境的供给和需求方面也会出现明显差异，导致总体评价趋势上的相反态势；另一方面，不同年龄阶段的居民在物质生活条件、家庭结构、身体状况、社会认知程度等方面有一定的差异，对人居环境满意度因自身的条件和需求的差异，从而表现出不同的价值判断。

6.4.1.3 不同职业类型的居民群体人居环境满意度差异较小

图6.7为不同职业类型的居民对所处地区人居环境满意度的评价得分。可以看出，杭州城区不同职业类型居民人居环境满意度变化幅度较小，其中学生群体对人居环境的评价最高，分值为3.917，其次是公职人员，评价分值为3.800，满意度最低的是自由职业者，也达到3.550，其他职业类型居民满意度评价也都在3.600左右。仙居乡镇中，除了公职人员和专业人员外（分值分别为4.379与3.961），其他职业类型居民对本地人居环境的评价差异相对较小，分值也都在3.650左右。整体来看，无论是杭州城区还是仙居乡镇，不同职业类型的居民群体对人居环境的满意度评价差异较小，反映出职业类型并不是影响人居环境满意度的显著因素。

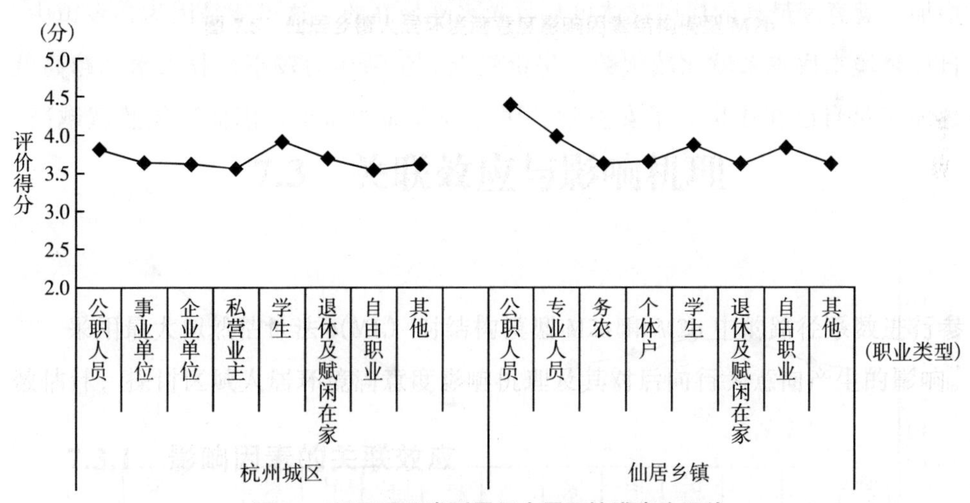

图6.7 不同职业类型居民人居环境满意度评价

6.4.1.4 不同收入水平群体对人居环境满意度评价呈倒"U"形或上升形

图6.8为不同收入水平群体对所处地区人居环境满意度的评价得分。可以看出，杭州城区与仙居乡镇两地不同收入水平群体对人居环境的评价表现

出不同的趋势：杭州城区人居环境满意度呈中间高两头低的倒“U”形格局，而仙居乡镇呈现出随着收入水平的提高，满意度评价也随之上升的趋势。具体来说，杭州城区中，月收入为7000~8999元和9000~9999元的居民群体人居环境满意度较高，评价得分分别为3.771、3.789，而月收入低于5000元和高于1.5万元的居民群体却得分偏低，仅为3.577与3.611；仙居乡镇中，家庭年收入低于1万元的满意度最低，得分仅为3.379，收入超过25万元的满意度最高，得分高达4.211。

综合来看，收入过低的居民群体，他们的生活质量和居住环境相对较差，从自身角度出发，大多对人居环境的满意度较低；但对于收入较高的居民来讲，城市和乡村居民满意度并未表现出相同的规律。杭州城区中，满意度评价最高的群体并不是收入最高的，而是收入水平适中的中产阶层，这可能是因为收入过高的群体对市区的自然环境质量、出行方便程度、人文环境舒适性等方面具有更高要求，从而对人居环境满意度评价也更加苛刻，导致满意度评价分值相对较低。仙居乡镇中，人居环境满意度随着收入水平的增加而增加，满意度最高的居民群体也是收入水平最高的。这可能是因为在乡镇中，自然环境本底本来就比较优越，房价较低，生活压力较小，收入水平越高就越能满足自己在住房、子女上学、医疗等方面的需求，因而幸福感就越高，

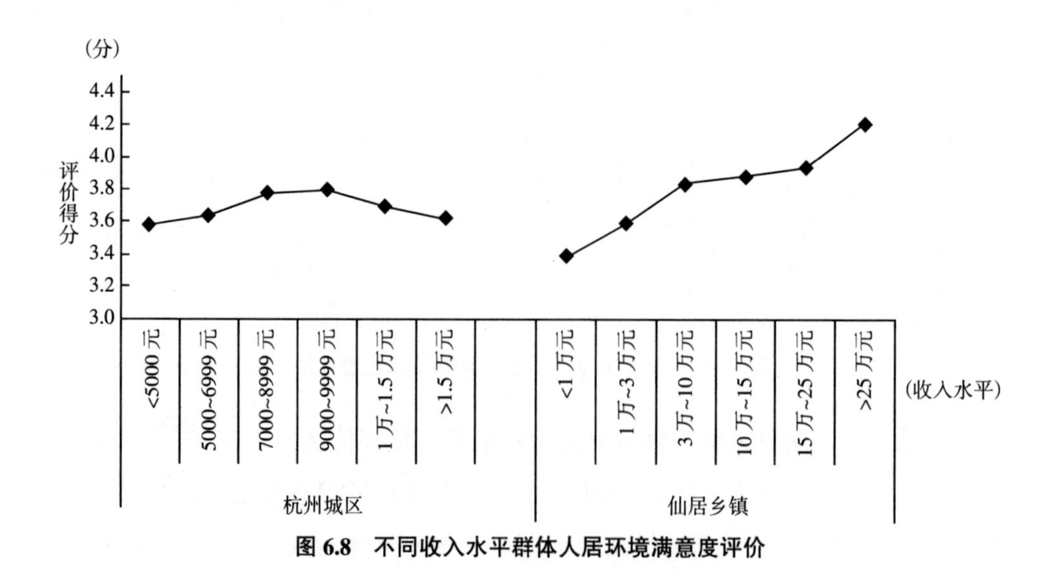

图6.8 不同收入水平群体人居环境满意度评价

满意度评价也就越高。

6.4.1.5　人居环境满意度随着学历的提升而不断提高

不同学历属性的群体对人居环境满意度评价也存在一定的差异，总体来看，学历越高的居民群体，其人居环境满意度也越好（见图 6.9）。杭州城区中，初中及以下学历居民满意度分值最低，得分为 3.550，然后随着学历的提升，满意度评价分值也不断提高，其中硕士及以上学历群体最高，得分为 3.789。仙居乡镇中，也是初中及以下学历居民满意度分值最低，为 3.584，但学历为大专群体的满意度最高，得分高达 4.0。产生差异的原因可能是：首先，杭州整体人居环境质量较好，无论是自然环境、物质设施环境，还是城市文化环境和制度环境，因而虽然高学历群体对人居环境的要求和评价标尺可能会更高，但杭州也能满足其需求。其次，学历越高者一般也越具有能力去获取更好的居住条件，包括购买心仪地段的房屋，享受更好的教育、医疗卫生等公共服务，因此杭州城区表现出人居环境满意度评价分值随学历的提高而增加的规律性。但在仙居乡镇中，本科、硕士及以上的群体，除了考虑自然环境、经济发展环境外，他们还会更多关注本地公共服务配套设施水平、交通出行方便程度，以及文化娱乐消费环境等，而这恰恰是乡村地区人居环境建设与发展的薄弱之处，因而最高学历群体对人居环境的感知评价就可能越低。但学历处在较高等级的大专，他们对本地的发展变化感受更深刻，对

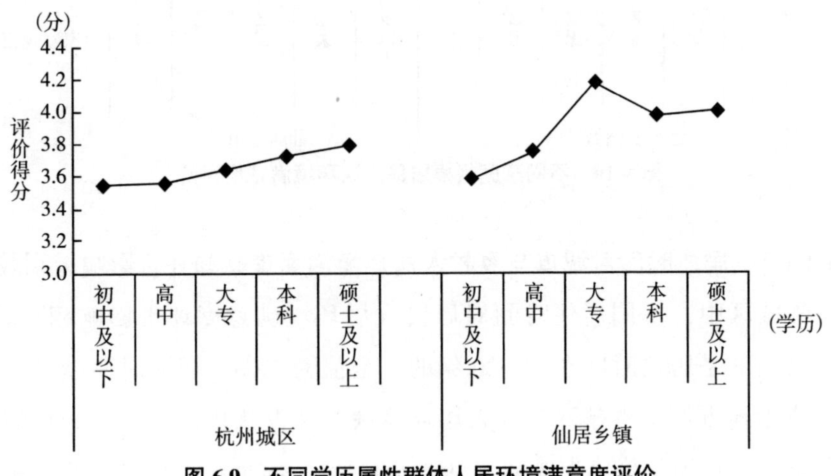

图 6.9　不同学历属性群体人居环境满意度评价

本地人居环境的改善更敏感，从而满意程度也最高。

6.4.1.6 人居环境满意度随着家庭成员数量的增多而降低

从图 6.10 中可以发现在杭州城区和仙居乡镇两地居民中，不同家庭规模的居民群体人居环境满意度评价得分整体上表现出相同的变化规律，即随着家庭成员数量的增加，人居环境满意度不断降低。具体来说，杭州城区中，满意度最高的是单身群体，得分为 3.664，而满意度最低的是家庭人数达到或超过五人的，其得分仅为 3.467；仙居乡镇中满意度最高的是三口之家的群体，得分为 3.840，而家庭人员达到或超过六人的满意度评价最低，得分仅为 3.587。主要原因可能是家庭成员越少，对人居环境的要求越低，尤其是单身群体，他们的经济压力较小，所谓“一人吃饱、全家不饿”，而家庭成员越多，面临的住房空间、子女教育、老人就医等需求就会越多，从而导致满意度评价较差。

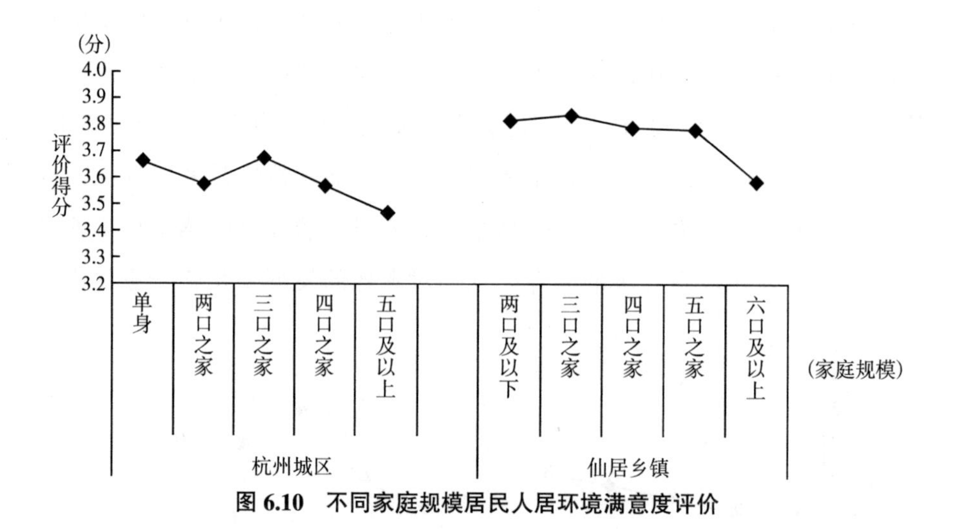

图 6.10 不同家庭规模居民人居环境满意度评价

6.4.1.7 居住时间对城市与乡村人居环境满意度感知评价影响差别较大

杭州城区中，不同居住时间对居民人居环境满意度评价影响相对较小，满意度最高的是居住时间在 10~20 年的，分值为 3.68，居住时间越长，对居住地区产生地方情感也越深厚，人居环境满意度也就相对越高；最低的是居住时间小于 1 年的，分值为 3.58（见图 6.11）。一方面，可能是这些居民刚来杭州，还没有适应当地的环境；另一方面，在调查的居民中，居住时间小于 1 年的居民多为到杭州打工的外地居民，他们还没有充分享受该地的各种福利，在住房、子女上学、就医等方面与本地居民还存在较大差距，因此他们对人居环境的评价较差。仙居乡镇中，居住时间越长，对人居环境满意度的评价却越低，其中居住时间超过 30 年的评价分值最低，仅为 3.541。这可能是因为居住时间越长，其年龄就越大，他们对交通出行、就医等公共服务的需求就会越高，尤其是对于独居老人，而目前乡镇在这些方面还存在较大的改进空间，所以对人居环境的感知评价就相对较低。

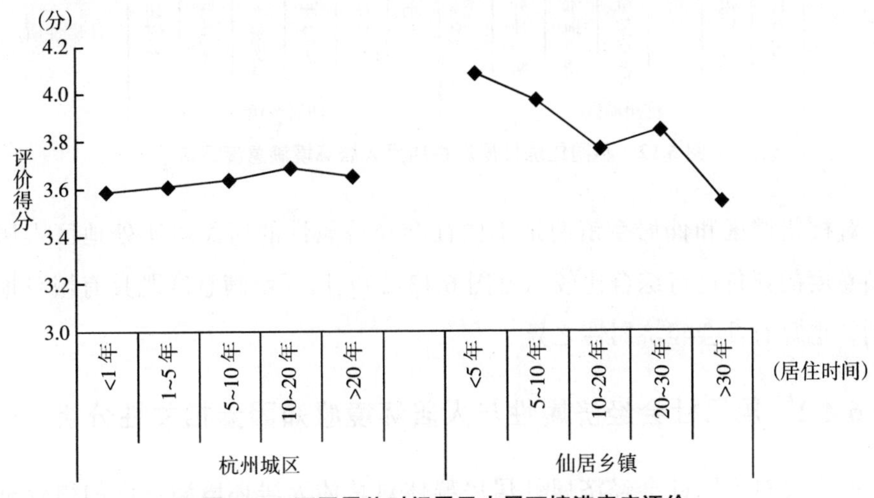

图 6.11　不同居住时间居民人居环境满意度评价

6.4.1.8　不同住房性质、户籍与房屋年代对人居环境满意度的影响显著

因仙居乡镇地区居民自有房者以及本地户籍占据绝大多数，所以这里仅分析杭州城区不同住房性质和不同户籍居民群体人居环境满意度，以及仙居乡镇住房建造年限对人居环境满意度的影响。从图 6.12 中可以看出，不同住房性质属性居民人居环境满意度差异较大，自有房者满意度最高，住单位宿舍者次之，租赁房者最低，得分仅为 3.5。不同户籍人居环境满意度评价结果显示，本地户籍居民满意度明显高于外地户籍。仙居乡镇居民中，其住房年限越短，对人居环境的满意度相对越高，其中房屋年限在 5~10 年的满意度分值最高，为 3.89，而对年限不清楚者分值最低，为 3.61。一般来说，新建造

的房屋在住房选址、内外装修等方面具有明显提高，更能满足现代人的需求，因此满意度就越高。

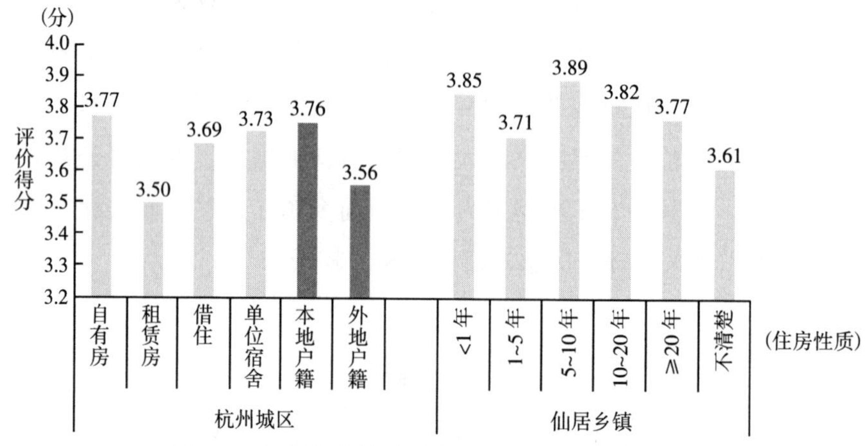

图 6.12 不同住房性质属性居民人居环境满意度评价

对杭州城区和仙居乡镇两地不同社会经济属性的居民对所处地区人居环境满意度的评价进行综合比较（见图 6.13），人居环境满意度既具有城乡地域之别，也具有社会经济属性之异。

6.4.2 居民社会经济属性与人居环境感知因素相关性分析

前文仅对不同社会经济属性居民群体对总体人居环境满意度的得分进行了描述性分析，但对社会经济属性对人居环境感知评价的影响是否具有统计学上的显著意义，以及是否具有显著相关性并未做出具体的量化评价。本节通过利用不同的相关性分析方法，对杭州城区和仙居乡镇两地居民社会经济属性与满意度感知因素进行相关性分析，以揭示个人属性对人居环境感知评价影响的大致趋势。为了方便对杭州城区和仙居乡镇两地居民的特点进行数量化分析，按照一定逻辑顺序，对性别、年龄、职业等居民的社会经济属性因子进行量化处理（见表 6.7）。量化数值的大小不代表数量的差异，仅表示指标类型的不同。相关性分析结果如表 6.8、表 6.9 以及图 6.14 所示。

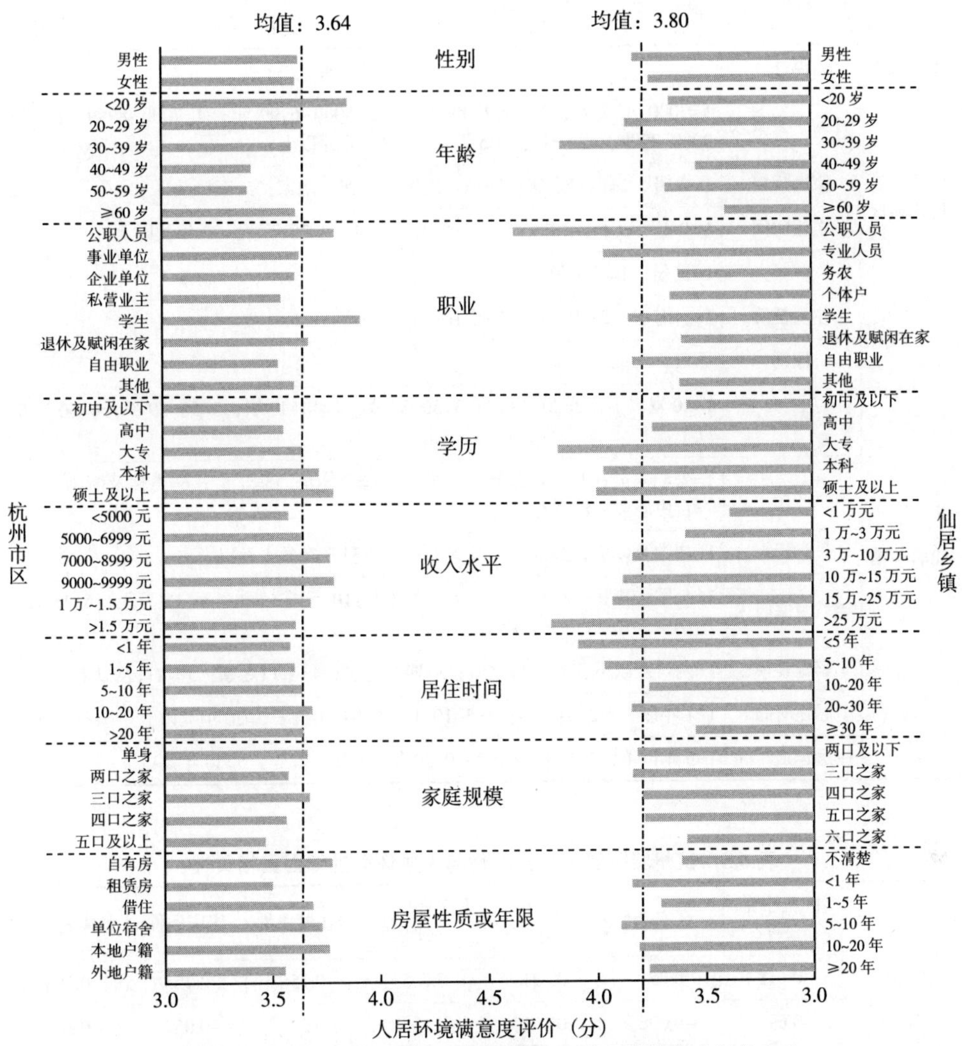

图 6.13　城–乡不同社会经济属性居民人居环境满意度评价集合

表 6.7　居民的社会经济属性量化标准

区域类型	属性	量化标准
杭州城区	性别	男=1；女=2
	年龄	1=20 岁以下；2=20~29 岁；3=30~39 岁；4=40~49 岁；5=50~59 岁；6=60 岁及以上
	职业	1=公职人员；2=事业单位；3=企业单位；4=私营业主；5=学生；6=退休及赋闲在家；7=自由职业；8=其他
	学历	1=初中及以下；2=高中；3=大专；4=本科；5=硕士及以上

续表

区域类型	属性	量化标准
杭州城区	月均个人收入	1=3000 元以下；2=3000~4999 元；3=5000~6999 元；4=7000~8999 元；5=9000~9999 元；6=1 万~1.5 万元；7=1.5 万元以上
	家庭规模	1=单身，2=两口之家；3=三口之家；4=四口之家；5=五口及以上
	居住时间	1=1 年及以下；2=1~5 年；3=5~10 年；4=10~20 年；5=20 年及以上
	户籍	1=杭州；2=其他地区
	住房性质	1=自有房；2=租赁房；3=借住；4=单位房
仙居乡镇	性别	男=1；女=2
	年龄	1=20 岁以下；2=20~29 岁；3=30~39 岁；4=40~49 岁；5=50~59 岁；6=60 岁及以上
	职业	1=公职人员；2=专业人员；3=务农；4=个体户；5=学生；6=退休及赋闲在家；7=自由职业；8=其他
	学历	1=初中及以下；2=高中；3=大专；4=本科；5=硕士及以上
	年均家庭收入	1=1 万元以下；2=1 万~3 万元；3=3 万~10 万元；4=10 万~15 万元；5=15 万~25 万元；6=25 万元及以上
	家庭规模	1=两口及以下，2=三口之家；3=四口之家；4=五口之家；5=六口及以上
	居住时间	1=1 年以下；2=1~5 年；3=5~10 年；4=10~20 年；5=20 年及以上
	住房建造时间	1=5 年以下；2=5~10 年；3=10~20 年；4=20~30 年；5=30 年及以上

表 6.8　杭州城区居民社会属性与人居环境感知因素相关性

类别	自然环境条件	社区安全性	生活方便程度	人文环境舒适性	居住健康性	住房条件	总体满意度
性别[s]	0.618	0.051	0.331	0.705	0.156	0.425	0.388
年龄	−0.69	−0.096*	−0.191**	−0.183**	−0.07	−0.052	−0.176**
学历	0.03	0.035	0.08	0.09*	0.039	0.075*	0.082*
收入水平	0.059	0.101	0.098*	0.109**	0.104*	0.221**	0.251**
家庭规模	0.045	0.001	−0.062*	−0.05*	0.008	−0.121**	−0.095
职业类型	−0.021	0.034	−0.063	−0.051	−0.067	0.001	−0.053
住房性质	0.004	0.001	0.027	0.061	−0.01	−0.143*	−0.007
居住时间	0.026*	0.022	0.034	0.099*	0.026	0.077	0.024
户籍	−0.053	−0.017	−0.018	−0.019	−0.009	−0.131**	−0.042*

注：①* 表示相关性在 0.05 水平上显著，** 表示相关性在 0.01 水平上显著。②性别[s]是二维定类变量，故计算参数是 Mann-Whitney U 检验结果，下表同。

表 6.9　仙居乡镇居民社会属性与人居环境感知因素相关性

类别	自然环境条件	人文环境舒适性	基础设施条件	公共服务水平	住房条件	总体满意度
性别[s]	0.075	0.395	0.213	0.228	0.389	0.292
年龄	−0.075	−0.047*	−0.009	−0.112*	−0.212**	−0.088
学历	0.207**	0.181**	0.008*	0.02*	0.242**	0.131**
收入水平	0.211**	0.155**	0.125*	0.111**	0.190**	0.168**
家庭规模	0.084	−0.010	−0.069*	−0.074*	−0.121*	0.049
职业类型	−0.109	−0.15	−0.109	−0.086	−0.082*	−0.106
居住时间	0.066	0.012	0.095	0.076	−0.054	−0.032*
住宅年代	−0.063	−0.136*	0.145*	−0.094	−0.229**	−0.153**

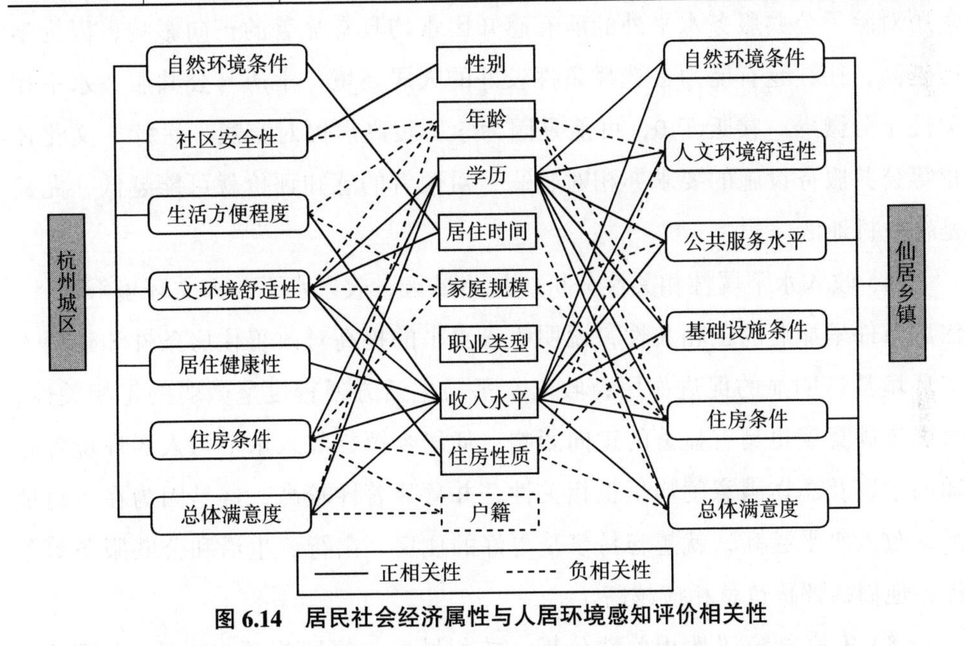

图 6.14　居民社会经济属性与人居环境感知评价相关性

（1）性别属性显著性检验。Mann-Whitney U 检验显示，性别对杭州城区和仙居乡镇两地人居环境满意度感知因素的影响均不具有统计学上的意义，概率 p 值均大于显著性水平 0.05，仅杭州城区中的社区安全性接近 0.05，因此拒绝原假设，说明性别属性对人居环境满意度感知影响不显著，这与上面的分析结果相吻合。

（2）年龄属性相关性分析。杭州城区，年龄与生活方便程度、人文环境舒适性以及总体满意度呈显著的负相关性，主要因为年龄越大，对出行方便、社会环境舒适更加敏感，需求也更加强劲，从而评价标尺也相对提高；年龄与社区安全性呈微弱的负相关关系，与其他感知因素也具有一定的负相关性，但不显著。仙居乡镇，年龄与住房条件具有显著的负相关性，与人文环境舒适性和公共服务水平有微弱的负相关性。

（3）学历属性相关性分析。杭州城区，学历与人文环境舒适性、住房条件及总体满意度呈微弱的正相关性，表明高学历群体越容易获取较优越的住房条件和舒适社会文化环境，总体感知评价也越高；学历与自然环境条件、社区安全性等其他感知因素有一定的正相关性，但相关性不显著。仙居乡镇，学历对除了公共服务水平外的所有感知因素均具有显著的正向影响，因为学历越高，往往越有能力去选择条件较好的人居环境；学历与公共服务水平相关性十分微弱，接近于0，可能是因为学历较高居民对交通、医疗、文化体育等公共服务设施的要求亦相对较高，对两者的感知评价就可能越低，尤其是在乡村地区。

（4）收入水平属性相关性分析。杭州城区，收入水平与人文环境舒适性、住房条件呈显著的正相关性，说明收入水平的提高对改善住房条件和住区人文环境具有明显的促进作用；收入水平与生活方便程度呈微弱的正相关性，对总体满意度也具有显著的正向影响。仙居乡镇，收入水平与人居环境各感知因素以及总体满意度均呈正相关性，并且显著性较高，这是因为在乡村地区，收入水平越高，就越容易享受更好的住房、出行、生活和公共服务等条件，他们的评价也就相应越高。

（5）家庭规模属性相关性分析。杭州城区，家庭规模与生活方便程度、人文环境舒适性有微弱的负相关性，与住房条件呈显著的负相关性；仙居乡镇，家庭规模与公共服务水平、住房条件具有微弱的负相关性。一般来说，随着家庭人口数的增多，子女上学、老人看病等家庭负担和生活压力增大，特别是购房需求，这容易促使其对人居环境的评价降低。

（6）职业类型相关性分析。杭州城区，职业类型与所有感知因素都不具有显著的相关性，并且相关性系数大多接近于0；仙居乡镇，职业属性与住房条件有微弱的负相关性，与自然环境条件、人文环境舒适性具有一定的负相关性，但相关性不显著，与其他因素的相关性系数多趋于 0。

（7）居住时间相关性分析。杭州城区，居住时间与自然环境条件和人文环境舒适性具有微弱的正相关性，居住时间越长，越适应本地的自然环境，对这里产生地方情感也越深厚，对相应感知因素的评价就越高；居住时间与其他感知因素相关性较低，相关性系数多接近于 0。仙居乡镇，居住时间与自然环境条件、人文环境舒适性、公共服务水平具有一定的相关性，但相关性不显著，与住房条件和总体满意度具有十分微弱的负相关性，接近于 0。

（8）住房性质或年代相关性分析。杭州城区，住房性质与住房条件具有微弱的负相关性，主要是因为与自有房居民相比，租赁房居民的住房条件相对较差；住房性质与其他感知因素相关性较低，也不显著。仙居乡镇，住宅年代与基础设施条件具有较显著的正相关性，说明基础设施的改善有利于农村住房条件的优化；住宅年代与住房条件和总体满意度呈显著的负相关性，住宅年代与人文环境舒适性呈微弱的负相关性，与自然环境条件和公共服务水平也具有微弱的负相关性，但不显著。

（9）户籍相关性分析。杭州城区，户籍与住房条件和人居环境总体满意度具有微弱的负相关性，说明与杭州本地居民相比，外来人口住房条件相对较差，人居环境满意度也相对较低。户籍与自然环境条件、社区安全性、生活方便程度等也呈现微弱的负相关性，但不显著。

6.4.3　小结

综上所述，人居环境满意度既具有城乡地域之别，也具有社会经济属性之异（见图 6.13 和图 6.14）。不同地域、不同社会经济属性居民对区域人居环境的需求和认知程度存在一定的差异，导致他们对人居环境的感知评价也表现出不同的规律：总体来看，居民的性别属性和职业类型对人居环境满意度的影响地域差异较小，影响效果均不显著；年龄属性与人居环境满意度存在一定的相关性，不同年龄群体的居民对人居环境满意度评价呈波浪式变化，但城乡波动态势在年龄区间上大体相反；收入水平对城乡人居环境满意度均有较强的正向影响，但城乡表现形式存在差异，城区不同收入水平群体对人居环境满意度评价呈倒“U”形，乡镇则随着收入的增加呈连续上升的态势；学历和家庭规模对人居环境的影响地域之间差异很小，两地人居环境满意度都随着学历的提升而不断提高，随着家庭成员数量的增多而降低；居住时间对城市人居环境满意度感知具有较强的正向影响，而对乡村人居环境具有较强的负向影响；不同住房性质、户籍与房屋年代对人居环境满意度的影响显著。

6.5 不同居民类群的人居环境满意度特征

上一节从单一的社会经济属性出发，分析评价了不同社会经济属性居民的人居环境满意度特征及两者之间的相关性。但作为社会人，居民的社会经济属性不会是单一的，单一的属性划分也很难全面体现居民的社会属性特征。此外，若居民之间具有相同或相近的社会经济属性，他们往往容易形成具有相似的人居环境要素需求的类群主体。因此，有必要在单一的社会经济属性分析的基础上，综合各种属性因子，分析不同类群主体对人居环境的感知评价。

6.5.1 居民属性的聚类分析

利用 SPSS 软件对数值化处理后的年龄、学历、收入水平、家庭规模和居住时间这五个杭州城区和仙居乡镇居民共有，且对人居环境感知评价影响较大的属性因子进行主成分分析，并用最大方差旋转法最终得出反映居民综合社会属性的主成分因子。从表 6.10 中可以看出，影响杭州城区和仙居乡镇的五个属性因子都被综合为特征值大于 1 的两个主成分。其中，杭州城区两个主成分解释了原有属性变量信息的 62.689%，第一主成分和第二主成分所占比例分别为 37.064%、25.085%；仙居乡镇两个主成分解释了原有属性变量信息的 65.441%，所占比例分别为 40.374%、25.067%，但两个地区的两个主成分所包含的固有变量略有区别。杭州城区，第一主成分与年龄、家庭规模和居住时间呈很强的正相关，并在这三个变量上的因子载荷较高，主要反映居民的“家庭负担压力”；第二主成分与学历和收入水平呈很强的正相关，主要反映居民的“社会阶层状况”。相较于杭州城区，仙居乡镇两个主成分的位序发生了变化，第一主成分与学历和收入水平呈很强的正相关，并在这两个变量上具有较高载荷，主要反映居民的“社会阶层状况”；而第二主成分与年龄、家庭规模和居住时间这三个变量呈很强的正相关，主要反映居民的“家庭负担压力”。

表 6.10　居民社会经济属性因子分析结果

杭州城区				仙居乡镇			
主成分名称		F_1 家庭负担压力	F_2 社会阶层状况	主成分名称		F_1 社会阶层状况	F_2 家庭负担压力
主成分变量	特征根值	1.880	1.254	主成分变量	特征根值	1.615	1.003
	百分比（%）	37.064	25.085		百分比（%）	40.374	25.067
	累计百分比（%）	37.064	62.689		累计百分比（%）	40.374	65.441
固有变量	年龄	0.817	−0.041	固有变量	年龄	−0.682	0.667
	家庭规模	0.698	−0.230		家庭规模	−0.311	0.992
	学历	−0.257	0.767		学历	0.773	−0.133
	收入水平	0.148	0.805		收入水平	0.656	−0.016
	居住时间	0.764	0.126		居住时间	−0.458	0.568

在上述因子分析结果的基础上，再对两地的居民样本进行 K-means 聚类分析，杭州城区和仙居乡镇的居民样本均得到四个类群主体的最优划分方式。其中，杭州城区各类群主体样本占有效样本总量（586）的 15.36%、18.25%、35.66%、30.71%，仙居乡镇各类群主体样本占有效样本总量（364）的 17.58%、28.57%、29.39%、24.45%。

6.5.2　居民组群的分异特征

为了进一步揭示不同类群主体的社会经济属性特征，对每一类结果与居民属性进行交叉分析，从而获取各类群主体的年龄、职业、学历等社会经济属性特征（见图 6.15 和图 6.16）。图 6.15 是杭城城区不同类群主体的社会经济特征。图 6.16 是仙居乡镇不同类群主体的社会经济特征。图块横坐标表示社会经济属性的等级分区，图块的宽度表示各区间所占比例；纵坐标表示不同类群主体所占比例，图块的高度表示某一属性区间内各类群所占的比例。

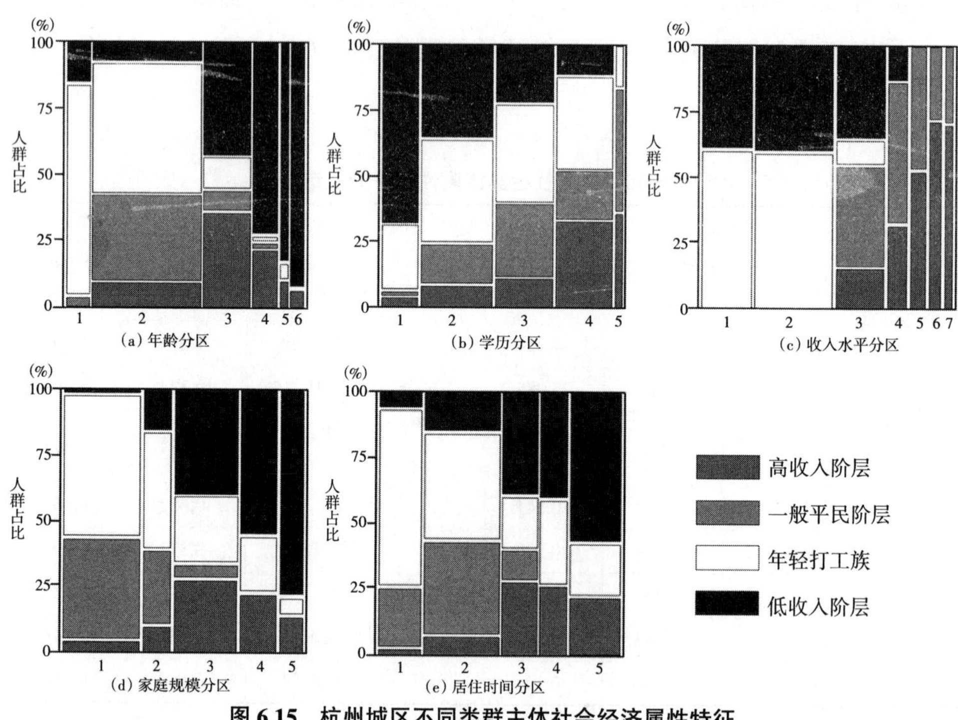

图 6.15　杭州城区不同类群主体社会经济属性特征

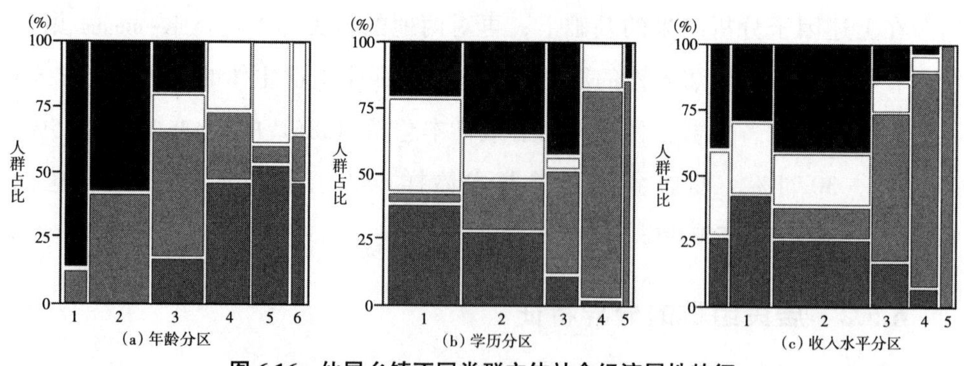

图 6.16　仙居乡镇不同类群主体社会经济属性特征

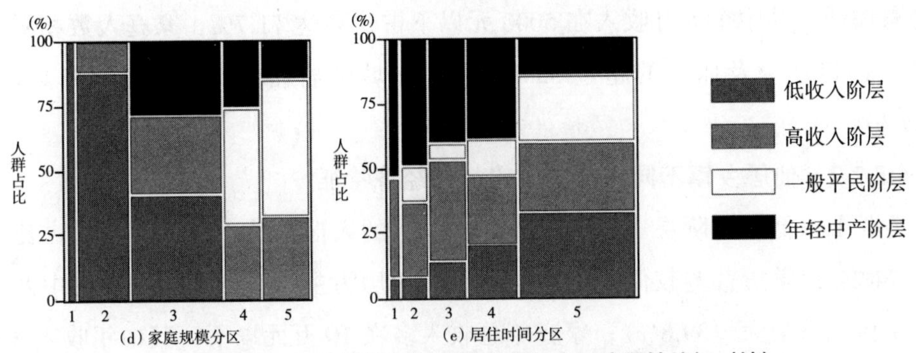

图 6.16　仙居乡镇不同类群主体社会经济属性特征（续）

6.5.2.1　杭州城区不同类群主体的社会经济特征

类群Ⅰ（高收入阶层）：年龄多在 30 岁以上，其中 30~39 岁最多（51.11%）；他们绝大多数学历较高，有 62.22%的居民受过大学及以上的教育，仅有 20%的人在大专文化水平以下；这一类群收入差距较大，但收入水平整体较高，个人月收入都在 5000 元以上；在家庭规模上表现出一定的正态分布特征，其中三口之家人数最多，占比超过 50%；在杭州城区居住时间多在 5 年以上，居住时间 5 年以下的仅占 17.8%。

类群Ⅱ（一般平民阶层）：以 20~29 岁的年轻人居多，受教育程度略高，多集中在大专与本科之间，三者占比高达 85.05%；个人月收入都在 5000 元以上，但差距相对较小；他们中绝大多数都为单身或两口之家（93.45%）；这一类群在杭州居住时间偏短，其中居住时间在 1~5 年的最多，占比达到 65.4%。

类群Ⅲ（年轻打工族）：年龄以 30 岁以下的年轻人为主，占比高达 92.75%；学历分布相对均衡，以高中学历为主，研究生及以上不足 2%；个人月收入均在 7000 元以下，其中 5000 元以下占比 94.7%；他们中以单身为主，占比达到 54.07%；这一类群在杭州居住时间跨度较大，但因年龄普遍较小，以短期居住为主，居住时间 5 年以下的占 72.7%。

类群Ⅳ（低收入阶层）：主要是 40 岁以上的人群，其中 60 岁以上人群分区中，这一类群占比最高，达到 94.1%；这一类群居民绝大多数学历偏低，在初中以下和高中以下文化程度的样本中，这一类群占比相对较高；收入水平普遍偏低，其中个人月收入在5000元以下占比高达71.7%；家庭人数相对较多，四口之家及以上的超过55%；在杭州城区居住时间多在20年以上（41.7%）。

6.5.2.2 仙居乡镇不同类群主体的社会经济特征

类群Ⅰ（低收入阶层）：主要是40岁以上的人群，其中40~60岁的占比达到74.2%；学历普遍较低，以高中及以下学历为主，在四个类群中初中及以下个体比重最大（39.8%）；家庭年总收入多在10万元以下，其中年收入3万元以下的在四个类群中占比最多（39.13%）；家庭人数较少，一般不超过四口，以三口和四口之家为主，两口及以下家庭规模的居民也都集中在这一类群；他们在仙居乡镇以长期居住为主，有68.5%的居民在这居住超过20年，在四个类群中占比最大。

类群Ⅱ（高收入阶层）：这一类群年龄跨度最大，其中以20~40岁的青年和中年人为主；多受过大专或本科及以上教育（74.8%），在四个类群中本科及以上学历比重最大（83.1%）；家庭年总收入都在3万元以上，其中超过10万元的占比达到84.1%，为四个类群之中最高；家庭人口一般在四人左右；他们在仙居乡镇居住时间分布相对均衡，但以居住超过20年的人为主（45.8%）。

类群Ⅲ（一般平民阶层）：年龄都在30岁以上，以40~60岁为主（65.6%）；受教育程度较低，以初中及以下居多（35.9%），但大专、本科学历也占一定比例（14.5%）；家庭年总收入以3万~10万元为主（47.4%）；家庭人数普遍较多，都在四口以上，在四个类群中五口及以上个体比重最大（53.5%）；在仙居乡镇居住时间多在20年以上（71.8%）。

类群Ⅳ（年轻中产阶层）：这一类群年龄都在40岁以下，其中30岁以下的占比高达84.6 %，在四个类群中小于20岁比重最大（88.6%）；受教育程度以初中和高中为主（67.3%），但初中及以下、研究生及以上也有一定比例；家庭年总收入以3万~10万元为主（62.5%），在四个类群中年收入在3万~10万元的比重也最大（42.8%）；受教育程度略高，学历都在高中及以上，其中高中学历人数最多（44.2%）；这一类群在仙居乡镇居住时间分布较为均衡，除了居住时间少于 1 年的人群较少外，其他几个居住时间区间占比都在 25%左右。

6.5.3　不同类群人居环境满意度特征

将不同群体与人居环境满意度的潜变量进行交叉分析，得到不同类群主体对人居环境满意度各维度及总体的评价，表 6.11 与表 6.12 分别为杭州城区与仙居乡镇不同类群对人居环境满意度评价结果。

表 6.11　杭州城区不同类群对人居环境满意度的评价

潜变量	高收入阶层	一般平民阶层	年轻打工族	低收入阶层
自然环境条件	3.733	3.795	3.764	3.742
社区安全性	4.052	4.072	3.998	3.967
生活方便程度	3.894	3.934	3.852	3.732
人文环境舒适性	3.652	3.729	3.731	3.529
居住健康性	3.351	3.436	3.528	3.431
住房条件	3.156	3.089	3.072	3.068
总体评价	3.723	3.757	3.712	3.617

表 6.12　仙居乡镇不同类群对人居环境满意度的评价

潜变量	高收入阶层	一般平民阶层	年轻中产阶层	低收入阶层
自然环境条件	4.254	3.777	3.932	3.886
人文环境舒适性	4.145	3.642	3.833	3.896
基础设施条件	3.851	3.581	3.649	3.593
公共服务水平	3.845	3.603	3.712	3.681
住房条件	3.971	3.306	3.816	3.477
总体评价	3.935	3.567	3.767	3.679

6.5.3.1　杭州城区不同类群主体人居环境满意度评价

一般平民在四类群体中对杭州城区人居环境满意度的评价分值最大、满意度最高。作为城市社会构成的主体，相对于其他类群，一般平民的学历、收入、家庭规模在城市中具有一定的优势，对居住环境的选择也优于其他人群，因此对杭州城区的人居环境满意度最高。在人居环境的六个维度中，自然环境条件、社区安全性、生活方便程度三个维度评价分值均最高，人文环境舒适性、居住健康性和住房条件的评价也都位居第二，因此在人居环境综合评价中，其满意度最高，也反映出这类人群在杭州城区处于相对优势地位，尤其是在人居环境选择方面。

高收入阶层对杭州城区人居环境满意度较高。相较于一般平民，高收入阶层具有更好的学历背景和经济状况，更有能力去满足自己的人居环境需求，尤其是在住房条件方面，因此他们对住房条件的评价在四个类群中最高。但是当其对人居环境的需求得到基本满足后，就会向更高层次的需求发展，对人居环境满意度评价也会更加苛刻，因此对自然环境条件、社区安全性、生活方便程度等维度的评价都不是最高，从而导致总体满意度评价分值略低于一般平民。

年轻打工族对杭州城区人居环境满意度评价一般。这一类群对人文环境舒适性和居住健康性评价较高，对其他潜变量的评价分值在四类人群中都位居第三，由于其收入水平偏低，所以在住房条件方面与前面两类有较大的差距。

低收入阶层对杭州城区人居环境满意度评价最低。这一类群对自然环境条件、社区安全性、生活方便程度等六个维度的评价都很低，尤其是在生活方便程度、人文环境舒适性两个方面，与其他类群还存在较大差异，反映出这一类群在城市中人居环境需求与满足方面处于比较劣势的地位。

6.5.3.2　仙居乡镇不同类群主体人居环境满意度评价

高收入阶层对仙居乡镇人居环境满意度的评价最高，且远高于其他类群，表明这一类群在乡镇中处于绝对优势的地位。相较于其他三个类群，高收入阶层在学历水平、收入水平方面具有明显的优势，更有条件去满足自己对人居环境各方面的需求，他们对仙居的自然环境条件、人文环境舒适性、公共服务水平以及住房条件四个维度的评价均排第一，且优势明显，因此总体满意度也最高，并且他们在县城或者乡镇中居住生活，面临的压力和其他方面的需求要比城市中的高收入阶层小，因而幸福感更高，所以没有出现杭州城区那种高收入阶层人居环境满意度却不是最高的情况。

年轻中产阶层对仙居乡镇人居环境满意度的评价较高。这一类群也具有较好的经济条件，在满足住房需求方面也明显优于一般平民阶层和低收入阶层。由于学历和收入较高，他们比较注重生活品质，故对公共服务水平要求较高，所以满意度相对较低，加上居住时间不长，在人文环境舒适性方面也还没有达到理想的状态，因此评价略低。

低收入阶层对仙居乡镇的人居环境满意度评价一般。这类人群代表了仙居乡镇中大多数普通和低收入居民，他们对自然环境条件等四个维度的评价都比较低，与高收入阶层之间有比较大的差距，这与他们有限的经济条件有直接关系。但相对于一般平民阶层和年轻中产阶层，这一类群家庭人数较少，负担较轻，而且由于居住时间较长，人文环境舒适性比较和谐，因此在总的人居环境满意度评价分值中排名第三。

一般平民阶层对仙居乡镇的人居环境满意度评价最低。这一类群对仙居乡镇人居环境四个维度的满意度均较低，且与其他阶层存在一定的差距，尤其是与高收入阶层相比，具有较大的差异，反映出这一类群在仙居乡镇社会中处于相对劣势的地位。这一类群大多年龄较大，家庭人数较多，收入偏低，家庭负担比较大，但居住时间较长，改善人居环境的意愿较大，自身人居环境需求和客观环境供给之间差距较大，因此对人居环境满意度评价很低。

6.5.4　小结

综合各种属性因子，杭州城区和仙居乡镇两地居民均可划分为四种类群，即高收入群体、一般平民、年轻打工族或年轻中产阶层以及低收入阶层，城区以年轻打工族居多，而乡镇以一般平民居多。不同类群主体的社会经济属性差距较大，所关注的人居环境要素也有很大差异。城区中四类群体的人居环境满意度存在一定差异，但差距较小，其中一般平民的人居环境满意度最高，高收入阶层次之，年轻打工族和低收入阶层的满意度相对较低；而乡镇中不同类群人居环境满意度差距明显，高收入阶层的人居环境满意度最高，在人居环境选择和享用方面具有绝对的优势，年轻中产阶层和低收入阶层位居其后，低收入阶层满意度最低。城区低收入阶层与乡镇普通平民在人居环境上处于劣势地位，有针对性地优化配置差异性需求要素，积极创造更加美好人居环境条件，提高这两类群体的满意度是新时期浙江省人居环境建设的重点。

第7章
浙江省不同地域类型人居环境满意度影响机理及其行为意向

第6章对杭州城区和仙居乡镇两种地域类型区不同维度、不同社会经济属性和不同类群的人居环境满意度感知特征进行了系统分析，但不同感知因素对满意度的影响效应、满意度的影响机理以及满意度后向行为意向并未深入探讨。在以上分析评价的基础上，进一步从影响机理视角定量研究人居环境满意度理论问题并以不同地域类型进行实证分析，对于丰富人居环境满意度相关理论研究，指导区域人居环境建设将具有重要意义。因此，本章在前一章分析的基础上，将从居民满意度影响机理的角度，直接剖析区域人居环境满意度影响因素，构建“人居环境满意度与居民行为意向”的概念模型和结构模型，系统性地分析城市地域和乡村地域居民人居环境满意度的关联效应、影响机理及其与流动性意向的相互关系。

7.1 研究设计与模型构建

7.1.1 理论依据

根据传统心理学理论，满意是一种心理状态（Oliver，1980）。满意度是体验的心理学结果（Lee，2007），它是一种主观心理感受，属于情感内容，有总体满意度和属性满意度之分（Žabkar and Brenčič，2010）。满意度概念被应用于人居环境领域时，它指的是人居环境主体（人）对环境的一种主观感受，代表着居民对其居住地区的生态环境、经济发展环境、基础设施建设、公共服务等各方面的判断，这种判断包含了其对居住环境的心理期望值与客体环境感知的差异对比（见图 7.1），两者越接近，则人居环境满意度越高。影响区域人居环境满意度的因素是多元复杂的，涉及个体和家庭属性特征（Galster and Hesser，1981；Lu，1999）、住房质量（Elsinga and Hoekstra，2005；Jiboye，2012）、区位特征（Toscano and Amestoy，2008）、城市特征（党云晓等，2016）、周围环境（Salleh，2008；Han et al.，2010；Saumel et al.，2015）、邻里关系（Mohit et al.，2010；湛东升等，2014）、交通条件（Mohit and Ibrahim，2012；Haugen et al.，2013）、区域声誉（Jens，2015）等诸多因素。因此，在构建人居环境满意度影响因素模型时需要综合考虑。人居环境满意度不同，其所产生的后果效应，即人居环境满意度和居住流动性意向的关系，也会存在差异。“压力门槛”学说（Wolpert，1966；Brown and Moore，1970）认为当居民居住不满意，并且内外部居住压力超过压力门槛值时，就会考虑迁居，迁居是居民对人居环境的再选择。一般来说，人居环境满意度和居住流动性之间存在负相关关系，即人居环境满意度越高，居住流动性发生次数越低（Clark and Ledwith，2006）；但有时人居环境满意度和居住流动性也会呈正相关（Kearns and Parkes，2003）。

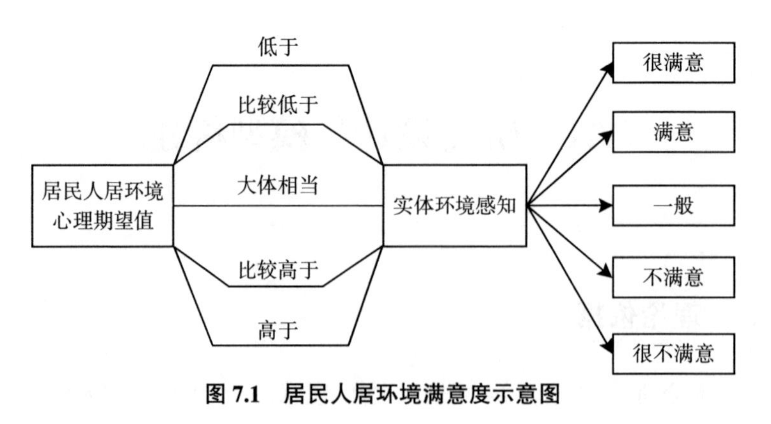

图 7.1　居民人居环境满意度示意图

7.1.2　研究假设

第 6 章采用主成分分析方法分别对杭州城区和仙居乡镇问卷数据进行了探索性因子分析，选择方差最大法进行因子旋转，依据特征值大于 1 的原则分别提取公因子。最终结果显示，杭州城区人居环境满意度存在六个维度的感知因素：生活方便程度、自然环境条件、社区安全性、居住健康性、住房条件、人文环境舒适性；仙居乡镇人居环境满意度存在五个维度的感知因素：公共服务水平、基础设施条件、住房条件、自然环境条件、人文环境舒适性。通过对国内外有关研究文献的总结，结合实地问卷调查和访谈的基本内容，对各维度的人居环境感知因素提出以下若干假设：

（1）生活方便程度。日常生活服务直接为居民提供最终消费服务，包括餐饮服务、医疗服务、休闲娱乐服务、教育服务、养老服务等，它们与居民日常生活的最基本需求息息相关，是最贴近老百姓生活、最现实的需求。本节认为，居住地的生活方便程度将直接影响居民在此居住的满意程度，为此提出以下假设：

H7.1：生活方便程度对区域人居环境满意度有显著的正向影响。

（2）自然环境条件。自然生态环境是人居环境建设的基础，人居环境建设要重视人与自然的和谐发展，不仅强调要具有舒适的气候、优美的自然环境，还注重区域生态环境保护与环境污染治理，从而为居民提供更加贴近自然的宜居环境和高品质的生活环境，本节认为，居住地的自然环境条件将直接影响居民在此居住的满意程度，为此提出以下假设：

H7.2：自然环境条件对区域人居环境满意度有显著的正向影响。

（3）社区安全性。社区安全性是宜居城市的最基本要求，宜居城市的安全性就是要确保居民的生命、财产和日常行为活动安全，城市安全性主要包括社会治安状况、出行安全程度、能源供给稳定、防止各种灾害的能力等（张文忠等，2016）。本节认为，居住地的安全性将直接影响居民在此居住的满意程度，为此提出以下假设：

H7.3：社区安全性对区域人居环境满意度有显著的正向影响。

（4）居住健康性。居住环境的健康与安全性一样，也是居民生活的最基本保障，对提升人民生活质量、全面建成高质量的小康社会起到基础性作用。影响居住健康性的因素主要包括设施建设与管控、污染排放与环境恶化等方面。本节认为，居住健康性将直接影响居民在此居住的满意程度，为此提出以下假设：

H7.4：居住健康性对区域人居环境满意度有显著的正向影响。

（5）住房条件。住房是区域可持续发展的基础性问题，住房条件是人居环境评价的核心指标，甚至可以说是居民居住满意度的最重要因素，它也与居民健康具有显著的正相关关系，其条件的好坏取决于居民对住房的负担能力（Bowen and Bowen，2016；Fang and Sakellariou，2016）。本节认为，住房条件将直接影响居民的居住满意度，为此提出以下假设：

H7.5：住房条件对区域人居环境满意度有显著的正向影响。

（6）人文环境舒适性。区域人居环境的差异不仅是物质环境的差别，还表现在人文环境的独特性上。由于发展历史和自然环境本底的不同，区域发展过程中形成的历史文化遗迹和社会文化氛围等也各不相同。人居环境的建设不仅要为居民提供舒适的居住场所等物质基础，还要铸就具有凝聚力的、和谐的、舒适的人文环境，培养居民对地方的归属感和认同感。本节认为，区域人文环境舒适性将直接影响居民的居住满意度，为此提出以下假设：

H7.6：人文环境舒适性对区域人居环境满意度有显著的正向影响。

（7）基础设施条件。基础设施是人类合理有效地利用空间资源的基础，基础设施建设是人类参与社会经济活动、改善生存环境、克服自然障碍、实现资源共享的重要保障（金凤君，2001）。对农村地区而言，基础设施建设是新农村建设规划的重要内容，基础设施的优化能够为农业和农村发展提供有力支撑，也能为农民改善居住环境提供有力保障。本节认为，区域基础设施条件将直接影响居民在此居住的满意程度，为此提出以下假设：

H7.7：基础设施条件对区域人居环境满意度有显著的正向影响。

（8）公共服务水平。公共服务旨在保障居民生存和发展的基本需求，是居民日常生活内容的重要组成部分。构建配套齐全、布局合理、使用便利的公共服务体系，实现城乡公共服务均等化，对改善居民生活品质，促进社会公平正义具有重要意义。本节认为，区域公共服务水平将直接影响居民在此居住的满意程度，为此提出以下假设：

H7.8：公共服务水平对区域人居环境满意度有显著的正向影响。

（9）居民后向行为意向。居民后向行为意向是其人居环境满意度的后果效应，主要包括两种类型，一种是迁居意向，另一种是定居意向。参考相关研究成果（Clark and Ledwith，2006；李君等，2008），本节提出以下假设：

H7.9：人居环境满意度对迁居意向有显著的负向影响，对定居意向有显著的正向影响。

（10）研究假设汇总。杭州城区和仙居乡镇作为两种不同的地域类型，其人居环境感知因素也存在明显的差异，基于两者的探索性因子分析结果及上述分析，将两地的人居环境满意度影响因素及其流动性意向研究假设汇总如表 7.1 所示：

表 7.1　研究假设汇总

区域类型	假设	假设内容
杭州城区	Ha1	生活方便程度对人居环境满意度有显著的正向影响
	Ha2	自然环境条件对人居环境满意度有显著的正向影响
	Ha3	社区安全性对人居环境满意度有显著的正向影响
	Ha4	居住健康性对人居环境满意度有显著的正向影响
	Ha5	住房条件对人居环境满意度有显著的正向影响
	Ha6	人文环境舒适性对人居环境满意度有显著的正向影响
	Ha7	人居环境满意度对迁居意向有显著的负向影响
	Ha8	人居环境满意度对定居意向有显著的正向影响
仙居乡镇	Hb1	公共服务水平对人居环境满意度有显著的正向影响
	Hb2	住房条件对人居环境满意度有显著的正向影响
	Hb3	基础设施条件对人居环境满意度有显著的正向影响
	Hb4	自然环境条件对人居环境满意度有显著的正向影响
	Hb5	人文环境舒适性对人居环境满意度有显著的正向影响
	Hb6	人居环境满意度对迁居意向有显著的负向影响
	Hb7	人居环境满意度对定居意向有显著的正向影响

7.1.3 假设模型构建

结构方程模型（Structural Equation Model，SEM）是在20世纪60年代才出现的一种验证性多元统计分析技术，它整合了方差分析、回归分析、路径分析和因子分析的功能，用以处理复杂多变量之间因果关系，被称为近年来应用统计学三大进展之一。结构方程模型具体又分为测量模型和结构模型两部分：测量模型描述潜变量 ζ、η 与观测变量（测量指标）x、y 之间的关系，结构模型描述潜变量之间的因果关系（吴明隆，2009）。两者的方程表达式为：

$$y=\Lambda_y\eta+\varepsilon \quad \text{（公式 7.1）}$$

$$x=\Lambda_x\zeta+\delta \quad \text{（公式 7.1）}$$

$$\eta=B\eta+\Gamma\xi+\xi \quad \text{（公式 7.3）}$$

公式7.1和公式7.2为测量模型，式中：y 为内生观测变量组；x 为外生观测变量组；η 为内生潜变量；ξ 为外生潜变量，且经过标准化处理；Λ_y 为内生观测变量在内生潜变量上的因子负荷矩阵，反映内生潜变量与内生观测变量之间的关系；Λ_x 为外生观测变量在外生潜变量上的因子负荷矩阵，反映外生潜变量与外生观测变量之间的关系；ε、δ 为测量模型的残差矩阵，即未能被潜变量解释的部分。公式7.3为结构模型，式中：B 为内生潜变量之间的影响关系；Γ 为外生潜变量对内生潜变量的影响；ζ 为方程 η 的残差项。

在探索性因子分析的基础上，根据上述假设关系和原理，利用 AMOS 17.0 软件，分别构建城市与乡村人居环境满意度影响机制初始概念模型（见图7.2、图7.3），并对模型进行检验和修正，探讨浙江省两种地域类型区居民人居环境满意度影响机制及其对后向行为意向产生的影响。可以看出，区域人居环境满意度影响机理主要遵循“人居环境感知+满意态度+行为意向”的逻辑路径；外生潜变量是人居环境满意度主要影响因素，感知因素与满意度之间存在着相关关系，因而这两个模型均是具有因果关系的结构方程模型。杭州城区人居环境满意度影响机制初始概念模型包含3个内生潜变量和6个内生观测变量，6个外生潜变量和29个外生观测变量，其中，人居环境满意度和流动意向（迁居和定居意向）为内生潜变量，生活方便程度、住房条件、居住健康性等六个因子为外生潜变量。仙居乡镇的初始概念模型包含 3 个内生潜变量和 6 个内生观测变量，5 个外生潜变量和 24 个外生观测变量，其中，满意度和流动意向为内生潜变量，公共服务水平、基础设施条件、住房条件、自然环境条件、人文环境舒适性为外生潜变量。需要说明的是，虽然少数变量在第 6 章探索性引子分析时，因子载荷过小，但这里为了保持变量的完整性，以及深度探测这几个变量是否还有其他影响效应，我们在构建初始概念模型时，仍将这几个变量纳入进去了。

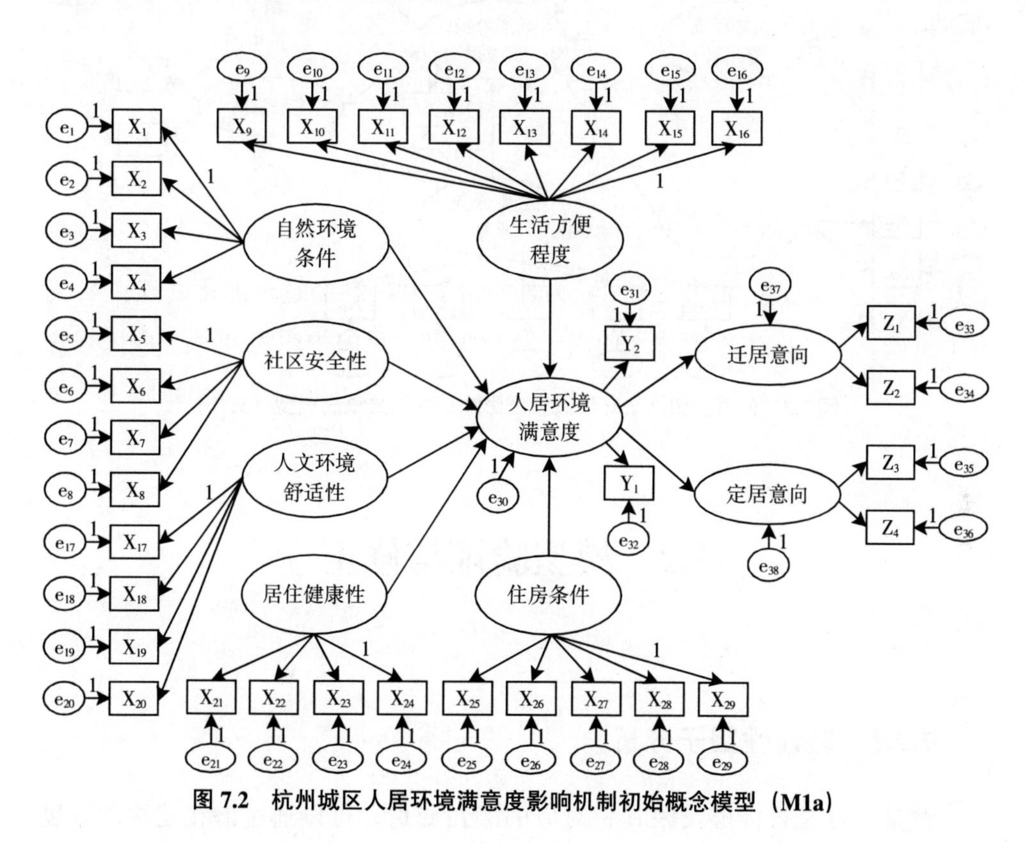

图 7.2　杭州城区人居环境满意度影响机制初始概念模型（M1a）

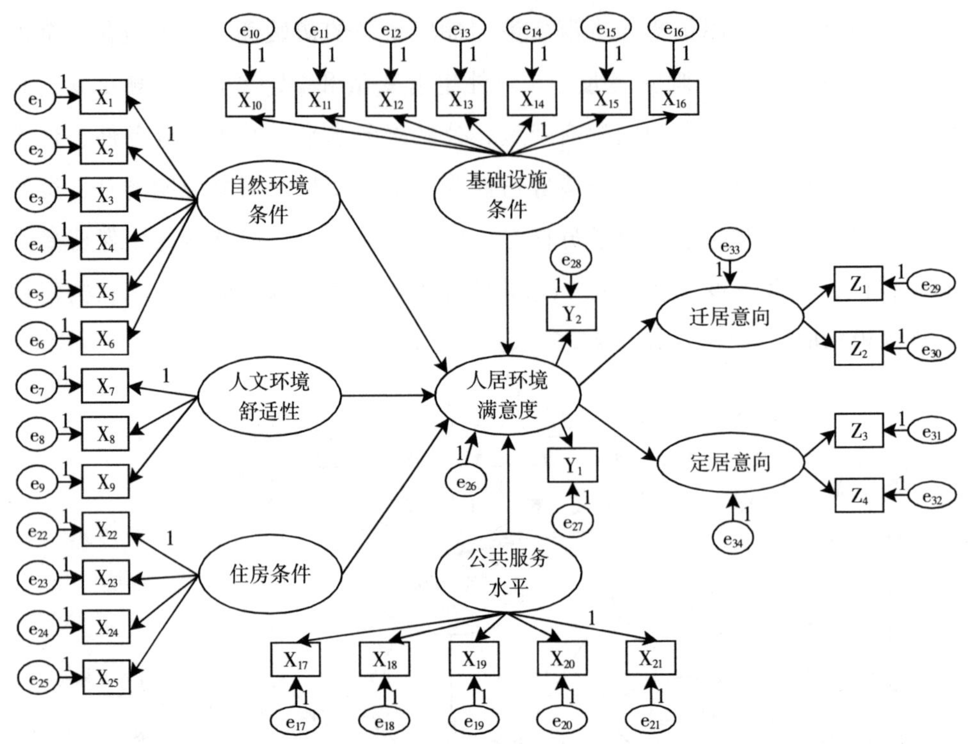

图 7.3 仙居乡镇人居环境满意度影响机制初始概念模型（M1b）

7.2 模型验证与修正

7.2.1 验证性因子分析

测量变量是否能够反映其相对应的潜在变量，可以通过潜在建构的效度与信度来衡量，具体来说，测量模型的适配度可以通过 Cronbach's α 值、组合信度、平均方差提取等指标来反映。在探索性因子分析的基础上，对人居环境满意度测量模型 M1a 与 M1b 内在结构适配度进行检验，结果显示（见表 7.2）：模型 M1a 各维度信度系数 α 均在 0.745~0.874，模型 M1b 各维度信度系数 α 均在 0.729~0.888，均大于 0.5 的标准（吴明隆，2009），表明两个量表均具有较好的内部一致性，量表内部信度较高；潜变量的组合信度（CR）是模型内部可靠性的判断标准之一，模型 M1a 的 8 个潜变量的 CR 最小值为 0.756，模型 M1b 的 7 个潜变量的 CR 最小值为 0.771，均大于 0.6，反映出观测变量内部具有异质性和较高的可靠性；平均方差提取可以解释潜变量所解释的变异量中有多少来自于指标变量，AVE 越大，表示指标变量可解释潜变量的程度越高（王咏、陆林，2014）。模型 M1a 的各潜变量中，除了社区安全性的 AVE 值略小于 0.5 外，其余均大于 0.5，模型 M1b 各潜变量的 AVE 值均在 0.5 以上，说明两份量表的题项对变量的解释性整体均较好。

表 7.2　杭州城区与仙居乡镇人居环境满意度测量模型的内在结构适配度指标

地区	潜变量	数据信度（Cronbach's α）	组合信度（CR）	平均方差提取（AVE）
杭州城区	自然环境条件	0.842	0.848	0.586
	社区安全性	0.802	0.739	0.487
	人文环境舒适性	0.873	0.830	0.550
	居住健康性	0.830	0.832	0.553
	生活方便程度	0.832	0.873	0.512
	住房条件	0.874	0.874	0.583
	人居环境满意度	0.801	0.815	0.528
	流动性意向	0.745	0.756	0.521
仙居乡镇	自然环境条件	0.869	0.842	0.577
	人文环境舒适性	0.825	0.827	0.616
	公共服务水平	0.888	0.877	0.589
	基础设施条件	0.874	0.889	0.535
	住房条件	0.877	0.924	0.753
	人居环境满意度	0.823	0.801	0.527
	流动性意向	0.729	0.771	0.501

注：组合信度 $CR=(\sum\lambda)^2/\{(\sum\lambda)^2+(\sum\theta)\}$；平均方差抽取 $AVE=\sum\lambda^2/(\sum\lambda^2+\sum\theta)$；式中，λ为因子载荷量，θ为误差变异量。

7.2.2　测量模型验证与修正

将整体数据与假设模型进行拟合检验，两个初始概念模型的运算结果中

（见表 7.3），除 GFI、AGFI 两个指标略小于 0.9，以及 RMSEA 略大于 0.05 外，其余指标均处于理想值域范围内，说明初始概念模型 M1a 与 M1b 勉强可以接受，但还需要进一步修正和优化。因此，参考修正指标对初始概念模型进行修正，以提高模型整体精度。模型的修正主要根据修正指数 MI 值（Modification Index）以及 t 值，通过比较修正前后模型的拟合指数的变化来确定修正方式是否可取；同时，还要考虑变量的实际理论意义。具体来说，可以采取两种路径来提高模型的拟合度：一是增加路径，针对 MI 值较大（一般来说，MI>4，对模型修正才具有意义）的变量组，建立它们之间的关联；二是删除或者限制一些路径使模型变得简洁（毛小岗等，2013）。

表 7.3　初始概念模型 M1 与修正模型 M2 拟合度比较

适配指标	绝对适配度指标				增值适配度指标			简约适配度指标	
	χ^2/df	GFI	RMSEA	AGFI	NFI	IFI	CFI	AIC	PNFI
理想数值	1~3	≥0.9	<0.05	≥0.9	≥0.9	≥0.9	≥0.9	越小越好	>0.5
模型 M1a	2.03	0.884	0.053	0.858	0.901	0.947	0.947	1165.391	0.791
模型 M1b	1.855	0.918	0.038	0.902	0.915	0.959	0.959	1054.494	0.806
模型 M2a	2.535	0.885	0.051	0.864	0.882	0.925	0.925	1375.259	0.790
模型 M2b	1.666	0.910	0.043	0.886	0.923	0.968	0.967	609.591	0.787

注：各指标含义，χ^2/df（卡方自由度之比）、GFI（适配度指数）、RMSEA（近似误差指数）、AGFI（调整后的适配度指数）、IFI（增量拟合指数）、NFI（非规准适配指数）、CFI（比较拟合指数）、AIC（讯息校标）、PNFI（简约调整后的规准适配指数）。

根据 AMOS 输出报表的修正指数发现（见表 7.4），模型 M1a 的 6 个测量模型中，变量 X_8（应急避难场所状况）的标准化负荷取值小于 0.4，模型 M1b 的 5 个测量模型中，变量 X_6（河塘污染治理）、变量 X_{12}（邮电通信设施）、X_{21}（社会保障程度）的标准化负荷取值小于 0.4，其余的观测变量标准化负荷取值都在 0.4 以上，t 检验值均在 0.01 水平上达到显著，表明这些观测变量都能很好地解释相应的潜变量，因此在模型 M1a 和 M1b 中分别删除变量 X_8、X_5、X_{12} 与 X_{24} 后再次建模。此外，模型 M1a 内，“生活方便程度”基本维度中 X_9 与 X_{12}、X_{10} 与 X_{11}、X_{13} 与 X_{14}、X_{14} 与 X_{15}，“居住健康性”基本维度中 X_{24} 与 X_{22}，“住房条件”基本维度中 X_{25} 与 X_{26}、X_{28} 与 X_{29} 等变量之间的修正指数较高。

表 7.4　结构方程模型 M1a 和 M1b 修正指数报表

地区		MI	ParChange		MI	ParChange
杭州城区	e_{25}<-->e_{26}	109.296	0.230	e_{24}<-->e_{22}	31.424	0.103
	e_{14}<-->e_{15}	44.004	0.119	e_{28}<-->e_{29}	26.554	0.074
	e_{13}<-->e_{14}	42.074	0.092	e_{9}<-->e_{12}	21.230	0.062
	e_{10}<-->e_{11}	31.691	0.074	JZ<-->ZF	19.685	0.112
	RW<-->JZ	28.635	0.095	JZ<-->ZR	15.364	0.094
	RW<-->ZF	16.548	0.089			
仙居乡镇	e_{3}<-->e_{4}	25.931	0.073	e_{7}<-->e_{8}	18.400	−0.082
	e_{23}<-->e_{24}	23.014	0.067	e_{17}<-->e_{19}	15.629	−0.064
	e_{10}<-->e_{17}	20.620	0.141	ZF<-->JC	17.628	0.114
	e_{11}<-->e_{16}	19.123	0.137	JC<-->SH	19.687	0.102
	ZF<-->ZR	14.198	0.067			

模型 M1b 内，“自然环境条件”基本维度中 X_3 与 X_4，“人文环境舒适性”基本维度中 X_7 与 X_8，“住房条件”基本维度中 X_{23} 与 X_{24}，“基础设施条件”基本维度中 X_{11} 与 X_{16}，“公共服务水平”基本维度 X_{17} 与 X_{19} 的等变量之间的修正指数较高（表），说明它们之间存在一定的共变关系，建立它们之间的关联将会降低卡方统计量，并使显著性程度值增加。因此，尝试增加上述变量之间的联系。

7.2.3　结构模型验证与修正

对结构模型进行检验分析，考察模型 M1a 与 M1b 中各个潜变量之间的结构假设关系是否合理。据 AMOS 输出报表的潜变量之间修正指数可知（见表 7.4），模型 M1a 中的潜变量“人文环境舒适性”→“居住健康性”、“住房条件”→“居住健康性”、“住房条件”→“人文环境舒适性”、“自然环境条件”→“居住健康性”之间的修正指数 MI 较高；模型 M1b 中的潜变量“基础设施条件”→“生活方便程度”、“基础设施条件”→“住房条件”、“自然环境条件”→“住房条件”、“自然环境条件”→“基础设施条件”之间的修正指数较高。增加上述几组变量间的路径，两个模型检验结果中，卡方统计量明显减少，RMSEA、GFI 达到标准，其他拟合指数显著性程度也有所增加。因此，支持增加上述路径。通过删除观测变量和增加路径，按照一次释放一个的原则逐次对模型 M1a 和 M1b 进行修正，形成修正后新的测量模型和结构关系模型 M2a 和 M2b（见图 7.4、图 7.5）。对比修改前后两组模型的适配度情况，模型 M2a、M2b 明显提高了模型 M1a、M1b 的各项适配度指标（见表 7.3），除了模型 M2b 的 AGFI 指标（0.886）低于 0.90 的理想数值外，其他各项指标均达到理想状态。再次建立修正指数较高的变量组之间的关联，形成新的结构关系模型 M3，并对其拟合情况进行检验，发现各项拟合指标没有 M2 理想，说明结构模型 M2a 与 M2b 已没有可调整优化的余地。

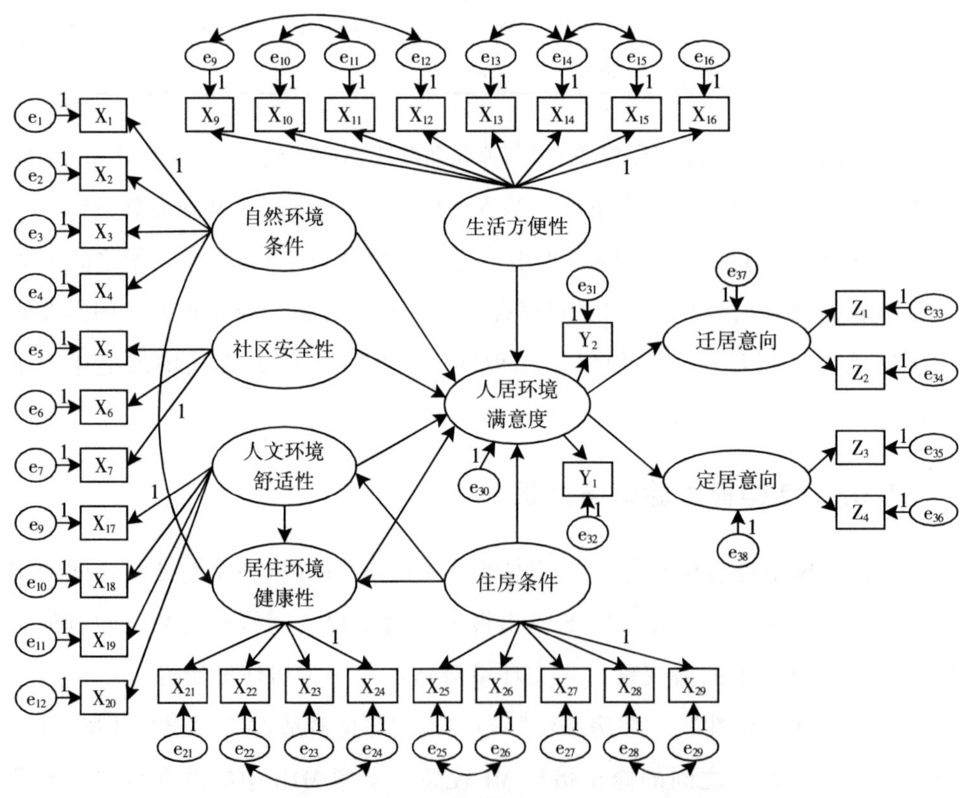

图 7.4 杭州城区人居环境满意度影响因素结构模型 M2a

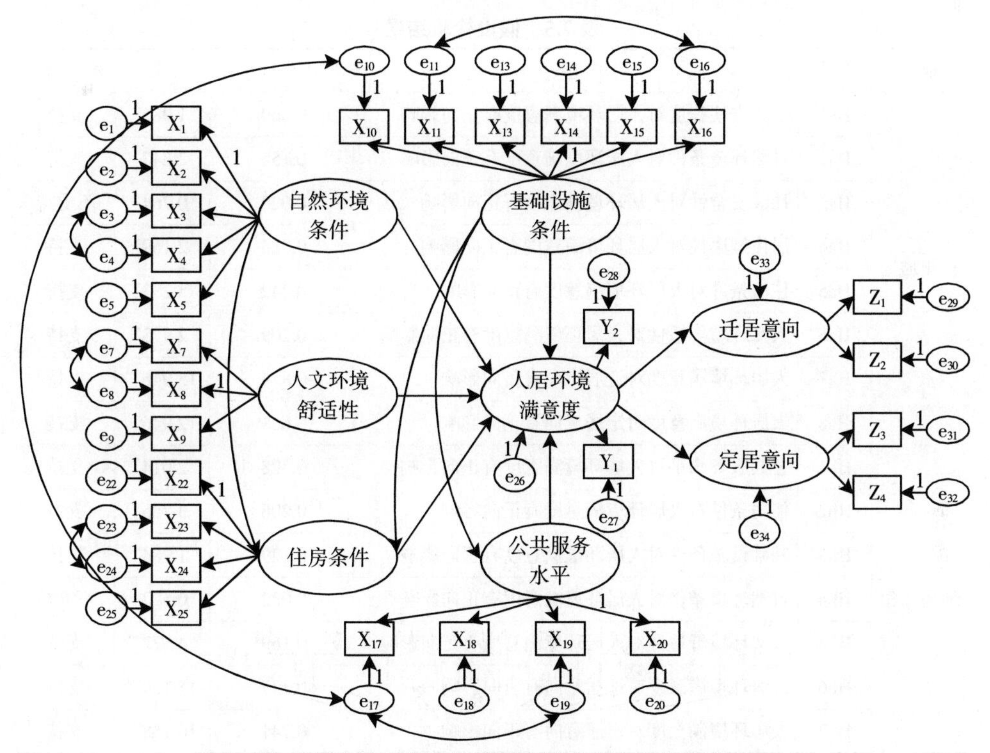

图 7.5　仙居乡镇人居环境满意度影响因素结构模型 M2b

7.3　关联效应与影响机理

采用最大似然估计法（ML）对结构模型 M2a 和 M2b 中的路径系数进行参数估计，探讨区域人居环境满意度影响机理及其对后向行为意向产生的影响。

7.3.1　影响因素的关联效应

基于 AMOS 输出报表中的参数估计显示的路径系数 β 及其 p 值，分别对杭州城区和仙居乡镇两地人居环境满意度结构模型的各研究假设进行验证，并将所有假设的检验结果进行汇总（见表 7-5）。图 7-6 显示了案例地各变量之间的影响关系路径及影响程度，其中各箭头上的路径系数均为标准化后的数据。

表 7.5 假设检验结果

地区	假设	内容	标准化路径系数	t 值	检验结果
杭州城区	Ha1	生活方便程度对人居环境满意度有正向影响	0.069	1.985*	支持
	Ha2	自然环境条件对人居环境满意度有正向影响	0.155	2.347*	支持
	Ha3	社区安全性对人居环境满意度有正向影响	0.020	0.264	不支持
	Ha4	居住健康性对人居环境满意度有正向影响	0.086	2.169*	支持
	Ha5	住房条件对人居环境满意度有正向影响	0.442	8.233***	支持
	Ha6	人文环境舒适性对人居环境满意度有正向影响	0.209	2.973*	支持
	Ha7	人居环境满意度对迁居意向有负向影响	−0.874	15.946***	支持
	Ha8	人居环境满意度对定居意向有正向影响	0.601	12.946***	支持
仙居乡镇	Hb1	公共服务水平对人居环境满意度有正向影响	0.328	2.014*	支持
	Hb2	住房条件对人居环境满意度有正向影响	0.206	3.785***	支持
	Hb3	基础设施条件对人居环境满意度有正向影响	0.129	1.984*	支持
	Hb4	自然环境条件对人居环境满意度有正向影响	0.022	0.572	不支持
	Hb5	人文环境舒适性对人居环境满意度有正向影响	0.169	4.172***	支持
	Hb6	人居环境满意度对迁居意向有负向影响	−0.337	13.129***	支持
	Hb7	人居环境满意度对定居意向有正向影响	0.741	10.158***	支持

注：* 表示 $p<0.05$；*** 表示 $p<0.001$。

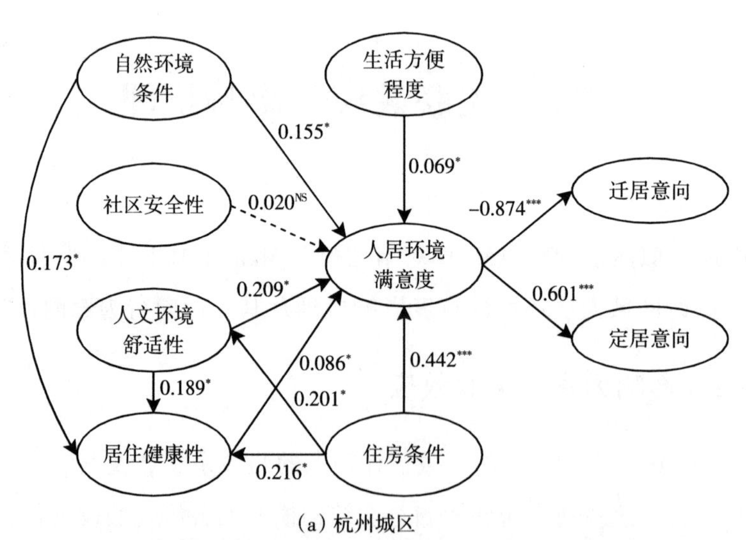

(a) 杭州城区

图 7.6 不同地域类型区居民人居环境满意度影响路径系数

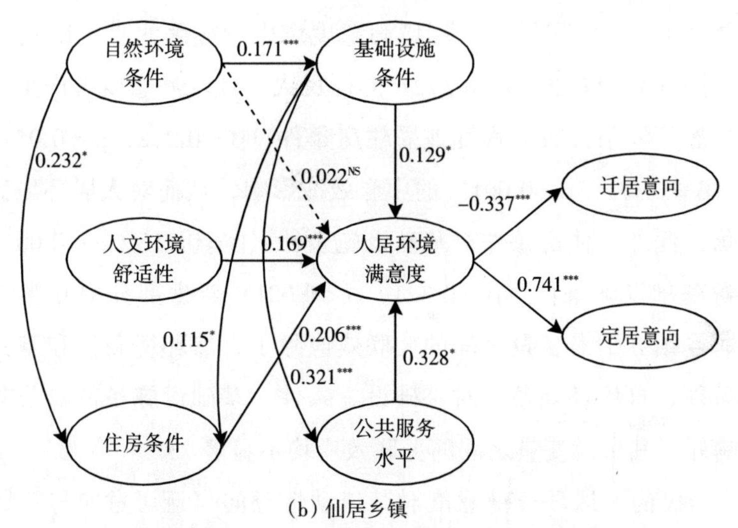

（b）仙居乡镇

图 7.6　不同地域类型区居民人居环境满意度影响路径系数（续）

注：①图中的实线代表该路径获得支持，虚线代表该路径没有被支持；② * 表示 $p<0.05$；*** 表示 $p<0.001$；NS 表示不显著。

由表 7.5 和图 7.6 可以发现：

（1）杭州城区的自然环境条件（$\beta=0.155$，$p<0.05$）、人文环境舒适性（$\beta=0.209$，$p<0.05$）、居住健康性（$\beta=0.086$，$p<0.05$）、住房条件（$\beta=0.442$，$p<0.001$）以及生活方便程度（$\beta=0.069$，$p<0.05$）对居民人居环境满意度产生直接显著的影响效应，而社区安全性（$\beta=0.020$，$p=0.264$）对人居环境满意度未产生明显的直接影响效应。此外，居住健康性对自然环境条件（$\beta=0.173$，$p<0.05$）、人文环境舒适性（$\beta=0.189$，$p<0.05$）和住房条件（$\beta=0.216$，$p<0.05$）产生部分中介影响效应；人文环境舒适性对住房条件（$\beta=0.201$，$p<0.05$）也产生部分中介影响效应；自然环境条件、住房条件等潜变量通过居住健康性等中介对人居环境满意度产生间接影响。同时，杭州城区六个潜变量之间的关联效应除了自然环境条件对居住健康性、住房条件对居住健康性、住房条件对人文环境舒适性、人文环境舒适性对居住健康性产生影响外，其余潜变量之间的关联均未达到 $p<0.05$ 的显著性水平。

（2）人文环境舒适性（$\beta=0.169$，$p<0.001$）、住房条件（$\beta=0.206$，$p<0.001$）、基础设施条件（$\beta=0.129$，$p<0.05$）、公共服务水平（$\beta=0.328$，$p<$

0.05）均对仙居乡镇居民人居环境满意度产生较显著的直接影响效应，而自然环境条件（$\beta = 0.022$，$p = 0.572$）对居民人居环境满意度未产生直接影响效应，但自然环境条件较大程度地受住房条件（$\beta = 0.232$，$p < 0.05$）和基础设施条件（$\beta = 0.171$，$p < 0.001$）的中介效应影响，从而对人居环境满意度产生间接影响。此外，住房条件对基础设施条件（$\beta = 0.115$，$p < 0.001$）、公共服务水平对基础设施条件（$\beta = 0.321$，$p < 0.001$）产生部分中介影响效应。同时，仙居乡镇五个潜变量之间的关联效应除了自然环境条件和基础设施条件对住房条件、自然环境条件对基础设施条件、基础设施条件对公共服务水平产生影响外，其余潜变量之间的关联效应均不显著。

（3）居民的人居环境满意度对其流动性意向（迁居意向与定居意向）具有显著的影响效应，但城乡之间也存在明显差异，人居环境满意度对居民迁居意向有显著负向影响，且对城市居民（$\beta = -0.874$，$p < 0.001$）的影响效应明显大于农村（$\beta = -0.337$，$p < 0.001$），人居环境满意度对居民定居意向有显著正向影响，且对农村居民（$\beta = 0.741$，$p < 0.001$）的影响效应明显大于城市（$\beta = 0.601$，$p < 0.001$）。

7.3.2 影响机理的地域差异

城市与乡村作为两种不同的地域类型，区域内居民对人居环境要素的需求特征和认知程度也存在较大的地域差异，从而对人居环境的感知态度及其行为意向也会存在不同。上述内容对人居环境各感知维度与满意度之间的直接关联效应进行了概括性分析，在此基础上，从潜变量对人居环境满意度的影响效应，以及观测变量对潜变量的影响作用两个维度，对假设关系理论模型进行验证分析，系统探析城市地区与乡村地区居民人居环境满意度形成的内在规律及作用机理。

7.3.2.1 城市地域人居环境满意度影响机理分析

（1）生活方便程度对人居环境满意度的影响（Ha1）。由表 7.6 可知，生活方便程度人居环境满意度有显著正向影响（$p < 0.05$），说明 Ha1 成立，其直接影响效应仅为 0.069，对比可得人居环境满意度受生活方便程度的影响最

小。反映生活方便程度的八个观测变量均通过了检验，但影响程度存在差异，具体来说：教育设施、到工作单位方便性、休闲娱乐设施方便性这三个观测变量的影响作用最大，其路径系数都在 0.7 以上，分别为 0.759、0.714、0.708，表明这三个变量对生活方便程度感知起主导作用。购物餐饮设施、医疗设施、到公交站方便性对生活方便程度感知也具有一定的影响，三者的路径系数都超过 0.6，它们对生活方便程度满意度起辅助作用。地铁站和快递企业网点这两个观测变量路径系数都在 0.6 以下，影响作用较小。此外，购物餐饮设施方便性与休闲娱乐设施方便性、医疗设施方便性与教育设施方便性、到工作单位方便性与到地铁站方便性、到地铁站方便性与到公交站方便性的因子关系分别为 0.42、0.19、0.50、0.32，表明这四组变量之间存在一定的共变关系。

（2）自然环境条件对满意度的影响（Ha2）。由表 7.6 可知，自然环境条件对人居环境满意度有显著正向影响（$\beta = 0.155$，$p < 0.05$），说明 Ha2 成立。杭州城区的居民对自然环境条件属性感知的差异，不仅直接对其人居环境满意度产生影响，还会通过影响居民的居住环境健康性发生连锁反应，进而导致人居环境满意度特征的不同。自然环境条件对居住健康性的总效应（直接效应）为 0.173，对人居环境满意度的总效应为 0.17，其中满意度的直接效应为 0.155，通过居住健康性间接作用的效应为 0.015。自然环境条件是区域人居环境构成的基础，涉及地形、气候、水文、地被等众多方面，但对于杭州这样一个城市尺度的区域来说，很多自然因子同质化程度较大，因此本节中自然环境条件维度选取了气候条件、绿化状况、清洁状况和公共用地四个与城市居民居住更为密切的观测变量。它们都通过了检验，说明这些变量都能很好地解释杭州居民对自然环境感知的评价，并在不同程度上影响人居环境满意度的差异。具体来说，居住区清洁状况和绿化状况对自然环境条件感知的影响作用最大，两者的路径系数都超过 0.8，分别为 0.838 和 0.809，说明两者是自然环境条件感知的关键因素；作为中国（大陆）国际形象最佳城市，杭州尤其重视城市清洁卫生、绿化建设等的完善与提升，因此在这方面评价较高，问卷调查结果显示，62.56%的受访者对杭州清洁和绿化状况持满意或

很满意的态度。此外，公共空地和气候条件的作用也不容忽视，其路径系数也都在 0.6 以上。自然生态环境作为城市人居环境建设和宜居城市建设的重要内容，既需要关注绿色空间和卫生环境的优化，也需要重视居民对城市自然环境的主观感知。

(3) 社区安全性对人居环境满意度的影响 (Ha3)。由图 7.6 可知，社区安全性对杭州城区人居环境满意度没有显著的影响效应 ($\beta = 0.020$，$p = 0.264$)，说明 Ha3 不成立。样本统计发现杭州居民对社区安全性维度满意度最高，分值为 3.947，具体到各观测变量，近 78%的居民对“能源及供水稳定性”持满意或很满意的态度，65%的居民对“社会治安状况”表示满意或很满意，明确表示不满意的居民极少，对“交通安全状况”持满意态度相对较少，但占比也超过了 55%。以上说明杭州城区居民对社区安全性评价整体较好，居民感知差异性很小，这也就能够解释为什么社区安全性对人居环境满意影响不显著了。但是这并不代表社区安全乃至城市安全问题不重要，目前我国城市发展已进入新的时期，很多城市安全问题层出不穷：一方面，社会贫富差距越来越大，拆迁、劳资、物业管理、环境污染、干群关系等矛盾及摩擦引发的社会日常安全问题屡有发生；另一方面，危险化学品、交通事故、火灾事故、燃气、通信等突发灾难事故越来越多，流行疾病、重大传染病疫情等公共卫生事件时有发生。我国当前及今后城市安全形势是比较严峻的，并将随着城市经济社会发展出现更新更复杂的情况，城市安全问题将成为宜居城市建设过程中一大挑战（张文忠等，2016）。

(4) 居住健康性对人居环境满意度的影响 (Ha4)。居住健康性对杭州城区人居环境满意度具有直接影响，直接效应为 0.086 ($p < 0.05$)，说明 Ha4 成立。除了直接效应，自然环境条件、人文环境舒适性和住房条件这三个潜变量也会通过居住健康性产生连锁反应对人居环境满意度产生作用。健康作为宜居杭州的必要条件，同时对不同居民群体来讲，是属于同等重要的因子，无论是年龄的大小、性别的差异，还是收入的高低以及职业的不同，各个类型的居民都拥有需要健康的权利和希望。在反映居住健康性的各个观测变量中，垃圾废弃物污染状况对满意度影响最为显著，其路径系数为 0.754，说明

垃圾废弃物污染状况是居住健康性的关键因素，空气污染状况、雨污水排放和水污染状况对满意度也有较显著的影响，路径系数都在 0.7 以上，噪声污染状况对满意度的作用较小，路径系数为 0.665。此外，雨污水排放和水污染状况与垃圾废弃物污染状况的因子关系为 0.36，表明两者之间存在共变关系。

（5）住房条件对人居环境满意度的影响（Ha5）。由表 7.6 可知，住房条件是人居环境满意度最显著的影响因素（$\beta = 0.442$，$p < 0.001$），说明 Ha5 成立，这也印证了湛东升等（2014）对北京市居住环境研究中得出的住房条件的优劣对居民居住环境评价影响最大的结论。此外，住房条件对人居环境满意度的影响效应也最大，它除了能直接影响人居环境满意度外，还能通过人文环境舒适性和居住健康性对其产生间接影响。住房条件对居住健康性的总效应（直接效应）为 0.216，对人文环境舒适性的总效应（直接效应）为 0.201；对人居环境满意度的总效应为 0.524，其中对满意度的直接效应为 0.424，通过居住健康性间接作用的效应为 0.040，通过人文环境舒适性的间接作用的效应为 0.042。住房经济学理论认为，住房需求首先是对遮风避雨空间以及基础设施的需求，其次是对具有良好就业机会、公共服务和宜居特征的区位需求（Rosen，2002；郑思齐等，2012）。因此从某种意义上可以认为，住房条件是居民人居环境选择与关注的最基本的需求和首要因素，住房条件的好坏对居住满意度整体评价产生直接影响。

（6）人文环境舒适性对人居环境满意度的影响（Ha6）。由表 7.6 可知，人文环境舒适性对人居环境满意度有显著正向影响（$\beta = 0.209$，$p < 0.05$），说明 Ha6 成立，且影响效应在六个潜变量中仅次于住房条件。人文环境舒适性对杭州城区人居环境满意度既有直接作用，又会间接地产生影响。人文环境舒适性对居住健康性的总效应（直接效应）为 0.189，对人居环境满意度的总效应为 0.225，其中对满意度的直接效应为 0.209，通过居住健康性间接作用的效应为 0.016。除了直接和间接效应，住房条件也会通过人文环境舒适性产生连锁反应对人居环境满意度产生作用。在快速推进的城市化背景下，城市各类空间及其承载的多元文化空前发展，如何增强同一城市内不同社会群体的人文环境舒适性感知与文化认同，是当前中国新型城镇化建设和宜居城市

建设的重要课题。此外，对于城市这一中小尺度区域人居环境来说，自然环境条件等“硬”环境同质化程度较高，而人文环境舒适性这种“软”环境对人居环境满意度影响更大，人文环境舒适性的高低直接关系到居民生活品质的好坏。反映人文环境舒适性的四个观测变量都通过了检验，其中居民文化素质和邻里关系和睦性两个观测变量的路径系数最大，分别为 0.751、0.747，说明它们是人文环境舒适需求的核心元素，对人文环境舒适性满意度起主导作用；物业服务水平和社区活动多样性的路径系数相对较小，分别为 0.718 和 0.558，它们对人文环境舒适性满意度起辅助作用。

在住房条件维度中，住房价格、住房面积等观测变量对满意度有不同程度的影响效应。首先，住房价格对满意度的影响效应最大，路径系数高达 0.845，在所有的观测变量中位居第一，反映出住房价格是居民住房条件感知的首要因素。调查结果表明，超过 43.86%的受访居民认为住房价格过高，对其持不满意或很不满意态度，一方面这与受访者中刚毕业的年轻人较多有关，现有住房价格对他们而言确实压力很大；另一方面在目前城乡住房需求与供给存在明显不均衡的背景下，住房价格在人们满足其住房需求审视中占据极其重要的位置，可以认为住房价格是影响杭州居民住房条件满意度，进而产生人居环境总体满意度的极为重要的影响因素。其次，住房面积（0.816）和建筑质量（0.802）对满意度也起着重要的作用，约 38.9%的受访者对其住房的宽敞程度和建筑质量不满意或很不满意，通过深入访谈发现，这些居民多为外来务工人员，所居住的多为单位提供的集体宿舍或自己租的廉价房，只是找到了一个能够休息、睡觉的地方，与舒适满意的居所差距较大。最后，户型结构（0.625）和采光通风（0.584）两个观测变量也在一定程度上影响居民人居环境满意度，影响效应较小。此外，住房价格与住房面积、户型结构与采光通风存在一定的共变关系。概而言之，住房条件中住房价格对满意度影响最为显著，它与住房面积和建筑质量对杭州城区居民住房条件感知起主要作用，而户型结构和采光通风对提升满意度起辅助作用。

（7）人居环境满意度对居民迁居和定居意向的影响（Ha7 和 Ha8）。由图 7.6 和表 7.6 可知，人居环境满意度对杭州城区居民迁居和定居意向（定居与迁居）具有影响效应，且显著性均通过了 0.001 检验，表明 Ha7 与 Ha8 均成立。但具体影响效应存在较大差距，人居环境满意度对定居意向的影响效应的绝对值明显大于对迁居意向的影响效应的绝对值，前者的路径系数为 0.601，后者的路径系数为-0.874。

表 7.6　杭州城区人居环境满意度结构方程模型潜变量间的连锁效应

<table>
<tr><th>路径（总效应）</th><th>直接路径（直接效应）</th><th>间接路径（间接效应）</th></tr>
<tr><td>自然环境条件→
人居环境满意度（0.170）</td><td>自然环境条件→
人居环境满意度（0.155）</td><td>自然环境条件→居住健康性→人居环境满意度（0.015）</td></tr>
<tr><td>自然环境条件→
居住健康性（0.173）</td><td>自然环境条件→
居住健康性（0.173）</td><td rowspan="3">人文环境舒适性→居住健康性→人居环境满意度（0.016）</td></tr>
<tr><td>人文环境舒适性→
人居环境满意度（0.225）</td><td>人文环境舒适性→
人居环境满意度（0.209）</td></tr>
<tr><td>居住健康性→
人居环境满意度（0.086）</td><td>居住健康性→
人居环境满意度（0.086）</td></tr>
<tr><td>住房条件→
人居环境满意度（0.524）</td><td>住房条件→
人居环境满意度（0.442）</td><td rowspan="6">住房条件→居住健康性→人居环境满意度（0.040）；住房条件→人文环境舒适性→人居环境满意度（0.042）</td></tr>
<tr><td>住房条件→
居住健康性（0.216）</td><td>住房条件→
居住健康性（0.216）</td></tr>
<tr><td>住房条件→
人文环境舒适性（0.201）</td><td>住房条件→
人文环境舒适性（0.201）</td></tr>
<tr><td>生活方便程度→
人居环境满意度（0.069）</td><td>生活方便程度→
人居环境满意度（0.069）</td></tr>
<tr><td>人居环境满意度→
居民迁居意向（-0.874）</td><td>人居环境满意度→
居民迁居意向（-0.874）</td></tr>
<tr><td>人居环境满意度→
居民定居意向（0.601）</td><td>人居环境满意度→
居民定居意向（0.601）</td></tr>
</table>

综上所述，住房条件对人居环境满意度影响最大，它既能对人居环境满意度产生直接影响，也能通过人文环境舒适性和居住健康性对其间接施加影响。人文环境舒适性对人居环境满意度的影响效应仅次于住房条件，它和自然环境条件对人居环境满意度的影响路径相似，两者既可以直接影响人居环境满意度，还可以通过居住健康性间接对人居环境满意度施加作用；居住健康性既可以直接影响居民人居环境满意度，又是自然环境条件、人文环境舒适性和住房条件三者对人居环境满意度作用的中间变量；生活方便程度可以

直接影响人居环境满意度，但影响效应最小；社区安全性对人居环境满意度没有显著直接影响。两地居民人居环境满意度影响因素的程度性二维因素如表 7.7 所示。

表 7.7　两地居民人居环境满意度影响因素的程度性二维因素

杭州城区					
因素与项目	特征值	因子载荷	方差贡献率	路径系数	显著性（P 值）
自然环境条件	1.450		5.178		
X_1 气候舒适性		0.562		0.628	0.000***
X_2 居住区内绿化状况		0.784		0.809	0.000***
X_3 居住区内清洁状况		0.775		0.838	0.000***
X_4 公用空地活动场所状况		0.736		0.770	0.004
社区安全性	1.040		3.716		
X_5 社会治安状况		0.689		0.684	0.000***
X_6 交通安全状况		0.722		0.662	0.000***
X_7 能源及供水稳定性		0.727		0.743	0.000***
X_8 应急避难场所状况		0.412		–	–
人文环境舒适性	1.213		4.333		
X_9 物业服务水平		0.707		0.718	0.000***
X_{10} 居民文化素质		0.708		0.751	0.000***
X_{11} 邻里关系和睦性		0.701		0.747	0.000***
X_{12} 社区活动多样性		0.683		0.558	0.003
生活方便性	36.023		10.086		
X_{13} 购物餐饮设施方便性		0.646		0.672	0.000***
X_{14} 医疗设施方便性		0.672		0.696	0.000***
X_{15} 教育设施方便性		0.660		0.759	0.000***
X_{16} 休闲娱乐设施方便性		0.645		0.708	0.000***
X_{17} 到工作单位方便性		0.701		0.714	0.000***
X_{18} 到公交站方便性		0.759		0.684	0.000***
X_{19} 到地铁站方便性		0.704		0.582	0.000***
X_{20} 快递企业网点方便性		0.554		0.560	0.004
居住健康性	1.799		6.426		
X_{21} 空气污染状况		0.758		0.665	0.000***

续表

杭州城区					
因素与项目	特征值	因子载荷	方差贡献率	路径系数	显著性（P 值）
X_{22} 雨污水排放和水污染状况		0.766		0.717	0.000***
X_{23} 噪声污染状况		0.754		0.734	0.000***
X_{24} 垃圾废弃物污染状况		0.727		0.754	0.000***
住房条件	2.327		8.312		
X_{25} 住房价格		0.781		0.845	0.000***
X_{26} 住房面积		0.841		0.816	0.000***
X_{27} 建筑质量		0.726		0.802	0.000***
X_{28} 户型结构		0.753		0.625	0.000***
X_{29} 采光通风		0.695		0.584	0.000***
仙居乡镇					
因素与项目	特征值	因子载荷	方差贡献率	路径系数	显著性（P 值）
自然环境条件	2.081		8.621		
X_1 气候舒适性		0.689		0.555	0.000***
X_2 地形平坦程度		0.849		0.816	0.000***
X_3 饮用水水质		0.868		0.848	0.000***
X_4 绿化植被状况		0.873		0.806	0.000***
X_5 村内清洁状况		0.837		0.743	0.000***
X_6 河塘污染治理		0.357		–	–
人文环境舒适性	1.015		3.023		
X_7 社会治安		0.790		0.770	0.000***
X_8 邻里关系		0.776		0.836	0.000***
X_9 民主管理		0.659		0.741	0.000***
住房条件	1.475		5.025		
X_{10} 建筑质量		0.774		0.850	0.000***
X_{11} 建筑面积		0.829		0.883	0.000***
X_{12} 房屋内外装修		0.829		0.905	0.000***
X_{13} 房前屋后景观		0.786		0.831	0.004
基础设施水平	8.810		38.523		
X_{14} 乡村道路		0.532		0.750	0.000***
X_{15} 自来水设施		0.598		0.760	0.000***

续表

仙居乡镇					
因素与项目	特征值	因子载荷	方差贡献率	路径系数	显著性（P值）
X_{16} 邮电通信设施		0.256		–	–
X_{17} 电力能源供给		0.666		0.804	0.000***
X_{18} 污水及垃圾处理设施		0.675		0.644	0.000***
X_{19} 文化娱乐设施		0.689		0.605	0.000***
X_{20} 邮政快递设施		0.692		0.685	0.004
公共服务水平	2.711		11.365		
X_{21} 出行方便程度		0.661		0.756	0.000***
X_{22} 就医方便程度		0.784		0.770	0.000***
X_{23} 子女上学方便程度		0.745		0.780	0.000***
X_{24} 购物方便程度		0.723		0.705	0.000***

7.3.2.2 乡村地域人居环境满意度影响机理分析

（1）公共服务水平对人居环境满意度的影响（Hb1）。公共服务水平对仙居乡镇人居环境满意度具有显著直接影响，直接效应为0.328（$p < 0.05$），在五个潜变量中影响效应最大，说明Hb1成立。此外，除了直接效应，自然环境条件和基础设施条件也会通过公共服务水平对人居环境满意度产生间接作用。随着新农村建设、美丽乡村建设的大力实施以及乡村振兴工作的开展，农村社会经济也得到较快发展，居民在满足基本的住房、生活等需求后，对公共服务业提出了更高的要求，尤其是对我国东部发达省份的农村地域来说，公共服务水平已成为其人居环境满意度的主要影响因素。反映公共服务水平的四个观测变量的路径均在0.7以上，都通过了检验，其中子女上学方便程度和就医方便程度对公共服务水平的影响程度最大，路径系数分别为0.780和0.770，表明教育和医疗的方便性和公平性是乡村公共服务需求的核心要素。此外，也不能忽视居民出行和购物方便性需求，他们对公共服务水平感知的评价也具有较显著的影响，路径系数分别为0.756与0.705。此外，在计算过程中还发现，出行方便程度与子女上学方便程度和乡村道路情况之间的因子关系分别为0.418、0.549，反映出这两组观测变量之间也存在一定的共

变关系。

（2）住房条件对人居环境满意度的影响（Hb2）。住房是农村居民最重要的资产形式，是衡量农村居民生活水平的重要指标之一。居民住房满意程度与生活质量显著相关，改善农村居民住房状况，有利于进一步提升农民福祉。住房条件对仙居乡镇人居环境满意度具有显著正向影响，路径系数为 0.206（$p < 0.001$），说明 Hb2 成立。除了直接效应，自然环境条件和基础设施条件这两个潜变量也会通过住房条件产生连锁反应对人居环境满意度产生作用。在住房条件中，四个观测变量的路径系数均较高，均在 0.83 以上，说明这些变量都能很好地解释居民对住房条件感知的评价，并在不同程度上影响人居环境满意度的差异。其中，房屋内外装修路径系数最大（0.905），是住房条件感知的首要影响因素，建筑面积和建筑质量影响效应紧随其后，房前屋后景观影响作用相对较小（0.831）。房屋内外装修之间也存在一定的共变关系，两者之间的因子关系为 0.241。

（3）基础设施条件对人居环境满意度的影响（Hb3）。基础设施条件对仙居乡镇人居环境满意度既有直接作用，又能通过住房条件和公共服务水平对人居环境满意度产生间接影响，除了直接和间接效应，自然环境条件也会通过基础设施条件产生连锁反应对人居环境满意度产生作用，这说明 Hb3 成立。基础设施条件对住房条件的总效应（直接效应）为 0.115，对公共服务水平的总效应（直接效应）为 0.321，对人居环境满意度的总效应为 0.257，其中对满意度的直接效应为 0.129，通过住房条件间接作用的效应为 0.023，通过公共服务水平间接作用的效应为 0.105。在基础设施条件中，电力能源供给的路径系数最大（0.804），影响程度也最大，它是仙居乡镇基础设施水平感知的最关键因素；自来水设施、乡村道路和邮电通信设施对满意度也具有较显著的影响，路径系数都在 0.7~0.8，以上三个因素和电力能源供给对仙居乡镇满意度起主导作用。邮政快递设施、污水及垃圾处理设施和文化娱乐设施路径系数相对较小，在 0.6~0.7，它们对人居环境满意度也起到了辅助作用。

（4）自然环境条件对人居环境满意度的影响（Hb4）。自然地理环境总体呈现相对稳定、缓慢的变化过程，对乡村人居环境的动态过程直接影响相对较弱（杨兴柱、王群，2013）。由图 7.6 和表 7.7 可知，自然环境条件不直接对人居环境满意度产生影响，说明 Hb4 不成立，但它可以通过影响其他感知因素间接对人居环境满意度产生影响。调查统计结果显示，仙居乡镇居民对自然环境条件评价最高，总体分值高达 4.052（见第 6 章），受访者中对自然环境各观测变量持满意或者很满意态度的比例基本都超过 65%，因此居民对自然环境条件感知差异较小，影响效应不显著。自然环境条件对基础设施条件的总效应为 0.171，对住房条件的总效应为 0.251，对公共服务水平的总效应为 0.055，对人居环境满意度的总效应为 0.083，其中通过基础设施条件间接作用的效应为 0.035，通过住房条件间接作用的效应为 0.048。这说明自然环境条件不是直接对仙居乡镇居民人居环境满意度产生影响，而是通过影响中间变量（住房条件、基础设施条件等）发生连锁反应，进而导致人居环境满意度的差异。在自然环境条件的五个观测变量中，除了河塘污染治理，其余四个变量都通过了检验。具体来说，饮用水水质和地形平坦程度对仙居乡镇自然环境条件的影响作用最大，其路径系数分别为 0.848、0.816，说明这两个因素是仙居乡镇居民自然环境条件关注的重点。一方面，饮用水是农村居民生活的必需品，它供给的稳定性和质量水平在居民生产生活中起着极为重要的作用；另一方面，地形是影响乡村人居环境质量的重要因素之一，它直接影响乡村聚落布局形态、规模、密度和增长方向，对住房建设、乡村道路等基础设施和公共服务设施建设也会产生明显的影响。最后，气候舒适性与绿化植被状况对自然环境条件有一定影响，但作用效应较小，路径系数分别为 0.555 与 0.806。此外，绿化植被状况与饮用水水质的因子关系为 0.37，表明两者存在一定的共变关系。

（5）人文环境舒适性对人居环境满意度的影响（Hb5）。由图 7.6 和表 7.8 可知，人文环境舒适性对仙居乡镇人居环境满意度也具有较显著的影响，但相较于杭州城区，其影响作用较小，仅通过直接作用对满意度产生影响，直接效应为 0.169（$p < 0.05$），说明 Hb5 成立。反映人文环境舒适性的三个观测变量均通过了显著性检验，且路径系数均较高，都在 0.7 以上，说明这三个变量能很好地体现居民对人文环境舒适性的评价与感知。其中，邻里关系的

影响程度最大，路径系数高达 0.836，说明邻里关系的和睦性是当前仙居乡镇人文环境建设关注的重点。随着社会的发展，和城市居民一样，农村社区的居民生活压力也越来越大，对于他们来说，邻里交往是缓解压力、排遣孤独的最重要途径；农村居民之间相互帮助、关系融洽，能够增强共同的归属感，也有助于形成邻里间的守望，使犯罪分子无处下手，从而提高社会治安状况。其次是社会治安状况，其路径系数为 0.770。最后是民主管理，随着社会经济的发展，农村居民的权利意识也不断增强，对于农村社会经济发展过程中的参与权、选举权或否决权等政治权利行使的程度和行为不断增强，因此民主管理对农村人文环境舒适性也具有明显的影响效应，路径系数也达到 0.741。

（6）人居环境满意度对居民流动性意向的影响。由图 7.6 和表 7.8 可知，人居环境满意度对杭州城区居民流动性意向（定居与迁居）具有作用效应，且显著性均通过了 0.001 检验，表明 Hb6 与 Hb7 均成立。但对两者的影响效应差异明显，人居环境满意度对定居意向的路径系数为 0.601，对迁居意向路径系数为–0.874，可以发现人居环境满意度对定居意向的影响效应的绝对值明显大于对迁居意向的影响效应的绝对值。

表 7.8　仙居乡镇人居环境满意度结构方程模型潜变量间的连锁效应

路径（总效应）	直接路径（直接效应）	间接路径（间接效应）
自然环境条件→住房条件（0.251）	自然环境条件→住房条件（0.232）	自然环境条件→基础设施条件→住房条件（0.019）
自然环境条件→公共服务水平（0.055）		自然环境条件→基础设施条件→公共服务水平（0.055）
自然环境条件→人居环境满意度（0.083）		自然环境条件→基础设施条件→（住房条件、公共服务水平）→人居环境满意度（0.035）；自然环境条件→住房条件→人居环境满意度（0.048）
自然环境条件→基础设施条件（0.171）	自然环境条件→基础设施条件（0.171）	
人文环境舒适性→人居环境满意度（0.169）	人文环境舒适性→人居环境满意度（0.169）	
基础设施条件→人居环境满意度（0.257）	基础设施条件→人居环境满意度（0.129）	基础设施条件→住房条件→人居环境满意度（0.023）；基础设施条件→公共服务水平→人居环境满意度（0.105）

续表

路径（总效应）	直接路径（直接效应）	间接路径（间接效应）
基础设施条件→ 住房条件（0.115）		
基础设施条件→ 公共服务水平（0.321）		
住房条件→ 人居环境满意度（0.206）	住房条件→ 人居环境满意度（0.206）	
公共服务水平→ 人居环境满意度（0.328）	公共服务水平→ 人居环境满意度（0.328）	
人居环境满意度→ 居民迁居意向（-0.337）	人居环境满意度→ 居民迁居意向（-0.337）	
人居环境满意度→ 居民定居意向（0.741）	人居环境满意度→ 居民定居意向（0.741）	

综上所述，公共服务水平对人居环境满意度影响效应最大，住房条件的影响作用次之，两者既可以直接影响人居环境满意度，又可以间接地成为自然环境条件和基础设施条件对人居环境满意度产生作用的中间变量；人文环境舒适性对人居环境满意度也具有显著的直接影响；基础设施条件可以直接影响人居环境满意度，也可以通过影响住房条件和公共服务水平而间接对人居环境满意度施加影响；自然环境条件通过影响住房条件和基础设施条件发生连锁反应，进而导致人居环境满意度的差异性，它本身不会直接对人居环境满意度产生影响。

7.4 人居环境感知与流动性意向

居民流动性意向是居民是否打算永久定居当前居住地还是考虑迁居他处所做出的判断，是人居环境满意度的直接后果效应，在很大程度上受人居环境满意度前因变量的影响。上述分析发现人居环境满意度对杭州城区和仙居乡镇居民流动性意向均具有显著的影响，但并未揭示人居环境感知对居民流动意向影响的相对重要程度。基于此，本节在前述人居环境感知维度分析的基础上，进一步探讨人居环境感知对居民流动性意向的影响方向和影响效应，以期揭示城乡两种地域类型区内居民流动性意向的关键影响因素及其地域差异。由于居民的流动性意向表现出来无非就是迁居或者定居两种选择，因此下面具体分析中着重从迁居意向的角度进行阐述。

7.4.1　人居环境感知因素对流动性意向的影响方向

对杭州城区与仙居乡镇两地人口样本的流动性意向进行统计分析，结果显示，在杭州城区 586 个样本中，有 343 个样本居民具有流动性意向（迁居），平均迁居意向比例达 58.43%；在仙居乡镇 386 个样本中，有 149 个样本居民具有迁居意向，平均迁居意向比例为 40.82%。这进一步验证了上述分析中杭州城区居民迁居意向高于仙居乡镇的论断。图 7.7 和图 7.8 分别为两地居民人居环境感知因素对应的迁居意向特征和被访者构成比例。可以看出，不同人居环境感知因素的满意程度所对应的居民迁居意向比例存在较大差别，且两者并不完全是简单的线性关系。

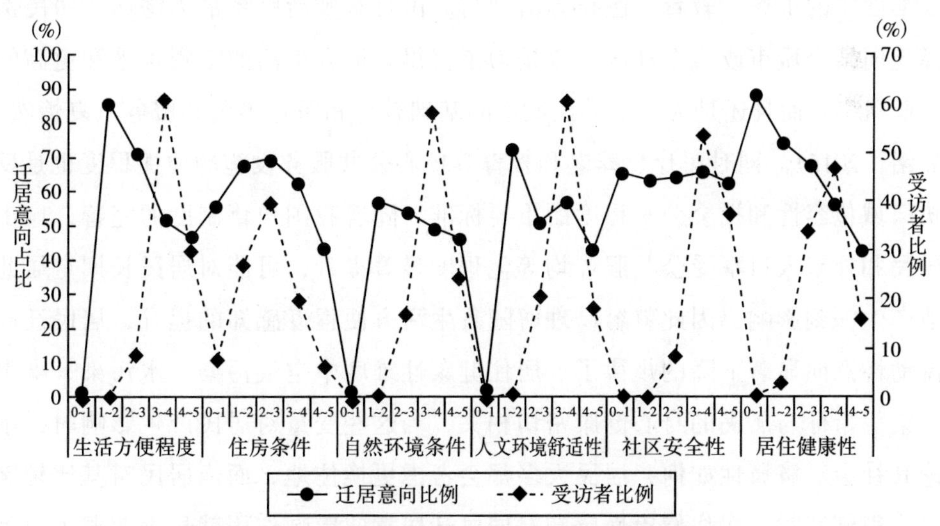

图 7.7　杭州城区居民人居环境感知与迁居意向关系特征

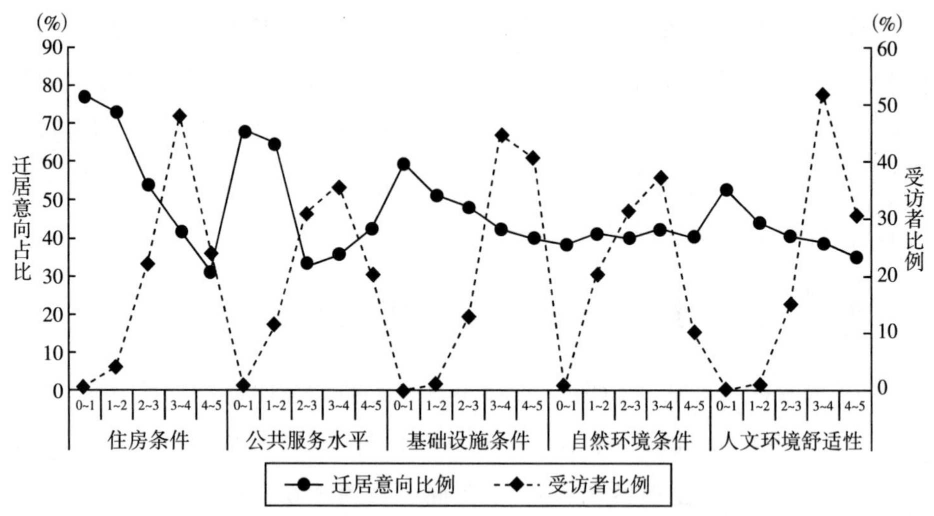

图 7.8　仙居乡镇居民人居环境感知与迁居意向关系特征

7.4.1.1　杭州城区居民人居环境感知与迁居意向关系特征

杭州城区居民的生活方便程度、居住健康性和自然环境条件感知与其迁居意向呈现出明显的负相关关系，即随着居民生活方便程度、居住健康性和自然环境条件感知评价的提升，其迁居意向性会呈现下降趋势。生活方便程度维度中的工作、教育、医疗等活动与居民日常生活联系最为密切，居民选择流向某个城市或某个社区不仅是为了获得该地方更高的工资水平和更高的就业概率，而且还是为了享受该城市的基础教育和医疗等公共服务（夏怡然、陆铭，2015）。同时医疗、养老和教育等核心公共服务设施的便捷程度也是反映区域包容性和社会公平程度的重要标准。随着我国户籍制度的完善，城市居民和外来人口享受公共服务均等化程度显著提升，可能对居民长期定居此地产生深刻影响，因此就容易理解随着生活方便程度感知的提升，居民迁居流动性意向显著下降的规律了。居住健康性维度中空气污染、水污染、噪声污染等指标与居民的身心健康密切相关，当这些变量对居民产生影响时，不论其社会经济属性如何，居民大多都会考虑更换住地，而当居民对其比较满意或很满意时，居住健康性感知对居民迁居意向影响作用就显著变弱了。因此，居民的居住健康性感知与其迁居意向性呈明显的负相关。自然环境条件感知对居民迁居意向也呈现出负向作用，但变化幅度相对较小。

住房条件感知与居民迁居意向呈现出倒“U”形特征，即随着居民的住房条件感知的提升，其迁居意向出现先增后降的变化趋势。住房条件感知评价分值在0~1时，居民迁居意向占比相对较低（56.24%），随后居民迁居意向在住房条件感知水平为2~3时达到最大，为69.77%。统计分析问卷发现，之所以出现这种反常的正向关系，可能是因为在受访者中对住房条件持很不满意态度大多是外来打工人员，或者是刚走上工作岗位的年轻打工族，他们虽然对住房条件不满意，但为了节约成本或受限于目前的收入水平，并没表现出较强的迁居意向。而对住房条件持不满意或者一般态度的居民，多为经济基础条件相对较好，受生活压力和收入水平限制相对较小，因此为了改变目前的住房水平，具有较强的迁居意向。随着住房条件感知到达满意或很满意时，居民迁居意向则呈现明显下降趋势。

居民的人文环境舒适性感知与其迁居意向也存在非线性关系，而是呈现出反“N”形的关系，即随着居民的人文环境舒适性感知提升，其迁居意向出现先降后增再降的变化趋势，说明居民人文环境舒适性感知处在较低或较高阶段时提升，对其迁居意向具有降低作用。出现这种现象，可能与人文环境舒适性感知评价分值位于0~1或4~5居民构成比例较低以及特定人文环境舒适性感知阶段居民流动意愿需求变化等因素有关。居民的迁居意向随社区安全性感知的变化较小，随着居民社区安全性感知的提升，其迁居意向并未表现出明显的变动趋势，只是在较小的波动中略有下降。

7.4.1.2　仙居乡镇居民人居环境感知与迁居意向关系特征

对于仙居乡镇而言，随着居民的住房条件、基础设施条件以及人文环境舒适性感知的提升，其迁居意向性会呈现下降趋势，即这三个维度的感知评价与其迁居意向具有明显的负相关关系。居民住房条件感知分值在0~1与1~2的迁居意向占比最高，分别达到77.62%与73.24%，反映出当乡村居民对住房条件不满意或者很不满意时，大多具有强烈的迁居意向，而且随着近年来国家大力实施美丽乡村建设，更为居民更换住地、改建房屋提供了政策和物质保障。但当居民住房条件感知达到基本认可标准水平了，其迁居意向占比就大幅下降了，居民的基础设施条件和人文环境舒适性感知对其迁居意向也具有较明显的负向影响，当两个维度的感知评价分值在 0~1 时，其对应的迁居意向占比较高，分别达到 59.84%和 53.25%，随着感知水平的提升，迁居意向呈不断降低的趋势。

居民的公共服务水平感知与居民迁居意向呈现出“V”形特征，即随着居民的公共服务水平感知的提升，其迁居意向出现先降后增的变化趋势。公共服务感知是仙居乡镇居民满意度评价分值最低的维度（参见第 6 章），但又是对居民日常生活最为密切的，因此当居民对公共服务感知处于不满意阶段时（分值在 0~2），其迁居意向占比超过 65%，当感知评价提升后，迁居意向明显下降，在分值处于 2~3 时，迁居意向占比达到最低（32.63%）。随后，居民的迁居意向随着公共服务感知水平的提升呈现不断增加的趋势，出现这一反常现象，可能是因为随着乡镇地区社会经济的发展，居民对更宽层次更高质量的公共服务需求不断增加，在满足基本的需求后，为了子女接受更好的教育，老人享受更好的医疗和护理，因此迁居中心城镇或者大城市的意向不断强化。居民的自然环境条件感知所对应的迁居意向占比基本位置在 40%左右波动，并未呈现明显的变化态势，变化幅度很小，反映出它对居民的迁居意向影响较小。

7.4.2 人居环境感知因素对流动性意向的影响程度

7.4.2.1 模型变量定义

上一节对人居环境各感知因素对居民流动性意向的影响方向进行了探讨，但并未阐明各影响因素对居民流动性意向的影响程度。因此，下面构建回归方程，通过模型估计参数的大小来识别各因素的影响程度。由于被解释对象是居民流动性意向，无非就是迁居意向或定居意向两种选择，不是传统的连续变量，而是离散变量，常规的回归模型并不适宜于这类决策的选择情形，因而本节采用二元 Logistic 回归模型，以居民流动性意向为因变量，分析区域的自然环境条件、人文环境舒适性、住房条件、社区安全性等人居环境感知因素对城市与乡村居民流动性意向的影响程度。模型具体表示如下：

模型 1：杭州城区居民流动性意向选择模型

$$\log P_i/(1-P_i) = Behavioral\_intention = \varepsilon_i + \sum_{j=1}(\beta_1 Housing\_con + \beta_2 Human\_env + \beta_3 Settlement\_con + \beta_4 Natural\_env + \beta_5 Living\_con + \beta_6 Community\_saf)$$

（公式 7.4）

模型 2：仙居乡镇居民流动性意向选择模型

$$\log P_i/(1-P_i) = Behavioral\_intention = \varepsilon_i + \sum_{j=1}(\beta_1 Public\_ser + \beta_2 Housing\_con + \beta_3 Human\_env + \beta_4 Infrastructure\_cond + \beta_5 Natural\_con)$$

（公式 7.5）

式中，P_i 表示居民流动性意向的概率，因变量为 Behavioral_intention，表示居民在对人居环境感知评价后的行为意向选择，如果居民具有迁居意向，则 Behavioral_intention=1，如果居民没有产生迁居意向，即具有长期定居意向，则 Behavioral_intention=0。自变量选择的是居民人居环境感知因素，模型 1 中变量定义包括住房条件（Housing_condition）、人文环境舒适性（Human_environment）、居住健康性（Settlement_health）、自然环境条件（Natural_condition）、生活方便程度（Living_convenience）和社区安全性（Community_safety）的满意度评价；模型 2 中变量定义包括公共服务水平（Public_service）、住房条件（Housing_condition）、人文环境舒适性（Human_environment）、基础设施条件（Infrastructure_condition）和自然环境条件（Natural_condition）的满意度评价。β_1，β_2，…，β_j 为待估系数，ε_i 为误差项。Logistic 模型 1 和 Logistic 模型 2 的变量定义及其统计性质如表 7.9 所示：

表 7.9　Logistic 模型中变量的定义与统计性质

变量名	变量定义	样本均值（方差）
Behavioral_intention	具有迁居意向为 1，具有长期定居意向则为 0	0.585（0.243）
Housing_condition	分值 1~5 表示变量满意程度由不满意到满意变化	3.096（0.593）
Human_environment	分值 1~5 表示变量满意程度由不满意到满意变化	3.656（0.411）
Settlement_health	分值 1~5 表示变量满意程度由不满意到满意变化	3.439（0.532）
Natural_condition	分值 1~5 表示变量满意程度由不满意到满意变化	3.763（0.453）

续表

变量名	变量定义	样本均值（方差）
Living_convenience	分值 1~5 表示变量满意程度由不满意到满意变化	3.851（0.343）
Community_safety	分值 1~5 表示变量满意程度由不满意到满意变化	4.023（0.365）
Behavioral_intention	具有迁居意向为 1，具有长期定居意向则为 0	0.409（0.242）
Public_service	分值 1~5 表示变量满意程度由不满意到满意变化	3.497（0.462）
Housing_condition	分值 1~5 表示变量满意程度由不满意到满意变化	3.689（0.723）
Human_environment	分值 1~5 表示变量满意程度由不满意到满意变化	3.821（0.521）
Infrastructure_condition	分值 1~5 表示变量满意程度由不满意到满意变化	3.554（0.475）
Natural_condition	分值 1~5 表示变量满意程度由不满意到满意变化	3.934（0.529）

采取前向逐步法（Forward Stepwise Condition）对两个 Logistic 模型进行回归分析。该方法的原理是，让变量以步进的方式进入回归方程，变量进入回归方程的标准是分值统计量的显著水平，从回归方程中删除变量的标准是 Wald 统计量的概率（王利伟等，2014；林李月等，2016）。从回归方程系数检验来看（见表 7.10），模型 1 的对数似然值 Log likelihood = 624.586，卡方检验 Chi-square = 74.251，p = 0.000，模型 2 中，Log likelihood =985.246，Chi-square = 44.361，p = 0.004，两个模型都至少通过了 95%置信度下的显著性检验，说明它们整体拟合度均较好。由于杭州城区和仙居乡镇人居环境感知因素评价分值是由不满意到满意变化的，所以在方程中估计值显著且为正的变量，表明居民流动性意向（迁居意向）受此类变量因子的影响较大。

表 7.10 居民流动性意向影响因素回归分析结果统计汇总

变量	杭州城区（Model 1）			仙居乡镇（Model 2）		
	系数	Wald	显著性	系数	Wald	显著性
Settlement_health	-0.314**	9.011	0.008			
Living_convenience	-0.419***	15.214	0.000			
Community_safety	0.223	1.984	0.138			
Housing_condition	-0.361**	8.965	0.005	-0.385***	14.651	0.000
Human_environment	-0.287*	4.628	0.024	-0.214*	5.328	0.018
Natural_condition	-0.103*	5.121	0.038	-0.147	9.874	0.007

续表

变量	杭州城区（Model 1）			仙居乡镇（Model 2）		
	系数	Wald	显著性	系数	Wald	显著性
Public_service				-0.324**	9.649	0.006
Infrastructure_condition				-0.261**	2.147	0.115
Log likelihood	624.586			985.246		
Chi-square	74.251			44.361		
Sig.	0.000			0.004		

注：①加粗的表示杭州城区和仙居乡镇共同的感知维度；②*** 表示 $p < 0.001$；** 表示 $p < 0.01$；* 表示 $p < 0.05$。

7.4.2.2　影响程度分析

通过对回归结果（见表 7.10）进行分析，在模型 1 中，居住健康性、生活方便程度、住房条件、人文环境舒适性和自然环境条件五个感知因素通过了 0.05 置信水平的显著性检验，且它们的拟合系数均为负数，说明它们对杭州居民流动性意向具有显著的负向影响，即居民对目前居住的人居环境感知越不满意，其迁居的意向就越强。而社区安全性没有通过显著性检验（$p > 0.05$），表明它对居民流动意向影响较弱。按照人居环境感知因素对流动性意向的影响强度排序，各维度的估计系数绝对值由大到小依次为：生活方便程度 > 住房条件 > 居住健康性 > 人文环境舒适性 > 自然环境条件，对应的系数分别为-0.419、-0.361、-0.314、-0.287 和-0.103。在模型 2 中，住房条件、人文环境舒适性、基础设施条件和公共服务水平四个感知因素通过了 0.05 置信水平的显著性检验，它们的系数也都是负数，表明它们对仙居乡镇居民流动性意向具有显著负向影响。各变量的系数绝对值由大到小依次为：住房条件（-0.385）> 公共服务水平（-0.324）> 基础设施条件（-0.261）> 人文环境舒适性（-0.214）。而基础设施条件对居民流动意向影响较弱，没有通过显著性检验（$p > 0.05$）。

7.5 人居环境满意度的形成机理及其异质性效应

7.5.1 人居环境满意度的形成机理

本章基于问卷调查数据，利用探索性因子分析、结构方程模型、二元 Logistic 回归模型等方法，深入探讨了杭州城区与仙居乡镇两种地域类型区内居民人居环境满意度的影响机理及其地域差异，在此基础上进一步分析了人居环境满意度以及人居环境感知因素与居民流动性意向之间的相互关系，结果表明：

（1）自然环境条件、人文环境舒适性、生活方便程度、居住健康性、住房条件和社区安全性六个维度的感知因素共同构成杭州城区人居环境满意度的前因变量，除社区安全性外，其余五个前因变量对人居环境满意度均具有显著的正向影响，同时满意度的高低对居民流动性意向（定居意向或迁居意向）具有重要的影响效应。在前因变量影响关系上，各前因变量的影响效应呈现出住房条件 > 人文环境舒适性 > 自然环境条件 > 居住健康性 > 生活方便程度的递减趋势。在后果影响效应上，人居环境满意度对居民流动性意向具有显著的影响效应，并且对定居意向的影响比对迁居意向的影响更加显著。综合来看，人居环境满意度前因变量住房条件、人文环境舒适性、居住健康性、自然环境条件、生活方便程度等构成满意度前因影响导入机制，居民的迁居意向与定居意向构成居民人居环境满意度后果效应输出机制，两大机制形成一个完整的满意度“导入–输出”系统，系统机制的运行过程及结果是杭州城区人居环境满意度的影响关系机理（见图 7.9）。

（2）自然环境条件、人文环境舒适性、住房条件、基础设施水平和公共服务水平五个因素共同构成仙居乡镇人居环境满意度的前因变量，除自然环境条件外，其余四个前因变量对人居环境满意度均具有显著的正向影响，同

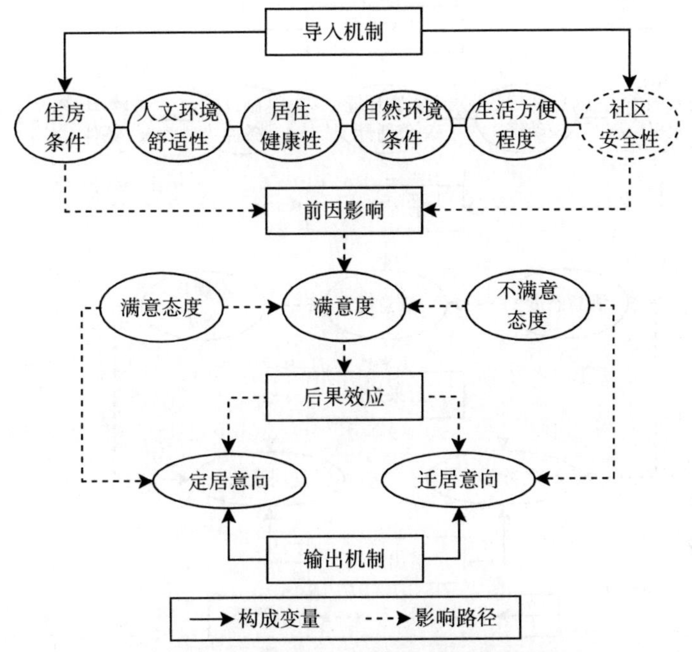

图 7.9　杭州城区人居环境满意度影响机理

时满意度的高低对居民流动性意向（定居意向或迁居意向）也具有重要的影响效应。在前因变量影响关系上，各前因变量的影响效应呈现出公共服务水平 > 基础设施条件 > 住房条件 > 人文环境舒适性的递减趋势。在后果影响效应上，人居环境满意度对居民流动性意向也具有显著的作用和影响，但对迁居意向的影响效应绝对值大于对定居意向的影响效应绝对值。人居环境满意度前因变量自然环境条件、人文环境舒适性、住房条件、基础设施水平和公共服务水平等构成满意度前因影响导入机制，居民的迁居意向与定居意向构成居民人居环境满意度后果效应输出机制，两大机制形成一个完整的满意度“导入–输出”系统，系统机制的运行过程及结果是仙居乡镇人居环境满意度的影响关系机理（见图 7.10）。

（3）居民的人居环境满意度感知与其迁居意向之间并不完全表现为简单的线性关系，对其影响程度也存在明显差异。杭州城区居民人居环境六个感知维度中，居民的生活方便程度、居住健康性和自然环境条件感知与其迁居意向呈现出明显的负相关关系，住房条件感知与居民迁居意向呈现出倒“U”

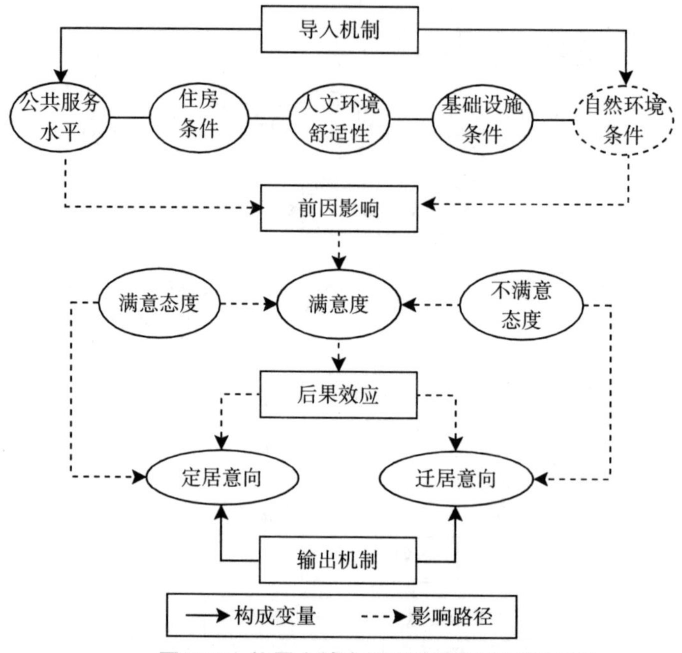

图 7.10　仙居乡镇人居环境满意度影响机理

形特征，人文环境舒适性感知与其迁居意向呈现出反“N”形的关系，而迁居意向随着社区安全性感知的提升变化幅度较小。人居环境感知因素对居民流动性意向的影响程度分析显示，除了社区安全性感知外，其余五个因素均对杭州城区居民流动性意向具有显著负向影响，影响强度呈现出生活方便程度 > 住房条件 > 居住健康性 > 人文环境舒适性 > 自然环境条件的递减趋势。仙居乡镇居民人居环境五个感知维度中，居民的住房条件、自然环境条件以及人文环境舒适性感知与其迁居意向具有明显的负相关关系，居民的公共服务水平感知与居民迁居意向呈现出“V”形特征，居民的迁居意向对自然环境条件感知的响应较小，并未呈现明显的变化规律。人居环境感知因素对居民流动性意向的影响程度分析显示，除自然环境条件感知外，其余四个因素均对仙居乡镇居民流动性意向具有显著负向影响，影响强度呈现出住房条件 > 公共服务水平 > 基础设施条件 > 人文环境舒适性的递减趋势。

7.5.2 人居环境对流动性意向的异质性影响

通过本章前述研究结果，发现杭州城区与仙居乡镇两种地域类型区内人居环境感知因素、人居环境满意度、居民流动性意向三者之间的关联效应中存在着一些值得讨论的问题：一是人居环境满意度对居民流动意向的影响程度存在明显的城乡地域差异；二是人居环境感知因素对居民满意度和流动性意向存在程度性和地域性差异。

7.5.2.1 满意度对流动意向影响的地域性差异对比

人居环境满意度对居民的流动性意向（迁居意向与定居意向）影响程度存在明显地域差异，满意度对迁居意向的负向影响作用呈现出杭州城区大于仙居乡镇的趋势，满意度对定居意向的正向影响作用表现出仙居乡镇大于杭州城区的趋势。可能的原因主要有以下几个方面：

首先，就业机会和收入水平的地域差异。居民在城市之间、城乡之间、乡镇之间的迁移流动，大多是为了寻求更好的工作和收入，就业机会和收入的多寡很大程度上决定了当地居民的迁移行为和意愿。相较于乡镇，城市地区的居民具有较多的就业机会和较高的收入水平，即使居民更换社区乃至更换城市，其就业机会和收入仍高于乡镇地区的居民，因此城市居民具有更好的经济基础去承担迁居所需的成本。而对于乡镇居民来说，他们大多数从事务农和个体户职业（合计占比 42.86%），收入水平较低，而且受制于职业属性限制更换居住地以后就业机会大幅减少，很难在非农部门找到出路。因此城市地区居民的人居环境满意度对迁居意向影响效应明显大于乡镇地区。

其次，社会环境的地域差异。城市地区社会更加开放，包容性更强，城市居民间的关系更多是以“业缘”为主，居民的环境适应性更好，更容易接受新事物和新环境，迁居到其他社区乃至其他城市，他们更能在较短时间适应。而乡镇居民对家乡亲人、土地、房子具有根深蒂固的乡土情结，其社会关系更多是以“地缘”和“亲缘”为主（贺艳华等，2013），他们的环境适应能力相对较弱，很多居民不想离开家乡或压根就没有考虑过迁移，他们不愿或难以承受离开家乡与亲人的痛楚，难以割舍土地与房子，或觉得去一个不熟悉的地方难以适应（吴业苗，2004）。因此，城市地区的居民人居环境满意度对迁居意向的影响更加明显。

最后，城乡发展差异的相对缩小。随着国家积极实施美丽乡村建设和乡村振兴战略，乡村地区尤其是中国东南沿海的乡镇，它们的社会经济也得到快速发展，基础设施和公共服务设施不断完善，人居环境也获得大幅改善，城市人居环境的优势相对减弱。而且乡村地区在自然生态环境、生活成本等方面还具有明显的优势，因此留在本地长期定居的意向远高于迁移到城市或者其他地区的意向，乡镇居民的迁居意向相对较弱，即使有迁居意向或者迁居行为，也多为近距离的就近迁移。

7.5.2.2 感知因素对满意度与流动意向影响的差异分析

杭州城区和仙居乡镇分别萃取出六个和五个人居环境感知维度，但是人居环境感知维度对满意度和迁居意向的影响程度并不完全一致。由于分析人居环境感知因素对满意度的影响时基于结构方程模型，而分析感知因素对居民流动意向是基于二元 Logistic 回归模型，两种模型所估算出参数的大小不具有直接可比性，因此这里仅看它们影响程度位序的差异。

首先，对于杭州城区来说，社区安全性感知对居民满意度和迁居意向均没有显著直接的影响效应，这可能是由于杭州社区性整体水平较好，居民对其评价均较高，感知差异极小，因此作用不显著。其他五个维度的感知对两者均具有明显的影响，但影响程度的顺序存在较大不同。人居环境感知对居民满意度的影响程度呈住房条件 > 人文环境舒适性 > 自然环境条件 > 居住健康性 > 生活方便程度的趋势，而对居民流动意向的影响程度表现为生活方便程度 >住房条件 > 居住健康性 > 人文环境舒适性 > 自然环境条件的趋势。其次，对于仙居乡镇居民来讲，居民满意度和迁居意向均对自然环境条件感知没有显著响应，其余四个因素对两者具有显著的关联效应，但影响程度也有所不同。人居环境感知对满意度的影响程度表现为公共服务水平 > 基础设施条件 > 住房条件 > 人文环境舒适性；而对居民流动性意向影响程度呈住房条件 > 公共服务水平 > 基础设施条件 > 人文环境舒适性的趋势。这里仅分析对满意度和流动意向影响效应首位因素存在差异的原因。

人居环境满意度是居民对其居住地区环境的整体质量满足自身需要程度的综合评价，而居民的流动性意向是满意度的后果效应，是居民发生迁居或定居行为的自发性计划的强度（何建英，2012），影响流动性意向的除了人居环境感知价值和满意度外，还有其他因素。

对于杭州城区居民来说，一方面，在城市高房价的背景下，拥有比较满意的住房条件是居民人居环境最基本的需求，因此住房条件对人居环境满意度影响最大。此外，城市地区交通设施发达，公共服务水平高，居民大多都能很便捷地到达工作地方、交通节点，整体上生活方便程度较高，因此居民对其满意度总体较高，所以生活方便程度对满意度差异影响很小。另一方面，居民在地区之间的迁移流动很大一部分原因是为了获得更多的就业机会和更高的工资，但对于城市常驻居民来说，在就业和住房相对稳定的条件下，享受该城市更好的基础教育、医疗服务、养老服务等公共服务可能是其更为关注的核心要素，而公共服务既体现在供给数量上，更体现在公共设施的空间和时间的方便性程度上，因此生活方便性感知对居民的迁居意向作用最大。

而对于仙居乡镇居民而言，一方面，当住房条件基本达到其需求和期望后，居民则会更看重子女教育、就医看病、购物娱乐等公共服务设施的满足程度，公共服务水平成为居民人居环境感知的最关键要素，因此公共服务水平对人居环境满意度影响最显著，影响效应也最大。另一方面，住房是农村居民最重要的资产之一，也是其安居乐业的基础条件，住房质量安全影响着农民的居住条件和生活状况，更是农民生命和财产安全的根本保障（顾杰等，2013）。因此，在乡村大的人居环境背景下，自然环境条件、基础设施条件等差异性较小，居民在产生迁居意向时首先考虑的就是对住房需求的满足程度（杨传开等，2017）。因此，住房条件感知对居民的迁居意向作用最大。

受个人研究水平以及研究条件的限制，本章还存在若干不足之处，后续研究有待进一步加强：首先，本章中以杭州城区代表城市地域，以仙居乡镇代表乡村地域，开展人居环境满意度影响机理及其与居民流动性意向关系的研究，研究区域的广泛性有限，故研究结论并不能完全适用于中国其他城市和乡村地区。在今后条件允许的情况下，可以开展更大样本量调查数据的收集和分析，获得不同地域居民人居环境影响机理，以及人居环境感知对居民流动意愿影响的更具广泛代表性、更加完整和深入的认识。其次，居民的流动性意向具体可分为迁居意向和定居意向，不同地域类型区内，居民的主导流动意向是有区别的。本章发现城市地区居民的迁居意向大于定居意向，在揭示这一规律的基础上，探究城市地域内居民的定居意向，尤其是外来人口的定居意向，对中国和谐宜居城市建设和以人为本的新型城镇化建设具有重要参考价值。研究发现在乡村地区，居民定居意向大于迁居意向，所以了解乡村居民迁居意愿、迁居行为及其影响因素，对于优化城镇空间布局模式，促进农村经济持续发展和土地集约节约利用具有重要意义。因此，开展分类别的迁居和定居意向与行为研究也是今后努力的方向。再次，从空间上来讲，居民的迁居可分为不同距离的，如城市居民迁居可分为小区内迁居、城市内迁居、城市间迁居等，农村居民的迁居可分为村内迁居、村外迁居以及城乡之间的迁居。本章并未明确界定居民迁居的距离范围和空间层次，也没有对存在迁居意愿居民的具体迁居方位进行调查和分析，只初步探讨了居民迁居意愿及其影响因素之间的关系；今后可以对不同迁居空间意愿的特征和影响因素等问题进行深入探讨，揭示其尺度效应。从时间上来讲，居民的迁居包括已有迁居行为和未来迁居意向，本章只针对后者进行了初步分析，对已有迁居行为的居民，他们在已有的居住迁移行为中表现出哪些特征，受哪些因素的影响，迁居前后人居环境满意度感知差异性如何，以及迁居后现居住地空间上有何分布规律等问题均具有深入研究的价值。最后，在探讨居民流动性意向时，仅关注居民是否具有迁居意向或定居意向，但在现实生活中，受诸多条件的限制和影响，居民的流动性意向并不能全都转化为现实，这也可能对研究结论的准确性产生影响。

第8章 浙江省人居环境的优化与调控

区域是我们国家社会经济发展和实现现代化的空间载体，近年来，我国各区域经济规模不断增长，区域本身尤其是城市本身的发展成为人们关注的焦点，人们似乎忘了区域的发展不是为了快速增长的GDP，也不是为了车水马龙的柏油路，更不是为了高耸入云的摩天楼，而是为了生活在其中的人，为我们每一个人提供一个适宜工作、学习和生活的场所。随着居民物质生活水平逐步提高，居民对和谐宜居的人居环境的迫切需求已经成为政府、企业和居民共同奋斗的方向。本章首先从浙江省社会经济发展实际以及相关政策制度入手，提出浙江人居环境改善的宏观调控导向，然后根据第4章人居环境适宜性构成要素的空间分布、第5章人居环境欠佳地区及其问题识别，以及第6章、第7章不同地域类型人居环境感知特征及其满意度影响机理分析，分别提出人居环境构成要素的改善建议和不同地域类型区人居环境的调控方向，以期为协调浙江省人口和环境之间的关系，促进人居环境科学发展和区域可持续发展提供管理与决策参考，以及为与浙江省有着相似发展历程、面临同类环境问题的区域的人居环境研究提供案例示范。

8.1 浙江省人居环境优化的总体构想

在对浙江省人居环境现状主客观综合评价的基础上，本节主要对浙江省人居环境存在的主要问题，人居环境优化的主要目标、原则和方向进行了归纳和总结，从而确立浙江省人居环境优化的总体构想。

8.1.1 浙江省人居环境存在的主要问题

由于自然和人为的关系，浙江省人居环境存在以下几方面的问题，这里想说明的是浙江省整体人居环境较好，是有条件成为全国最为宜居的省级单元之一的，所以下面存在的几个问题也是相对的，是相对于省内人居环境质量较好的地方。

8.1.1.1 生态环境与经济发展、人口集聚不协调

区域经济发展、人口集聚与生态环境相辅相成，区域生态环境为经济发展和人口集聚提供物质空间载体，经济的发展又为城市人居环境的改善提供资金、技术、人力保障等。经济社会与生态环境协调发展已成为处理经济增长与生态环境保护间关系的最佳选择，也是人居环境建设与发展的必由之路。浙江省生态环境本底较好，是我国生态环境较好的少数几个省域之一，省内生态环境优越度较高的地方主要分布在南部和西南地区的山地、丘陵地区，这些地区虽然地形条件较差，但在气候、水文、地被、空气质量等方面都具有明显的优势。与此相反的是，浙江省内经济活动和人口集聚却主要集中在以杭嘉湖平原地区以及宁波市为代表的浙江东北部以及少数东南沿海县域。即浙江省生态环境优越度与经济发展、人口集聚分布在空间上并不协调，省内人口居住和生产活动多集中于生态环境优越度较差的地区，生态环境对人口集聚和经济活动集聚作用并不明显。一方面这与浙江省所处宏观地理环境有关（详见第 4 章第 4.1 节中的分析），另一方面主要受人类活动的影响。随着浙江省城市化、工业化进程的快速推进，全省经济社会取得了巨大的发展成果，但区域生态环境也付出了很大的代价，区域内现有的人口、经济规模已经接近或超过生态环境承载力，部分地区已经或正在出现地表覆被破坏、空气污染和生态环境恶化现象，人为活动已经对生态环境和居民的居住环境造成了严重影响，甚至引发多起群众性事件，如浙江东阳化工污染事件、宁波镇海居民反对 PX 项目事件、德清电池污染事件等（张孝廷，2013）。

8.1.1.2　经济发展和公共服务环境的空间不均衡

改革开放以来，依托优越的区位条件和良好的经济发展基础，浙江省不断加快转变发展方式，促进产业转型升级，社会经济得到快速发展。但是在社会经济快速增长的背后，区域经济差异不断加大、经济不平衡性增长、社会矛盾突出等问题也成为经济高速增长背后的一大隐忧。经济发展水平的不均衡对与人居环境适宜性密切相关的经济发展活力度、公共服务便捷度也产生直接影响，随着居民人居环境意识不断增强，对宜居宜业居住环境的需求越来越高，浙江省经济发展环境、公共服务环境区域间、城乡间的非均等化问题也越来越凸显。2014 年经济发展偏好下浙江人居环境不适宜和临界适宜地区有 24 个县（市），占全省土地面积约 43%，公共服务需求偏好下不适宜和临界适宜地区有 14 个县（市），占地 22.4%，主要集中在浙江西部和西南部山区或省际边缘区的部分县市及少数中部县市。这些地区经济发展的物质积累基础相对滞后，经济发展落后，公共服务设施数量较少，区域交通网络稀疏且等级较低，区内区外便捷度均较差。经济活动、经济现象的不均衡分布本身是区域经济的一种常态，适度的差异对区域社会经济发展也具有较大刺激和推动作用，但区域经济差异长期存在乃至不断加大，对区域的和谐、稳定与健康发展也会产生诸多不利影响。

8.1.1.3　城区住房条件和居住健康性与居民需求不匹配

基于居民主观评价的结果显示（参见第 6 章），整体而言，住房条件和居住健康性是杭州城区人居环境六个感知维度中居民最不满意的两个要素。住房条件整体满意度最低，其细分指标住房价格因素的得分仅为 2.18，在所有评价要素里面分值最低，所有的受访者中有 43.86% 的居民对住房价格不满意或者很不满意。面对持续走高的房价，不仅普通工薪阶层，乃至很多高学历人才也得倾囊而出，背负着巨大的还贷压力。此外，以噪声污染等为代表的居住健康性因子对居民人居环境满意度也产生了重要影响，居民对居住健康性的满意度评价仅仅略高于住房条件，在六个维度中排名倒数第二。这反映出住房条件和居住健康性成为城区居民人居环境满意度提高的主要阻力点。杭州城区住房条件和居住健康性问题仅仅是我国东部沿海地区特别是长三角地区人居环境问题的一个缩影。一方面，长三角地区是我国城市化率最高的地区，城市开发早，土地资源供不应求，住房资源缺口逐渐增大；另一方面，城市外来流动人口数量迅速增加，对城市商品房的需求持续增长，形成住房"刚性需求"结构与供给的矛盾，不断使房价抬升，且上升速度远快于居民人均可支配收入的增长速度。再者，在快速城市化、工业化过程中，不可避免地对环境会产生不利影响，大气污染、垃圾废弃物污染、噪声污染等环境问题层出不穷，居民对环境健康意识和需求越来越高，对居住健康性也提出了更高要求。

8.1.1.4 乡村基本公共服务设施供给与配置不充分

上文对全省范围公共服务的不均衡问题已有阐述，这里主要是基于问卷调查结果分析，专门阐述乡村地区所存在的基本公共服务设施供给与配置不充分问题。基于居民主观评价的结果显示，在仙居乡镇五个人居环境感知维度中，公共服务水平满意度得分最低，在人居环境的 23 个单项要素的评价中，评价值最低的五个要素是快递企业网点、文化娱乐设施、就医方便程度、污水及垃圾处理设施和子女上学方便程度，它们都属于公共服务水平范畴，表明公共服务设施的配置水平和便捷程度是乡村地区人居环境建设的主要症结，也是未来该地区人居环境建设需要突破的重点领域。人居环境满意度影响机理分析也显示，仙居乡镇公共服务水平与人居环境满意度的关联效应最大，它除了对人居环境满意度具有直接效应外，还有很多其他因素也会通过公共服务水平对人居环境满意度产生间接作用。因此，在人居环境建设过程中必须高度重视乡村基本公共服务配置和公平。城乡基本公共服务均等化是城镇化建设深入发展、城乡一体化建设稳步推进的实现手段和重要环节，努力实现基本公共服务均等化已成为中国社会发展新的历史任务（韩增林等，2015）。目前，人民日益增长的美好生活需要和不平衡不充分的发展之间的矛盾是新时代我国社会主要矛盾。正确认识和把握浙江省城乡之间公共服务环境的不均衡问题，有助于促进区域协调发展，优化提升人居环境。

8.1.2　浙江省人居环境建设的目标

坚持以人为本、绿色发展、共享发展和创新发展原则，围绕居民最关心、最迫切需要解决的关键问题，结合“山水浙江，诗画江南”的省域发展定位，以宜居城市建设和美丽乡村建设为抓手，建设美丽浙江、创造美好生活，到 2020 年以水、大气、土壤和森林绿化美化为主要标志的生态系统初步实现良性循环，全省生态环境面貌出现根本性改观，生态文明建设主要指标和各项工作走在全国前列，争取建成全国生态文明示范区和美丽中国先行区，在此基础上，再经过较长时间努力，实现天蓝、水清、山绿、地净，建成富饶秀美、和谐安康、人文昌盛、宜业宜居的美丽浙江①，为美丽中国建设积累经验、提供示范。

8.1.3　浙江省人居环境建设的原则

浙江省人居环境的建设与优化是一项长期的工作，需要政府、企业和公众等共同努力，共同实现这一关系到民生，影响到区域发展品质和竞争力的远大目标。在建设和优化的过程中，按照一定的原则，积极引导区域之间、城乡之间人居环境中的生态环境、经济发展环境和公共服务环境向着和谐、健康的方向推进，将其中各项要素进行整合和优化，最终实现区域人居环境系统的和谐发展。

8.1.3.1　坚持以人为本，让居民居住更满意

以人为本，就是强调人居环境的建设要以人为中心，人是发展的根本目的。浙江省人居环境建设与优化是为了满足城乡居民、满足广大人民群众的物质文化和精神文明需要，保证人的全面发展。所以坚持以人为本原则，要从居民的根本利益出发改善区域人居环境，全过程都要体现以人为本的理想，要充分考虑居民的生活需求和居住行为特征，不断满足人民群众日益增长的美好生活需要，切实保障人民群众的各项权益，让建设发展的成果惠及所有

① 在《中共浙江省委关于建设美丽浙江创造美好生活的决定》的基础上提炼而得。

居民。

8.1.3.2 坚持绿色发展，让自然生态更宜人

绿色是永续发展的必要条件和人民对美好生活追求的重要体现。绿色发展是浙江人居环境建设与优化最重要的原则，浙江首先要保护好良好的自然生态环境，牢固树立“绿水青山就是金山银山”的发展理念，严格控制城市无序拓展，把好山好水融入城市，让居民享受自然之美；其次要以生态文明建设为统领，以促进人与自然和谐相处、提升人民生活品质为核心，以深化提升生态乡镇、绿色城镇、园林城镇、美丽乡村、生态村、绿色社区、绿色家庭等绿色系列创建为载体（徐震，2012），以全面改善城乡人居环境为目的，努力形成有利于人居环境保护、可持续发展的绿色生产方式、生活方式和消费模式，为建设美丽浙江奠定坚实的基础。

8.1.3.3 坚持创新发展，让经济发展更繁荣

创新是浙江省经济发展的活力源泉，也是经济繁荣发展的动力。一方面，积极推动城市地区经济发展，要营造有利于创新人才和企业发展的创新平台，构建有利于人才交流的社会文化环境，完善创新发展生态链（张文忠，2016），打造不同类型创新创业人才的梦想之城，让创新成为推动城市经济进一步发展的核心。另一方面，加快浙南、浙西南等农村地区经济的发展，加强传统农业与其他产业的融合发展，积极培育和形成新的经济增长点，推动农村经济的繁荣。通过创新驱动推动经济的繁荣发展，为人居环境的优化提升提供充足的物质保障。

8.1.3.4 坚持共享发展，让社会发展更和谐

人居环境的建设与发展必须是为了人民、依靠人民，要让每个居民都能共享发展带来的机遇和成果，要使全体人民在共建共享发展中有更多幸福感，要让人人都感到自己生活的环境是安全的、愉悦的。创造包容和公正的社会环境，为不同群体的居民提供适合自身特点的发展机会和条件，缩小收入差距，促进居民收入增长和经济增长同步；创建共享的公共服务环境，为不同群体的居民提供平等的就业机会和享受义务教育的机会，增加公共服务供给，提高公共服务共建能力和共享水平，努力实现区域之间、城乡之间公共服务

均等化。

8.2　人居环境适宜性构成要素的改善

优越的自然生态环境、活跃的经济发展环境和便捷的公共服务环境，共同构成了浙江省人居环境。本书第 4 章、第 5 章系统分析了人居环境适宜性三大核心构成要素的空间格局特征，以及不同偏好模式下人居环境适宜性与人口分布的空间关系，并对人居环境欠佳地区及其主要问题进行了识别。若能针对制约当前浙江省人居环境发展的症结，汲取其他地区在人居环境建设的经验，对症下药，合理调配人居环境中各系统功效，推动人居环境适宜性构成要素的优化与完善。

8.2.1　自然生态环境优化

自然生态环境是城市与乡镇形成与发展的基础，也是建设宜业宜居的人居环境的环境本底，它既可以为人类生存和发展提供物质保障，同时又对人类活动和区域发展规模进行约束，还为人类提供健康、景观和审美功能（张文忠等，2016）。人与自然和谐共生，区域发展的根基才会牢固，区域才能永续发展。因此，浙江省在社会经济发展和人居环境建设方面都应尊重和顺应自然规律，要努力推动区域经济活动、人口集聚规模与区域的资源环境承载能力相匹配，最大限度减少对环境和生态的压力，同时注重区域生态环境保护与环境污染治理，实现经济社会发展与区域自然环境和谐共生。针对浙江省目前自然生态环境的现状和问题，可以从以下两点着手，加强人居环境中自然生态环境的优化：

（1）对于浙江省东北部环杭州湾地区的杭州、宁波、湖州、绍兴等市的部分县（市、区），它们是带动全省经济社会发展的龙头，是集聚人口和经济的重要区域，但同时也是生态环境适宜性较差的地区，是资源约束趋紧，环境承载力下降的地区。这一地区，一方面，要牢固树立绿色发展理念，构建绿色经济发展模式，进一步协调经济发展与生态和环境的关系，协调解决经济发展与生态环境的矛盾，不再以破坏人类赖以生存的自然山水、森林和基本农田为代价推动城市的快速拓展，不再以牺牲环境和大量消耗资源为代价换取区域经济的快速增长，不以损害居民的生活和居住环境为代价影响城市经济利益的最大化。通过转变发展方式、强化创新驱动和优化产业结构，提高经济增长质量，最大限度减少经济社会发展对生态环境的破坏。另一方面，积极营造绿色发展空间，加强环境治理和生态修复，以浙江省共建共享美丽人居环境行动[①]、新一轮“8·11”美丽浙江建设行动等生态环境保护提升活动为契机，依托主要河流水系和交通干道加大绿化和环境整治，建设绿色廊道；严格保护城市周边耕地、水面、湿地、林地和自然文化遗产，保护好城市之间和绿色开敞空间，加大力度建设城区公共空间和公园绿地系统，改善人居环境。

（2）对于生态环境适宜性较好的浙西、浙南的山地丘陵地区的温州和丽水市的部分县市，它们中一部分是浙江省重点生态功能区和生态屏障所在，一部分是浙江的生态经济区。对于前者，要严格控制开发强度，加强生态环境修复，保持生态系统完整性，筑牢生态安全屏障，确保全省生态格局安全（王毅等，2017）。积极推进天然林保护和围栏封育，严格保护具有水源涵养功能的自然植被，禁止过度采矿、毁林开垦、侵占湿地等行为；加强生物资源保护，保持和恢复野生动植物种群的平衡，维护生态环境和生物多样性安全；在不损害生态服务功能的前提下，科学开发矿产资源，适度发展生态农业、生态旅游业，促进城乡居民收入稳步提高；加强地质灾害防控、治理和搬迁避让，确保居民的生命财产安全。对于后者——生态经济区，它们具有一定的资源环境承载能力，在保护生态的前提下可以适度集聚人口和发展适宜产业。要加强各类开发活动的控制和监管，适度控制开发规模，逐步减少农村居民点占用的空间，加大生态建设空间；集中资源建设县域、中心镇和

① 源自浙江省环保厅。

中心村，加强土地资源的集约利用，城镇建设与工业开发要集中布局在资源环境承载能力相对较强的区域，限制成片蔓延式扩张。

8.2.2　经济发展环境优化

经济发展环境是人居环境建设的重要支撑，充足的就业机会和合理的经济收入是居民“安居乐业”的前提，因此必须促进区域经济的持续健康繁荣发展。浙江省地处中国东部沿海地区，经济发展水平整体较高，但区域之间、城乡之间仍存在较明显的差距。根据第 4 章中浙江省经济发展活力度格局的空间分异特征，本节提出以下两点相关对策建议以供参考：

一方面，实施多中心空间经济发展，提升浙江省县域经济的整体水平。通过创新驱动，进一步转变发展方式，优化产业结构，巩固和强化以杭州市区、宁波市区为中心的浙东北环杭州湾和杭嘉湖地区县域经济发展；加快建设以金华、义乌为主的金、衢、丽浙中城市群，推动浙苏皖省际承接产业转移示范区和浙闽赣省际生态经济产业集聚区建设[①]，推动浙中、浙西县域经济加速发展；强化温州经济发展，促进温台沿海县、市区经济发展。根据空间邻近效应，多个经济中心势必带动“点-轴”发展，实现多区域经济联动（蒋天颖等，2014），以此增强浙江全省经济发展活力，推动全省经济繁荣发展。

另一方面，充分发挥优势区位条件，利用地缘优势发展特色经济。浙东北平原地区，依托原有的经济基础以及在人才、科技、交通等方面的优势，加快产业结构从劳动和资源密集型向资本和技术密集型转变，加快产品结构从价值链低端向价值链中高端攀升，发挥承接国际高端产业转移和对内扩散辐射的作用，从而带动周边地区经济的发展。浙江东部沿海县（市、区）可以依托临海优势，完善沿海基础设施网络，优化海洋经济发展布局，构建“三位一体”港航物流服务体系，着重发展海洋经济，加快形成现代海洋产业体系，以此推动县域经济增长。浙西南地区群山盘结，拥有良好的自然资源，该地区可以根据区域资源禀赋和生态环境承载力，大力发展生态工业、生态

① 源自《浙江省主体功能区规划》。

农业和绿色服务业，构建生态产业体系，从而拉动县域经济。

8.2.3 公共服务环境优化

公共服务设施是居民日常生活内容的重要组成部分，区域内公共设施服务水平直接决定了居民日常生活的方便程度，公共服务环境的优劣直接决定了区域的宜居性（张文忠等，2016）。构建配套齐全、功能完善、布局合理、享用便利的公共服务体系，提高公共服务便捷度，有利于增强居民生活方便性和幸福感。浙江公共服务便捷度总体较高，但省域内部不同地区的公共便捷度，城市内部不同街道的公共服务满意度都存在较为明显的差异。根据第4章中浙江省公共服务便捷度格局的空间分异特征，本节提出以下几点相关对策建议，为实现区域之间、城乡之间公共服务均等化提供理论参考：

首先，对于公共服务便捷度处在高和较高水平的地区，主要集中在以杭州、嘉兴和湖州市区为核心所构成的杭嘉湖平原地区，以及宁波、舟山、温州等市的市辖区。全省大多数公共服务设施都集中在这些地区，在少数地区甚至过度集中，不仅导致一些地区交通拥挤、通勤不便，也影响了公共服务设施利用机会的公平性和共享性。因此，要根据不同区域的人口规模、交通状况和用地条件等，适度疏解中心城区公共服务设施过度集中的问题；此外还要逐步完善城市周边城区，尤其是各种新城、开发区等的教育、公共交通和医疗设施的配置，满足居民最基本的公共服务需求。

其次，对于公共服务便捷度处在中等水平的地区，主要集中在东部沿海的部分县（市、区）以及中部金衢盆地的一些城镇，这些地区在增加基本公共服务数量的基础上，要更关注公共服务的质量。要提高公共服务设施的配置标准，根据人口需求规模，逐步建设一批高标准、高质量的优质公共服务资源，满足居民对高端服务设施的需求，尤其是要加大对文化设施、休闲娱乐设施、科技服务平台等的建设力度，同时提高这些设施的开放水平和利用水平。

最后，对于公共服务便捷度处在较低和低水平的地区，主要集中在浙江西部山区和省际边缘区，这些地区存在一定程度的公共服务资源供给不足、质量不高的问题。政府要从公共服务均等化的角度出发，加大对这些地区的公共服务设施的支持力度，地方财政支出也要向基本公共服务建设领域倾斜，尤其需要加大对养老、文化休闲、公共交通设施建设力度，改善当地养老设施、文化设施等存在缺失的问题，为居民提供数量充足、类型多样的公共服务资源。

8.3　不同地域类型人居环境优化方向

城市和乡村作为两种不同的地域类型，其人居环境供给和居民的人居环境需求都存在一定的差异。“活力城乡，美好人居”应该是在新时代高质量发展的要求下，城乡人居环境建设的目标和愿景。根据第 6 章和第 7 章居民对杭州城区和仙居乡镇两种地域类型人居环境的主观感知评价，针对城市地域和乡村地域人居环境建设的薄弱环节，本节拟以问题为导向，以社区和村庄为切入点，探讨当前提高浙江省城乡人居环境质量的理念、方法和路径。具体来说，主要包含以下两个层面。

8.3.1　城市地域人居环境满意度提升

城市人居环境是城市经济持续发展的重要基础和载体，提升城市居民人居环境满意度也是宜居城市建设的题中之义。从居民对城区人居环境满意度的分析可知（第 6 章），作为城市区域的代表，杭州城区人居环境建设的当务之急是解决居民最不满意、最关心的问题，即住房条件和居住环境健康性问题。

构建多层次的城市住房体系，提升城市居住水平。“人人享有适当的住房”是宜居城市建设的重要内容，宜居城市建设要满足城市居民的居住要求（刘瑾，2011）。房子是用来住的，不是用来“炒”的。因此，要加快建立多主体供给、多渠道保障、租购并举的住房制度，让全体人民住有所居、居有所安。具体来说，在改善居民住房条件时，应坚持市场机制和政府调控“两手抓”，特别是强化政府公共服务职能，形成面向高中低不同收入群体的多层次、差异化、相互交融的城市住房体系。概括来讲，就是要做到“低端有保障，中端有支持，高端有市场”。当然在目前住房市场火热的背景下，居民在改善住房条件方面，要从自身经济条件出发，树立适度、合理、节约的住房消费观念，不要盲目攀比，放大自己的住房预期，可以考虑随着经济实力增加，逐步改善住房条件。

控制环境污染，提高城市居住环境健康性。居住环境健康性是宜居城市建设的重点之一。影响居住环境健康性的客观因素较多，根据第 6 章中杭州城区人居环境不同要素评价得分（见图 6.3），可以看出居民对噪声环境污染、空气污染、雨污水排放和水污染评价得分都相对较低，尤其是噪声污染满意度极低。因此，首先需要建立和落实严格的噪声控制标准，防治城市交通噪声污染；采取各种手段监控建筑工地施工等噪声，减少生产和生活行为对居民安静生活环境的干扰。其次要注重大气环境的保护和治理，加大结构调整力度，包括产业结构、能源结构、出行方式、技术水平等方面的调整，加强区域合作，严格落实大气污染物排放标准和大气环境保护政策，提高空气质量。再次要强化城市污水治理，加快城市污水处理设施建设与改造，全面加强管网建设，提高城市的污水收集处理能力①，为居民创造宜人的亲水环境，提供安全健康的饮用水。最后，创造健康的居住环境，还需要公众的积极参与，要提高居民的环境健康参与意识和保护意识，让每个居民自觉成为环境保护的主体，充分发挥居民在环境保护和治理中的积极作用。

8.3.2　乡村地域人居环境满意度提升

优化乡村人居环境，改善乡村居民生活质量，统筹城乡发展是美丽乡村建设和乡村振兴战略的一项重要内容。从居民对乡镇人居环境满意度的分析可知（第 6 章），仙居乡镇人居环境建设的当务之急是解决居民最不满意、最关心的问题，即基础设施和公共服务设施建设以及住房条件改善。

---

① 源自《关于进一步加强城市规划建设管理工作的若干意见》。

加强公共服务设施建设，改善乡村生产生活环境，使公共服务设施的完善成为乡村人居环境质量提升的基本点。进一步完善财政转移支付制度，逐步建立规范的以均等化为目标的财政转移支付制度，逐步建立和实施由国家政策指导，包括中央财政扶持、地方财政政策支持、民间资金筹集、贷款等方式在内的多渠道、多元化建设资金筹措体制（马婧婧，2012），确保基础设施和公共服务设施建设的资金。从实际出发，按乡村人口、经济发展状况等统筹规划和建设敬老院、幼儿园、卫生所、文化站、超市等公共服务设施，落实乡村养老保险、医疗保险、金融信贷等保障工作，让城市公共服务逐步向乡村延伸，努力实现城乡公共产品供给均等化。加快配套基础设施建设，以居民迫切需要的为基础，从农民“身边工程”开始，进一步改善邮政快递设施、文化娱乐设施、污水及垃圾处理设施，提升农村公路建、管、养、运一体化发展水平，着力打造美丽公路。

规划引导，提高乡村住宅质量，改善乡村住房条件。从实际出发，加强政策上和技术上的引导，引导乡村居民在住宅功能、质量上下功夫。加强乡村规划和建设，引导乡村居民重视人居环境的基本要求，强化农房设计服务，合理布局，因地制宜，就地取材，选择适合当地特色的建筑造型，彰显江南农房特色。引导乡村居民统筹考虑乡村长远发展及农民个人利益与需求，重视自然景观和人文景观等生态环境的保护和建设，以确保乡村经济、社会、文化的可持续发展，大力创建绿色城镇和生态示范村，保护乡土自然景观和特色文化村落（王鹤，2014）。努力提高乡村住宅的功能质量，为广大农民群众创造居住生活、生产方便和整洁清新的健康舒适的家居环境，抓好农房改造和危房改造，精心建设一批“浙派民居”。

自然生态环境是乡村人居环境优化提升的基础本底，经济发展水平是动力支撑，因此，在乡村人居环境建设和优化的过程中，我们应在保护自然生态系统的前期下，利用自然，改造自然，满足自身的需求。此外，还应加强城乡统筹、因势利导，促进城乡间要素流动，推动乡村经济又好又快发展，为人居环境改善提供充分的物质保障。

第9章
结论与讨论

本书在系统归纳和分析国内外关于人居环境相关理论、方法技术等研究进展的基础上，基于浙江省第一次地理国情普查成果、夜间灯光数据和人居环境满意度问卷调查等多元化数据，以浙江省全域以及杭州城区、仙居乡镇为典型案例，以栅格单元和行政单元为基本研究单元，借助ArcGIS、SPSS、Amos等软件平台，综合运用GIS空间分析、数理统计、比较分析、结构模型分析和归纳演绎等方法，将客观环境供给与主观环境感知相结合、宏观整体与典型地域相结合、机制建模与成因分析相结合，对浙江省人居环境适宜性空间分异特征、人居环境满意度特征和形成机制等进行了系统的研究。

首先，通过对已有研究成果的梳理和总结，确定了本书的两大研究主题——人居环境适宜性和人居环境满意度，并对其概念和内涵进行了界定和解析，在此基础上，设计了人居环境适宜性构成要素的定量评价方法，建立了人居环境适宜性综合集成方法和人居环境满意度主观评价方法。其次，分析了生态环境优越度、经济发展活力度和公共服务便捷度表征人居环境适宜性的三大核心构成要素的空间分异特征，然后进一步采用了价值化的评价方法，以居民对人居环境的心理反应（要素偏好）为外在基准，进行不同模式下人居环境适宜性的综合集成研究，探讨不同偏好模式下人居环境适宜性与人口分布的空间耦合关系。再次，分析评价了城市与乡村两种地域类型条件下，不同维度、不同社会经济属性、不同居民类群的人居环境满意度特征，并构建了城乡“人居环境满意度和居住流动性意向”的概念模型和结构模型，进行人居环境满意度结构方程模型的分组比较分析，系统归纳和提炼不同地域类型区居民人居环境满意度的影响机理及其与居住流动性意向的相互关系。最后，基于浙江省实际情况，结合相关研究结果，从人居环境优化的总体构想、人居环境适宜性构成要素的改善和不同地区类型人居环境优化的方向等提出了浙江省人居环境优化调控的对策建议。

9.1 主要结论

（1）人居环境适宜性主要由三个维度构成，自然生态环境是区域人居环境宜居的基础，经济发展环境是区域人居环境宜居的核心，人文社会环境是区域人居环境宜居的灵魂。受地形、气候、水文、地被等自然因素的影响，浙江省生态环境优越度呈现出由西南地区向东北地区，由山地向丘陵、河谷、平原递减的趋势，并且与人口密度、经济密度之间存在较强的负相关关系，生态环境优越度程度分区中，低适宜性区覆盖人口最多，较高适宜性区面积最广。经济发展活力度格局呈现以行政等级性为主、空间集聚性为辅的双重差异特征，在行政等级上表现为“副省级城市市区—一般地级市市区—县(县级市)”的差异格局；在空间关联和集聚差异上表现为浙江东北部的杭嘉湖和环杭州湾地区两处构成的高值簇集聚区和主要热点区，以及浙江省西南地区的“衢—丽—温”连绵区和中部台州县域两处构成的低值簇连绵区和主要冷点区。公共服务便捷度由东向西、由北向南逐渐降低，并表现出显著的集聚分布特征，较高和高水平区域集中分布在东北部，它们构成浙江公共服务设施空间格局的核心区，较低和低水平区域趋于中西部山区，它们构成浙江公共服务设施分布格局边缘地带。

（2）不同偏好模式下，人居环境适宜性的空间格局及其与人口分布的空间耦合关系也呈现出不同的空间分异规律：在生态环境偏好模式下，浙江省人居环境适宜性大体由南部向北部递减，人口分布疏密与人居环境适宜性高低并不一致，大部分人口分布于人居环境宜居性指数较低的地区，人口分布对人居环境适宜性并不存在明显的响应。在经济发展偏好模式下，人居环境适宜性东北地区高于西南地区、沿海地区高于内陆地区，地域分异明显，人口分布与经济发展水平存在较强的空间一致性，人口分布对人居环境适宜性存在较明显的响应。在公共服务偏好模式下，人居环境适宜性呈现出东北部优于西南部、沿海地区好于内陆地区、平原地区高于山地地区的基本格局，大部分人口分布于人居环境适宜性较高的地区，人口分布对人居环境适宜性存在显著的响应，两者保持了高度一致性。

（3）人居环境满意度既具有城乡地域之别，又具有社会经济属性之异。杭州城区与仙居乡镇两地居民人居环境满意度均一般，但乡镇地区略高于城区；城区居民对社区安全性和公共服务设施水平两个维度满意度较高，对住房条件维度评价最低；乡镇居民对自然环境维度满意度较高，而对公共服务和基础设施维度评价较低。居民的性别属性和职业类型对人居环境满意度的影响地域差异较小，影响效果均不显著；不同年龄群体的居民对人居环境满意度评价呈波浪式变化，但城乡波动态势在年龄区间上大体相反；城区不同收入水平群体对人居环境满意度评价呈倒“U”形特征，乡镇则随着收入的增加呈连续上升的态势；城区和乡镇两地居民人居环境满意度都随着学历的提升而不断提高，随着家庭成员数量的增多而降低；居住时间对城市人居环境满意度感知具有较强的正向影响，而对乡村人居环境具有较强的负向影响。城区中一般平民的人居环境满意度最高，高收入阶层次之，年轻打工族和低收入阶层的满意度相对较低；而乡镇中不同类群人居环境满意度差距明显，高收入阶层的人居环境满意度最高，年轻中产阶层和低收入阶层位居其后，低收入阶层满意度最低。

（4）自然环境条件、人文环境舒适性、生活方便程度、居住健康性、住房条件和社区安全性六个维度的感知因素共同构成杭州城区人居环境满意度的前因变量，除社区安全性外，其余五个前因变量对人居环境满意度均具有显著的正向影响，同时满意度的高低对居民流动性意向（定居意向或迁居意向）具有重要的影响效应。在前因变量影响关系上，各前因变量的影响效应呈现出住房条件 > 人文环境舒适性 > 自然环境条件 > 居住健康性 > 生活方便程度的递减趋势。在后果影响效应上，人居环境满意度对居民流动性意向具有显著的影响效应，并且对定居意向的影响比对迁居意向的影响更加显著。自然环境条件、人文环境舒适性、住房条件、基础设施水平和公共服务水平五个因素共同构成仙居乡镇人居环境满意度的前因变量，除自然环境条件外，其余四个前因变量对人居环境满意度均具有显著的正向影响，同时满意度的高低对居民流动性意向（定居意向或迁居意向）也具有重要的影响效应。在前因变量影响关系上，各前因变量的影响效应呈现出公共服务水平 > 基础设施条件 > 住房条件 > 人文环境舒适性的递减趋势。在后果影响效应上，人居环境满意度对居民流动性意向也具有显著的作用和影响，但对迁居意向的影响效应绝对值大于对定居意向的影响效应绝对值。

（5）居民的人居环境满意度感知与其迁居意向之间并不完全表现为简单的线性关系，对其影响程度也存在明显差异。在杭州城区居民人居环境六个感知维度中，居民的生活方便程度、居住健康性和自然环境条件感知与其迁居意向呈现出明显的负相关关系，住房条件感知与居民迁居意向呈现出倒“U”形特征，人文环境舒适性感知与其迁居意向呈现出反“N”形的关系，而迁居意向随着社区安全性感知的提升变化幅度较小。除社区安全性感知外，其余五个因素均对杭州城区居民流动性意向具有显著负向影响，影响强度呈现出生活方便程度 > 住房条件 > 居住健康性 > 人文环境舒适性 > 自然环境条件的递减趋势。仙居乡镇居民人居环境五个感知维度中，居民的住房条件、自然环境条件以及人文环境舒适性感知与其迁居意向具有明显的负相关关系，居民的公共服务水平感知与居民迁居意向呈现出“V”形特征，居民的迁居意向对自然环境条件感知的响应较小，并未呈现明显的变化规律。除自然环境条件感知外，其余四个因素均对仙居乡镇居民流动性意向具有显著负向影响，影响强度呈现出住房条件 > 公共服务水平 > 基础设施条件 > 人文环境舒适性的递减趋势。

（6）笔者认为，针对浙江省生态环境与经济发展、人口集聚不协调，经济发展和公共服务环境的空间不均衡，城区住房条件和居住健康性与居民需求不匹配，乡村基本公共服务设施供给与配置不充分等人居环境问题，应坚持以人为本、绿色发展、共享发展和创新发展原则，结合“山水浙江，诗画江南”的省域发展定位，合理调配人居环境中各系统功效，推动人居环境适宜性构成要素的优化与完善，围绕城市和乡村居民最关心、最迫切需要解决的关键问题，以宜居城市建设和美丽乡村建设为抓手，力争早日建成天蓝、水清、山绿、地净、富饶秀美、和谐安康、人文昌盛、宜业宜居的美丽浙江。

9.2 可能的创新点

（1）以居民的人居环境要素偏好为外在基准，进行不同模式下人居环境适宜性的综合集成研究。基于多元化的研究数据，将人居环境的客观测度指标和居民主观评价相结合，在评价人居环境客观测度指标的基础上，以居民对人居环境的心理反应（要素偏好）为外在基准，进行不同偏好模式下人居环境适宜性的综合集成研究。既尊重了区域人居环境供给的客观事实，又兼顾了居民对人居环境的主观感知，综合考虑主观与客观两个方面的因素，拓展了人居环境综合集成的视角和思路。

（2）基于结构方程模型对城乡地域居民人居环境满意度的特征、影响机理进行了系统全面的对比分析。在宏观分析人居环境适宜性的基础上，选取典型案例区域，从主观视角进行城市地域空间和乡村地域人居环境空间对比分析，探讨不同地域类型下居民人居环境满意度特征、影响机制及其与居住流动性意向相互关系。

（3）丰富了人居环境研究的理论与实证。从人居环境适宜性概念界定、要素评价、综合集成、空间分异特征到人居环境满意度概念界定、感知特征、影响机制、政策分析，较为系统地探索了区域人居环境分析评价的理论与方法，丰富了人居环境科学的理论与实证。揭示了浙江省全域人居环境适宜性的空间分异规律，对比分析了城乡人居环境满意度的特征影响机理，对建设“山水浙江，诗画江南”的美丽浙江具有参考意义。

9.3　问题与展望

在研究的过程中，尽管笔者竭尽所能地努力去做到研究的科学性和创新性，但由于时间和精力的制约，本书难免存在一些问题和不足，有待于在今后的进一步研究中深入。

（1）人居环境是社会、经济、自然、文化等多部门的综合集成，本书从生态环境、经济发展和公共服务三个方面来刻画区域人居环境适宜性，虽具有较强的代表性和典型性，但受数据的可得性制约，评价维度的确定和细分指标的选取仍具有一定的主观性和片面性。有很多指标因不能进行量化评价而遭到舍去，以致在评价过程中难以达到全面地衡量和分析区域人居环境适宜性。随着社会经济的不断发展，人居环境的不断变化，还会出现很多新的指标，因此在数据可获取的条件下，人居环境的评价指标需要不断完善。此外，本书基于居民群体的主观偏好，分三种模式对区域人居环境适宜性综合集成进行了初步探索，这一技术方法对大、中尺度区域人居环境研究具有较强的适用性，在小微尺度上，如何结合不同居民群体的人居环境要素供需关系的差异性，进行综合集成有待进一步研究。

（2）人居环境满意度的影响因素涉及面广，其作用机理复杂，由于研究精力和能力所限，本书通过对不同地域居民人居环境满意度感知的问卷调查，从多个维度来分析城乡人居环境满意度的特征与影响机理，取得一定的研究成果，但问卷中选取指标数量仍然有限，因此人居环境满意度感知评价因素还有欠全面，可能导致得出的结果会有偏差。构建更加全面、更加细致的分析评价量表是今后人居环境满意度主观研究需要努力的方向。

（3）人居环境适宜性和满意度的空间分异特征和影响机理是动态性的和基于历史影响的。受数据获取制约和研究时间精力有限，在研究时段上，本书仅选择 2014 年这一截面数据，没能揭示浙江省人居环境适宜性的动态演化规律和驱动机制；在研究案例上，本书仅选择杭州城区和仙居乡镇两个地区进行案例实证，没能在全省县域单元内进行问卷调查，进行与人居环境适宜性相同尺度的居民满意度研究，调查区域和调查样本数量都有限，以此来反映浙江省城市和乡村居民人居环境满意度感知评价和行为意向还显得不够充分。今后应开展更加广域的案例地调研，同时进行深入的历时性分析，将人居环境的适宜性、影响机理研究由静态观测描述推向动态演化模拟。

（4）本书还发现人居环境感知因素、满意度与居民流动意向之间存在密切的联系，但本书仅初步分析了人居环境感知因素对流动性意向的影响方向和程度，不同地域类型、不同空间尺度、不同时间范围，居民流动意向具有什么样的特征规律，受哪些因素的影响和制约，这对于中国和谐宜居城市建设和以人为本的新型城镇化建设，对于优化城镇空间布局模式，促进农村经济持续发展和土地集约节约利用等均具有一定的现实意义，这也是未来值得进一步研究和探讨的。

（5）以上几点主要是基于浙江省的实证研究所做的一点总结。此外，通过研究和梳理，我们还发现：纵观人居环境研究发展历程，中国学者在“经世致用”原则的指引下，根据时代发展需求适时调整研究内容和视角，但又始终围绕着人与环境两大要素及其相互关系这一研究核心，并在概念及理论方法上取得了长足进展。但人居环境的问题随着社会、经济、环境的变化将会越来越复杂，因此，对人居环境研究仍需更加深入。具体来说，可以在以下三方面进一步完善：

其一，内涵理论认知层面：随着时代发展，人居环境的概念、内涵在不断演变，需以发展的眼光不断深化对人居环境内涵的认知。就“人”要素而言，作为人居环境的核心，以往对人居环境的研究，更多的是关注城市大众、乡村大众，在新时期，除了这两大群体，更应重视贫困人口、老年人口、中低收入人口、农民工等弱势群体的人居环境感知评价及其优化。就“环境”要素而言，城镇化、信息化、绿色化等不断改变着人们的时空观念和居住理念，并且随着社会经济的快速发展，很多地区将会出现土地利用方式变更、资源要素重新配置和空间重组等，环境要素的空间范围、形态、尺度也将随之发生变化。因此，在进行现代人居环境研究时，必须结合新的时代特征深刻理解人居环境各要素的真实内涵。例如，新时期中国将积极以陆海统筹推进海洋强国建设，海洋在国家经济发展格局和对外开放中的作用更加重要，但以往的人居环境研究基本都集中在陆域，海洋在未来也可能成为重要的人居区域，相关的理论与实证研究也值得进一步探索。此外，对人居环境理论的探索，需考虑在高质量发展背景下，如何理解人居与高质量发展，如何明确高质量人居的无上性与无极限、地方性与相对性、时间性和人文性、阶段性和层级性等特点，进而提高中国人居环境理论研究的深度和广度。

其二，研究对象和内容层面：人居环境的研究以往主要以城市和乡村为对象展开，在新的时期城市和乡村仍将是人居环境研究的主阵地。对城市人居环境领域而言，中国城市发展模式已从“增量扩张”逐渐转向“存量提升”，寻求高质量的城市人居环境。因此，在城市宜居性评价研究已较为成熟的情况下，可进一步基于学科交叉融合，从城市有机更新、城市活力、空间正义、健康、文化、体育、老龄化、魅力空间等细分角度研究城市人居环境，这也很可能是未来宜居城市研究重点关注的方向。对乡村人居环境领域而言，在国家宏观政策的推动下，“生态宜居”成为乡村振兴战略规划的关键，目前生态宜居乡村建设正渐次展开，但是基于人文和自然系统耦合关系的评估框架及相关理论研究、生态宜居评价指标和方法体系构建、观测技术方法集成和数据同化、时空尺度选择和确定等科学问题，仍需要进行深入探讨。如何做到精细化地评估乡村生态宜居的建设和治理成效，也是一个复杂的科学命题。此外，在乡村人居环境具体整治和建设过程中，如何统筹生态宜居与乡村振兴战略其他四个目标（产业兴旺、乡风文明、治理有效、生活富裕）的有机协调，如何做好与新时期县、乡国土空间规划的有机衔接，进而形成新的乡村空间治理体系，这些也都值得进一步探究。

其三，研究的时间尺度及方法层面：人居环境研究历时已久，基于时间断面的研究居多，但单从时间断面进行不同尺度的定性定量研究是不够的，需要不断深化对人居环境的纵深认知及定量模拟研究，进而深刻理解区域人居环境的演变规律，促进人居环境朝着和谐、宜居、可持续方向发展。未来可基于时间序列、大数据和人工智能算法开展人居环境的多尺度定量模拟，定量刻画其演化规律，识别核心驱动要素，同时兼顾社会经济发展与人居环境建设目标，对人居环境演化进行有效的预测和预警，反演出理想的人居环境模式，从而将规划实践、实证与人居环境演化规律及调控理论结合，为真正进入"和谐人居"时代提供有力的理论基础和科学参数。此外，人居环境科学研究最终也是为满足人民日益增长的美好生活需要服务的，故人居环境的科学研究也需要尽快从认识论走向方法论，在全国的大格局中把人居质量作为国家空间治理体系的基本要素。因此，需通过选择、组合、填补、完善、优化等途径，加强学科交叉及综合集成技术支持系统的探索，充分利用不同学科及方向专长，注重学科及知识体系间的渗透、融合，互相启迪，并加快新技术、新方法和新数据来源的应用与创新，构建系统的学科理论体系与研究方法论体系，为实现人居环境的即时认知和优化提供支撑。

参考文献

[1] Adam B J. Technological opportunity and spillovers of R&D: Evidence from firms' patents, profits and market value [J]. American Economic Review, 1986 (76): 984-1001.

[2] Amit K. Study of Rural Settlements in Western Himalayas with the Help of GIS [M]. Saarbrücken: LAP Lambert Academic Publishing, 2012.

[3] Belinda Y. Safety and dwelling in Singapore [J]. Cities, 2004, 21 (1): 19-28.

[4] Bowen E A, Bowen S K, Barman-Adhikari A. Prevalence and covariates of food insecurity among residents of single-room occupancy housing in Chicago, IL, USA [J]. Public Health Nutrition, 2016, 19 (6): 1122-1130.

[5] Brown C A. Spatial inequalities and divorced mothers [A] //The American Sociological Association. The Proceedings of 1978 Annual Meeting of the American Sociological Association [C]. San Francisco: The American Sociological Association, 1978: 13-24.

[6] Brown L A, Moore E G. The intraurban migration process: A perspective [J]. Human Geography, 1970, 52 (1): 1-13.

[7] Bunce M. Rural Settlement in an Urban World [M]. New York: Martins Press, 1982.

[8] Buruso F H. Habitat suitability analysis for hippopotamus (H. amphibious) using GIS and remote sensing in Lake Tana and its environs, Ethiopia [J]. Environmental Systems Research, 2018, 6 (1): 6-20.

[9] Casellati A. The nature of livability [A] //International Making Cities Livable Conferences [C]. California, USA: Gondolier Press, 1997.

[10] Castro C P, Ibarra I, Lukas M. Disaster risk construction in the pro-gressive consolidation of informal settlements: Iquique and Puerto Montt, Chile case studies [J]. International Journal of Disaster Risk Reduction, 2015 (13): 109-127.

[11] Chen C S, Cai Y Z. The Chinese Government's Public Service: Institutional Changing and Comprehensive Evaluation [M]. Beijing: China Social Sciences Press, 2007: 32-33.

[12] Chiang C L, Liang J J. An evaluation approach for livable urban environments[J]. Environment Science and Pollution Research, 2013, 20 (8): 5229-5242.

[13] Clark R D. Minority influence: The role of argument refutation of the majority position and social support for the minority position [J]. European Journal of Social Psychology, 1990, 20 (6): 489-497.

[14] Clark W, Ledwith V. Mobility, housing stress, and neighborhood contexts: Evidence from Los Angeles [J]. Environment and Planning A, 2006 (38): 1077-1093.

[15] Clocke P. Rural Settlement Planning [M]. London: Methuen, 1983.

[16] Dabholkar P A, Shepherd C D, Thorpe D I. A comprehensive framework for service quality: An investigation of critical conceptual and measurement issues through a longitudinal study [J]. Journal of Retailing, 2002, 76 (2): 139-173.

[17] Dahms F. Settlement evolution in the arena society in the urban field [J]. Journal of Rural Studies, 1998, 14 (2): 299-320.

[18] Delmellea E C, Casas I. Evaluating the spatial equity of bus rapid transit-based accessibility patterns in a developing country: The case of Cali, Colombia [J].Transport Policy, 2012, 20 (1): 36-46.

[19] Diakoulaki D, Mavrotas G, Papayannakis L. Determining objective weights in multiple criteria problems: The CRITIC method [J]. Computers & Operations Research, 1995, 22 (7): 763-770.

[20] Dovile L, Marija B, Valentinas P. Subjectively and objectively integrated assessment of the quality indices of the suburban residential environment [J]. International Journal of Strategic Property Management, 2015, 19 (3): 297-308.

[21] Doxiadis C A. Action for Human Settlements [M]. Athens: Athens Publishing Center, 1975.

[22] Downton P. Ecopolis: Architecture and Cities for a Changing Climate [M]. Berlin: Springer Netherlands, 2009.

[23] Elsinga M, Hoekstra J. Homeownership and housing satisfaction [J]. Journal of Housing and the Built Environment, 2005 (20): 401-424.

[24] Evans P. Livable Cities? Urban Struggles for Livelihood and Sustainability [M]. Berkeley: University of California Press, 2002.

[25] Fang Z, Sakellariou C. Living standards inequality between migrants and local residents in urban China—A quintile decomposition [J]. Contemporary Economic Policy, 2016, 34 (2): 369-386.

[26] Feng L, Hong W. Characteristics of drought and flood in Zhejiang Province, East China: Past and future [J]. Chinese Geographical Science, 2007, 17 (3): 257-264.

[27] Fitchett J M, Robinson D, Hoogendoorn G. Climate suitability for tourism in South Africa [J]. Journal of Sustainable Tourism, 2016, 25 (6): 851-867.

[28] Fornell C, Michael D J, Eugene W, et al . The American customer satisfaction index: Nature, purpose, and findings [J]. Journal of Marketing, 1996, 60 (4): 7-18.

[29] Fourniadis I G, Liu J G, Mason P J. Landslide hazard assessment in the Three Gorges area, China, using ASTER imagery: Wushan—Badong [J].

Geomorphology, 2007, 84 (2): 126–144.

[30] Galster G C, Hesser G W. Residential satisfaction [J]. Environment and Behavior, 1981, 13 (6): 735–758.

[31] Gao J B, Zhou C S, Wang Y M, et al. Spatial analysis on urban public service facilities of Guangzhou City during the economy system transformation [J]. Geographical Research, 2011, 30 (3): 424–435.

[32] Geller A L. Smart growth: A prescription for livable cities [J]. American Journal of Public Health, 2003, 93 (9): 1410.

[33] Getis A, Ord J K. The analysis of spatial association by the use of distance statistics [J]. Geographical Analysis, 1992 (24): 189–206.

[34] Giovanni B, Felix C, Jan M. A spatial typology of human settlements and their CO_2 emissions in England [J]. Global Environmental Change, 2015 (34): 13–21.

[35] Gibin M, Longley P, Atkinson P. Kernel density estimation and percent volume contours in general practice catchment area analysis in urban areas [A] //Proceedings of the GIScience Research UK Conference [C]. 2007: 121–125.

[36] Hacohen–Domené A, Martínez–Rincón R O, Galván–Magaña F, Cárdenas–Palomo N, et al. Habitat suitability and environmental factors affecting whale shark (Rhincodon typus) aggregations in the Mexican Caribbean [J]. Environmental Biology of Fishes, 2015, 98 (8): 1953–1964.

[37] Hahlweg D. The city as a family [A] //International Making Cities Livable Conferences [C]. California, USA: Gondolier Press, 1997.

[38] Han M H, Joo M K, Oh Y K. Residential and acoustic environments perceived by residents of regional cities in Korea: A case study of Mokpo City [J]. Indoor and Built Environment, 2010, 19 (1): 102–113.

[39] Hansen W G. How accessibility shapes land–use [J]. Journal of the American Institute of Planners, 1959, 25 (2): 73–76.

[40] Harrison G L. Satisfaction, tension and interpersonal relations: A cross-cultural comparison of managers in Singapore and Australia [J]. Journal of Managerial Psychology, 1995, 10 (8): 13-19.

[41] Haugen K, Holm E, et al. Proximity, accessibility and choice: A matter of taste or condition [J]. Papers in Regional Science, 2012, 91 (1): 65-84.

[42] Helliwell J, Layard R, Sachs J. World Happiness Report [R]. 2012.

[43] Higasa T. Urban Planning [M]. Tokyo: Kioritz Corporation Press, 1977.

[44] Huang Z H, Du X J. Assessment and determinants of residential satisfaction with public housing in Hangzhou, China [J]. Habitat International, 2015 (47): 218-230.

[45] Isabelle T, François-Michel L T. Population densities and deforestation in the Brazilian Amazon: New insights on the current human settlement patterns [J]. Applied Geography, 2016 (76): 163-172.

[46] Jansen S J T. The impact of the have want discrepancy on residential satisfaction [J]. Journal of Environmental Psychology, 2012, 40 (12): 26-38.

[47] Jens F L. The impact of residential environment reputation on residential environment choices [J]. Journal of Housing and the Built Environment, 2015, 30 (3): 403-420.

[48] Jiboye A D. Post-occupancy evaluation of residential satisfaction in Lagos, Nigeria: Feedback for residential improvement [J]. Frontiers of Architectural Research, 2012 (1): 236-243.

[49] Jin C, Cheng J Q, Lu Y Q, Huang Z F, Cao F D. Spatial inequity in access to healthcare facilities at a county level in a developing country: A case study of Deqing County, Zhejiang, China [J]. International Journal for Equity in Health, 2015, 14 (1): 67-87.

[50] John C. A location theory for rural settlement [J]. Annals of the Associ-

ation of American Geographers, 1969, 59 (2): 365-381.

[51] Jordan A, Silberman A, Peter W, et al. Reinventing mountain settlements: A GIS model for identifying possible ski towns in the U.S. Rocky Mountains [J]. Applied Geography, 2010, 30 (1): 36-49.

[52] Kearns A, Parkes A. Living in and leaving poor neighborhood conditions in England [J]. Housing Studies, 2003 (18): 827-851.

[53] Kim M K, Blendon R J, Benson J M. What is driving people's dissatisfaction with their own health care in 17 Latin American countries? [J]. Health Expectations, 2013, 16 (2): 155-163.

[54] Kotus J, Rzeszewski M. Between disorder and livability: Case of one street in post-socialist city [J]. Cities, 2013 (32): 123-134.

[55] Kodagali V. Influence of regional and local topography on the distribution of polymetallic nodules in central Indian Ocean Basin [J]. Geo-Marine Letters, 1988, 8 (3): 173-178.

[56] Lee S Y, Petrick J F, Crompton J. The roles of quality and intermediary constructs in determining festival attendees' behavioral intention [J]. Journal of Travel Research, 2007, 45 (4): 402-412.

[58] Li Y C, Liu C X, Hong Z. Evaluation on the human settlements environment suitability in the Three Gorges Reservoir Area of Chongqing based on RS and GIS [J]. Journal of Geographical Sciences, 2011, 21 (2): 346-358.

[59] Liu J L, Wen J H, Huang Y Q, Shi M Q, Meng Q J, Ding J H, Xu H. Human settlement and regional development in the context of climate change: A spatial analysis of low elevation coastal zones in China [J]. Mitigation and Adaptation Strategies for Global Change, 2015, 20 (4): 527-546.

[60] Liu X Z, Heilig G K, Chen J M. Interactions between economic growth and environmental quality in Shenzhen, China's first special economic zone [J]. Ecological Economics, 2007, 62 (3-4): 559-570.

[61] Liu Y, Deng W, Song X Q. Relief degree of land surface and popula-

tion distribution of mountainous areas in China [J]. Journal of Mountain Science, 2015, 12 (2): 518-532.

[62] Lorenz M O. Method of measuring the concentration of wealth [J]. Publications of the American Statistical Association, 1905, 70 (9): 209-219.

[63] Lovejoy K, Handy S, Mokhtarian P. Neighborhood satisfaction in suburban versus traditional environments: An evaluation of contributing characteristics in eight California neighborhoods [J]. Landscape & Urban Planning, 2010, 97 (1): 37-48.

[64] Lu M. Determinants of residential satisfaction: Ordered logit vs. regression models [J]. Growth and Change, 1999, 30 (2): 264-287.

[65] Mackett R L, Achuthan K, Titheridge H. AMELIA: Making streets more accessible for people with mobility difficulties [J]. Urban Design International, 2008, 13 (2): 80-89.

[66] Mamoun C M, Nigel R, Rughooputh S D D V. Wetlands' inventory, mapping and land cover index assessment on Mauritius [J]. Wetlands, 2013, 33 (4): 585-595.

[67] Mandal R B. Introduction to Rural Settlements [R]. Non Basic Stock Line, 2002.

[68] Mani M, Ganesh L, Koshy V. Sustainability and Human Settlements: Fundamental Issues, Modeling and Simulations [M]. London: SAGE Publications, 2005.

[69] Marcuse P. Space and race in the post-fordist city: The outcast ghetto and advanced homelessness in the United States today [A] //Mingione E. Urban Poverty and the Underclass [C]. Cambridge: Blackwell, 1996: 176-216.

[70] Marsal-Llacuna M L, Colomer-Llinàs J, Meléndez-Frigola J. Lessons in urban monitoring taken from sustainable and livable cities to better address the Smart Cities initiative [J]. Technological Forecasting & Social Change, 2015, 90 (12): 611-622.

[71] Mayhew A. Rural Settlement and Farming in Germany [M]. London: Batsford, 1973.

[72] Michael M, John G, David H, et al. Bridging top down and bottom up: Modeling community preference for a dispersed rural settlement pattern [J]. European Planning Studies, 2009, 17 (3): 441-462.

[73] Michael C. Rural Settlement and Land Use [M]. Chicago: Aldine Transaction, 2007.

[74] Mohamed F Y, Bothaine E Y, Eman A E. Assessment of indoor PM2.5 in different residential environments [J]. Atmospheric Environment, 2012 (56): 65-68.

[75] Mohadeseh M, Faizah A, Bushra A. Livable streets: The effects of physical problems on the quality and livability of Kuala Lumpur streets [J]. Cities, 2015 (43): 104-114.

[76] Mohit M A, Azim M. Assessment of residential satisfaction with public housing in Hulhumale', Maldives [J]. Procedia-Social and Behavioral Sciences, 2012 (50): 756-770.

[77] Mohit M A, Ibrahim M, Rashid Y R. Assessment of residential satisfaction in newly designed public low-cost housing in Kuala Lumpur, Malaysia [J]. Habitat International, 2010 (34): 18-27.

[78] Nepal S. Tourism and remote mountain settlements: Spatial and temporal development of tourist infrastructure in the Mt. Everest Region, Nepal [J]. Tourism Geographies, 2005, 7 (2): 205-227.

[79] Newton P W. Liveable and sustainable? Socio-Technical challenges for twenty-first-century cities [J]. Journal of Urban Technology, 2012, 19 (1): 81-102.

[80] Nicholas C, Gill V. Key Methods in Geography [M]. London: SAGE Publications Ltd, 2003.

[81] Oliver J E. Climate and Man's Environment-an Introduction to Applied

Climatology [M]. New York: John Wiley and Sons, Inc., 1973.

[82] Oliver D H. Perfect competition and optimal product differentiation [J]. Journal of Economic Theory, 1980, 22 (2): 279-312.

[83] Omuta G E D. The quality of urban life and the perception of livability: A case study of neighbourhoods in Benin City, Nigeria [J]. Social Indicators Research, 1988, 20 (4): 417-440.

[84] Omar N Q, Raheem A M. Determining the suitability trends for settlement based on multi criteria in Kirkuk, Iraq [J]. Open Geospatial Data Software & Standards, 2016 (1): 1-10.

[85] Paudel P K, Hais M, Kindlmann P. Habitat suitability models of mountain ungulates: Identifying potential areas for conservation [J]. Zoological Studies, 2015, 54 (1): 37-41.

[86] Palej A. Architecture for, by and with children: A way to teach livable city [A] //International Making Cities Livable Conference [C]. Vienna, Austria, 2000.

[87] Porta S, Latora V, Wang F H, et al. Street centrality and the location of economic activities in Barcelona [J]. Urban Studies, 2012, 49 (7): 1471-1488.

[88] Register R. Ecocity Berkeley—Building Cities for a Healthy Future [M]. Berkeley: North Atlantic Books, 1987.

[89] Rosen S. Markets and diversity [J]. American Economic Review, 2002, 92 (1): 1-15.

[90] Saaty T L. A scaling method for priorities in hierarchical structures [J]. Journal of Mathematical Psychology, 1977, 15 (3): 234-281.

[91] Saitluanga B L. Spatial pattern of urban livability in Himalayan Region: A case of Aizawl City, India [J]. Social Indicators Research, 2014, 117 (2): 541-559.

[92] Salleh A G. Neighborhood factors in private low-cost housing in Malaysia

[J]. Habitat International, 2008 (32): 485-493.

[93] Salzano E. Seven aims for the livable city [A] //International Making Cities Livable Conferences [M]. California, USA: Gondolier Press, 1997.

[94] Sandstrom U G. Green infrastructure planning in urban Sweden [J]. Planning Practice & Research, 2002, 17 (4): 373-385.

[95] Saumel I, Weber F, Kowarik I. Toward livable and healthy urban streets: Roadside vegetation provides ecosystem services where people live and move [J]. Environmental Science and Pilicy, 2015 (33): 24-33.

[96] Savageau D. Places Rated Almanac: The Classic Guide for Finding Your Best Places to Live in America [M]. USA: Places Rated Books LLC, 2007: 3-17.

[97] Schnaiberg J, Riera J, Turner M, et al. Explaining human settlement patterns in a recreational lake district: Vilas County, Wisconsin, USA [J]. Environmental Management, 2002, 30 (1): 24-34.

[98] Schrouder S. Educational efficiency in the educational efficiency in the Caribbean: A comparative analysis[J]. Development in Practice, 2008, 18 (100): 273-279.

[99] Singh R L. Readings in Rural Settlement Geography [M]. India: National Geographical Society of India, 1975.

[100] Speare A. Residential satisfaction as an intervening variable in residential mobility [J]. Demography, 1974, 11 (2): 173-188.

[101] Spagnolo J, Dear R D. A field study of thermal comfort in outdoor and semi-outdoor environments in subtropical Sydney Australia [J]. Building and Environment, 2003, 38 (5): 721-738.

[102] Steadman R G. The assessment of sultriness. part I: A temperature-humidity index based on human physiology and clothing science [J]. Journal of Applied Meteorology, 1979, 18 (7): 861-873.

[103] Tang C C, Zhong L S, Kristen M, Cheng S K. A comprehensive eva-

luation of tourism climate suitability in Qinghai Province, China [J]. Journal of Mountain Science, 2012, 9 (3): 403-413.

[104] Thomas J. The Rural Transport Problem [M]. London: Rutledge and Kegan Paul, 1963 .

[105] Tica S, Filipovic S, Bojovic N. The quality of service level of mass passenger public transport station [J]. African Journal of Business Management, 2011, 5 (12): 4891-4900.

[106] Tian S, Li X, Yang J, et al. Initial study on triaxiality of human settlements—In the case of 10 districts (counties) of Dalian [J]. Sustainability, 2014, 6 (10): 7276-7291.

[107] Timmer V, Seymoar N K. The livable city [A] //The World Urban Forum, Vancouver Working Group Discussion Paper [C] . Vancouver: Vancouver Working Group, 2006.

[108] Toscano E V, Amestoy V A. The relevance of social interactions on housing satisfaction [J]. Social Indicators Research, 2008, 86 (2): 257-274.

[109] United Nations. The Vancouver declaration on human settlements [R]. Habitat: United Nations Conference on Human Settlements, Vancouver, Canada, 1976.

[110] United Nations. What is "Human Settlement" [EB/OL] . United Nations, http: //www.unescap.org/huset/whatis.htm, 2012-06-02.

[111] Varady D, Carrozza M. Toward a better way to measure customer satisfaction levels in public housing: A report from Cincinnati [J]. Housing Studies, 2000, 15 (6): 797-825.

[112] Varghese A O, Sawarkar V B, Rao Y L P, Joshi A K. Habitat suitability assessment of Ardeotis nigriceps (Vigors) in Great Indian Bustard Sanctuary, Maharashtra (India) using remote sensing and GIS [J]. Journal of the Indian Society of Remote Sensing, 2015 (1): 1-9.

[113] Vayghan A H, Poorbagher H, Shahraiyni H T, et al. Suitability in-

dices and habitat suitability index model of Caspian kutum (Rutilus frisii kutum) in the southern Caspian Sea [J]. Aquatic Ecology, 2013, 47 (4): 441-451.

[114] Wang F H, Luo W. Assessing spatial and nonspatial factors for health-care access: Towards and integrated approach to defining health professional shortage areas [J]. Health & Place, 2005, 11 (2): 131-146.

[115] Wang F H. Quantitative Methods and Applications in GIS [M]. Jiang Shiguo, Teng Junhua, Trans. Beijing: The Commercial Press, 2009: 80-81.

[116] Wang J, Su M R, Chen B, et al. A comparative study of Beijing and three global cities: A perspective on urban livability [J]. Frontiers of Earth Science, 2011, 5 (3): 323-329.

[117] Wang Y, Jin C, Lu M Q, et al. Assessing the suitability of regional human settlements environment from a different preferences perspective: A case study of Zhejiang Province, China [J]. Habitat International, 2017 (70): 1-12.

[118] Wiley J. Rural sustainable development in America [J]. Regional Studies Association, 1998, 32 (2): 199-207.

[119] William F A, Bets W, Liang W J. Climate and origin of humankind [J]. World Science, 1993 (5): 29-32.

[120] Wolpert J. Migration as an adjustment to environmental stress [J]. Journal of Social Issues, 1966 (22): 92-102.

[121] Wei W, Shi P J, Zhou, J J, Feng, H C, Wang, X F, Wang, X P. Environmental suitability evaluation for human settlements in an arid inland river basin: A case study of the Shiyang river basin [J]. Journal of Geographical Sciences, 2013, 23 (2): 331-343.

[122] Xia T Y, Wang J Y, Song K. Variations in air quality during rapid urbanization in Shanghai, China [J]. Landscape and Ecological Engineering, 2014, 10 (1): 181-190.

[123] Xie Y, Xia L V, Liu R, Mao L, Liu X. Research on port ecological suitability evaluation index system and evaluation model [J]. Frontiers of Structural &

Civil Engineering, 2015, 9 (1): 65-70.

[124] Yanitsky O. The City and Ecology [M]. Moscow: Nauka Press, 1984.

[125] Yousuf M I, Alam M T, Sarwar M. Non-governmental organizations' service quality for development of basic education in Pakistan [J]. African Journal of Business Management, 2010, 4 (14): 3201-3206.

[126] Zanella A, Camanho A S, Dia T G. The assessment of cities' livability integrating human wellbeing and environmental impact [J]. Annals of Operations Research, 2015, 226 (1): 695-726.

[127] Žabkar V, Brenčič M, Dmitrović M. Modeling perceived quality, visitor satisfaction and behavioral intentions at the destination level [J]. Tourism Management, 2010, 31 (2): 537-546.

[128] Zhan D S, Kwan M P, Zhang W Z, et al. Assessment and determinants of satisfaction with urban livability in China [J]. Cities, 2018 (79): 92-101.

[129] Zhang L, Lu Y. Regional accessibility of land traffic network in the Yangtze River Delta[J]. Journal of Geographical Sciences, 2007, 17 (3): 351-364.

[130] Zhao J, Xu M, Lu S L, Cao C X. Human settlement evaluation in mountain areas based on remote sensing, GIS and ecological niche modeling [J]. Journal of Mountain Science, 2013, 10 (3): 378-387.

[131] Zhao Y, Cui S, Yang J. Basic public health services delivered in an urban community: A qualitative study [J]. Public Health, 2011, 125 (1): 37-45.

[132] Zhao X J, Zhang X L, Xu X F. Seasonal and diurnal variations of ambient PM2.5 concentration in urban and rural environments in Beijing [J]. Atmospheric Environment, 2009, 43 (3): 2893-2900.

[133] Zhejiang Statistics Bureau. Zhejiang Statistical Yearbook [M]. Beijing: China Statistics Press, 2015.

[134] Zhu J H, Tian S F, Tan K, et al. Human settlement analysis based on multi-temporal remote sensing data: A case study of Xuzhou City, China [J]. Chinese Geographical Science, 2016, 26 (3): 389-400.

[135] 柏中强，王卷乐，杨雅萍，等. 基于乡镇尺度的中国25省区人口分布特征及影响因素 [J]. 地理学报，2015，70（8）：1229-1242.

[136] [美] 保罗·诺克斯，斯蒂文·平奇. 城市社会地理学导论 [M]. 柴彦威，张景秋译. 北京：商务印书馆，2005.

[137] 蔡运龙. 当代科学和社会视角下的地理学 [J]. 自然杂志，2013，35（1）：30-39.

[138] 曹小曙，林强. 基于结构方程模型的广州城市社区居民出行行为 [J]. 地理学报，2011，66（2）：167-177.

[139] 曹芳东，黄震方，吴江，等. 转型期城市旅游业绩效评价及空间格局演化机理：以泛长江三角洲地区为例 [J]. 自然资源学报，2013，28（1）：148-161.

[140] 陈洁，陆锋，程昌秀. 可达性度量方法及应用研究进展评述 [J]. 地理科学进展，2007，26（5）：100-110.

[141] 陈翊，冯云廷，俞杨安安. 浙江省县域经济格局的空间演化分析 [J]. 地域研究与开发，2017，36（3）：16-25.

[142] 陈晨，王法辉，修春亮. 长春市商业网点空间分布与交通网络中心性关系研究 [J]. 经济地理，2013，33（10）：40-47.

[143] 陈浮. 城市人居环境与满意度评价研究 [J]. 城市规划，2000，24（7）：25-27.

[144] 陈兴中，周介铭. 中国乡村地理 [M]. 成都：四川科学技术出版社，1989.

[145] 谌丽，张文忠，李业锦. 大连居民的城市宜居性评价 [J]. 地理学报，2008，63（10）：1022-1030.

[146] 谌丽，张文忠，李业锦，等. 北京城市居住环境类型区的识别与评价 [J]. 地理研究，2015，34（7）：1331-1342.

[147] 谌丽，张文忠，杨翌朝. 北京城市居民服务设施可达性偏好与现实错位 [J]. 地理学报，2013，68（8）：1071-1081.

[148] 谌丽，张文忠. 北京城市居住环境的空间差异及形成机制 [M]. 北京：中国社会出版社，2015.

[149] 程连生，冯文勇，蒋立宏. 太原盆地东南部农村聚落空心化机理分析 [J]. 地理学报，2001，56（4）：437-446.

[150] 程淑杰，朱志玲. 基于 GIS 的人居环境生态适宜性评价——以宁夏中部干旱带为例 [J]. 干旱区研究，2015，32（1）：176-183.

[151] 丛艳国，夏斌，魏立华. 广州社区人居环境满意度人群及空间差异特征 [J]. 人文地理，2013（4）：53-60.

[152] 党云晓，余建辉，张文忠. 基于主观感受的宜居北京评价变化研究 [J]. 人文地理，2015（4）：59-69.

[153] 党云晓，余建辉，张文忠. 北京居民生活满意度的多层级定序因变量模型分析 [J]. 地理科学，2016，36（6）：829-836.

[154] 党云晓，余建辉，张文忠，等. 环渤海地区城市居住环境满意度评价及影响因素分析 [J]. 地理科学进展，2016，35（2）：184-194.

[155] 杜德斌，汤建中. 城市犯罪区位选择的数学模拟 [J]. 地理研究，1995，14（3）：26-32.

[156] 方创琳. 中国人地关系研究的新进展与展望 [J]. 地理学报，2004，59（S1）：21-32.

[157] 方创琳，魏也华. 河西地区可持续发展能力评价及地域分异规律 [J]. 地理学报，2001，56（5）：561-569.

[158] 冯健，林文盛. 苏州老城区衰退邻里居住满意度及影响因素 [J]. 地理科学进展，2017，36（2）：159-170.

[159] 封志明，唐焰，杨艳昭，等. 基于 GIS 的中国人居环境指数模型的建立与应用 [J]. 地理学报，2008，63（12）：1327-1336.

[160] 封志明，唐焰，杨艳昭，等. 中国地形起伏度及其与人口分布的相关性 [J]. 地理学报，2007，62（10）：1073-1082.

［161］封志明，杨艳昭，游珍. 中国人口分布的土地资源限制性和限制度研究［J］. 地理研究，2014，33（8）：1395-1405.

［162］封志明，杨艳昭，游珍. 中国人口分布的水资源限制性与限制度研究［J］. 自然资源学报，2014，29（10）：1637-1648.

［163］封志明，杨艳昭，游珍，等. 基于分县尺度的中国人口分布适宜度研究［J］. 地理学报，2014，69（6）：723-737.

［164］付博. 基于 GIS 和遥感的长春市宜居性环境评价研究［D］. 长春：吉林大学博士学位论文，2011.

［165］甘霖，冯长春，王乾. 北京市房价与地价的动态关系：基于结构方程模型的实证分析［J］. 地理学报，2016，35（10）：1831-1845.

［166］甘枝茂. 陕北黄土丘陵区乡村聚落土壤水蚀观测分析［J］. 地理学报，2005，60（3）：519-525.

［167］高斯瑶，程杨. 北京市老年人口迁移意愿及影响因素研究［J］. 地理研究，2018，37（1）：119-132.

［168］顾成林，李雪铭，周健. 城市内部居住环境评价的空间分析：以佳木斯市为例［J］. 云南地理环境研究，2012，24（4）：55-61.

［169］顾杰，徐建春，卢珂. 新农村建设背景下中国农村住房发展：成就与挑战［J］. 中国人口·资源与环境，2013，23（9）：62-71.

［170］郭显光. 改进的熵值法及其在经济效益评价中的应用［J］. 系统工程理论与实践，1998（12）：98-102.

［171］韩增林，李彬，张坤领.中国城乡基本公共服务均等化及其空间格局分析［J］. 地理研究，2015，34（11）：2035-2048.

［172］郝慧梅，任志远. 基于栅格数据的陕西省人居环境自然适宜性测评［J］. 地理学报，2009，64（4）：498-506.

［173］何建英. 都市型旅游目的地国内游客满意度研究：以天津市为例［D］. 天津：南开大学博士学位论文，2012.

［174］贺艳华，曾山山，唐承丽，等. 中国中部地区农村聚居分异特征及形成机制［J］. 地理学报，2013，68（12）：1643-1656.

［175］何琼峰. 中国国内游客满意度的内在机理和时空特征［J］. 旅游学刊，2011，26（9）：45-52.

［176］何萍，李宏波. 楚雄市人居气象指数分析［J］. 云南地理环境研究，2008，20（3）：114-117.

［177］何深静，齐晓. 广州市三类社区居住满意度与迁居意愿研究［J］. 地理科学，2014，34（11）：1327-1337.

［178］侯荣涛. 经济活力评价体系构建及对福田区实证分析［J］. 经济师，2015（6）：146-149.

［179］胡伏湘. 长沙市宜居城市建设与城市生态系统耦合研究［D］. 长沙：中南林业科技大学博士学位论文，2012.

［180］胡娟. 西安市宜居城市建设评价研究［D］. 西安：陕西师范大学硕士学位论文，2010.

［181］胡细英，刘强，张迪. 城市人居环境建设与生态休闲示范区规划：以江西省南昌市为例［J］. 经济地理，2008，28（4）：565-572.

［182］胡云锋，王倩倩，李军，等. 国家尺度社会经济数据格网化原理和方法［J］. 地球信息科学学报，2011，13（5）：573-578.

［183］胡武贤，杨万柱. 常德市人居环境评价与优化研究［J］. 湖南社会科学，2004（3）：93-95.

［184］黄光宇，陈勇. 生态城市概念及其规划设计方法研究［J］. 城市规划，1997（6）：17-20.

［185］江小涓，李辉. 服务业与中国经济：相关性和加快增长的潜力［J］. 经济研究，2004（1）：4-15.

［186］蒋天颖，华明浩，张一青. 县域经济差异总体特征与空间格局演化研究：以浙江为实证［J］. 经济地理，2014，34（1）：35-43.

［187］金凤君. 基础设施与人类生存环境之关系研究［J］. 地理科学进展，2001，20（3）：276-285.

［188］金其铭. 农村聚落地理［M］. 南京：南京师范大学出版社，1984.

［189］金延杰. 中国城市经济活力评价［J］. 地理科学，2007，27（1）：9-

19.

[190] 靳诚，黄震方. 基于可达性技术的长江三角洲旅游区划 [J]. 地理研究，2012，31（4）：745-757.

[191] 柯文前，陆玉麒，俞肇元，等. 多变量驱动的江苏县域经济格局演化 [J]. 地理学报，2013，68（6）：802-812.

[192] 李伯华，曾菊新，胡娟. 乡村人居环境研究进展与展望 [J]. 地理与地理信息科学，2008，24（5）：70-73.

[193] 李伯华，刘传明，曾菊新. 乡村人居环境的居民满意度评价及其优化策略研究：以石首市久合垸乡为例 [J]. 人文地理，2009，24（1）：28-32.

[194] 李伯华，窦银娣，刘沛林. 欠发达地区农户人居环境建设的支付意愿及影响因素分析：以红安县个案为例 [J]. 农业经济问题，2011（4）：125-134.

[195] 李伯华，刘沛林，窦银娣. 转型期欠发达地区乡村人居环境演变特征及微观机制：以湖北省红安县二程镇为例 [J].人文地理，2012（6）：103-112.

[196] 李伯华，刘沛林，窦银娣. 景区边缘型乡村旅游地人居环境演变特征及影响机制研究：以大南岳旅游圈为例 [J]. 地理科学，2014，34（11）：1354-1361.

[197] 李伯华. 农户空间行为变迁与乡村人居环境优化研究 [M]. 北京：科学出版社，2014.

[198] 李陈. 中国城市人居环境评价研究 [D]. 上海：华东师范大学博士学位论文，2015.

[199] 李陈. 中国 36 座中心城市人居环境综合评价 [J]. 干旱区资源与环境，2017，37（5）：1-7.

[200] 李斌. 兰州城市人居环境建设质量评价与优化研究 [D]. 兰州：西北师范大学硕士学位论文，2004.

[201] 李斌，曹倩倩，何洁琼，等. 基于村民参与式的乡村人居环境评价研究 [J]. 中国农业通报，2015，32（2）：26-34.

[202] 李昌浩，朱晓东，李杨帆，等. 快速城市化地区农村集中住宅区和生态人居环境建设研究 [J]. 重庆建筑大学学报，2007 (5)：1-5.

[203] 李国平，王春杨. 中国省域创新产出的空间特征和时空演化：基于探索性空间数据分析的实证 [J]. 地理研究，2012，31 (1)：95-106.

[204] 李丽萍，郭宝华. 关于宜居城市的理论探讨 [J]. 城市发展研究，2006，13 (2)：76-80.

[205] 李君，李小建. 农村居民迁居意愿影响因素分析 [J]. 经济地理，2008，28 (3)：454-459.

[206] 李俊峰，高凌宇，马作幸. 跨江择居居民的居住满意度及影响因素：以南京市浦口区为例 [J]. 地理研究，2017，36 (12)：2383-2392.

[207] 李齐云. 政府经济学 [M]. 北京：经济科学出版社，2003.

[208] 李瑞，吴殿廷，殷红梅，等. 民族村寨旅游地居民满意度影响机理模型与实证：以社区、政府和企业力量导向模式的比较研究 [J]. 地理学报，2016，71 (8)：1416-1435.

[209] 李王鸣. 城市人居环境评价 [J]. 经济地理，1997，19 (2)：38-43.

[210] 李王鸣，叶信岳，祁巍锋. 中外人居环境理论与实践发展评述 [J]. 浙江大学学报（理学版），2000，27 (2)：205-211.

[211] 李钰. 陕甘宁生态脆弱地区乡村人居环境研究 [D]. 西安：西安建筑科技大学博士学位论文，2010.

[212] 李文华. 可持续发展与生态城市建设 [M]. 北京：气象出版社，2003.

[213] 李雪铭，晋培育. 中国城市人居环境质量特征与时空差异分析 [J]. 地理科学，2012，32 (5)：521-529.

[214] 李雪铭，冀保程，杨俊，等. 社区人居环境满意度研究：以大连市为例 [J]. 城市问题，2008 (1)：58-65.

[215] 李雪铭，田深圳，杨俊，等. 城市人居环境的失配度：以辽宁省14个市为例 [J]. 地理研究，2014，33 (4)：687-697.

[216] 李雪铭，田深圳，张峰，等. 特殊功能区尺度的人居环境评价：以

大连市 10 所高校为例［J］. 城市问题，2014（2）：24-30.

［217］李雪铭，田深圳. 中国人居环境的地理尺度研究［J］. 地理科学，2015，35（2）：1495-1502.

［218］李雪铭，张春花，张馨. 城市化与城市人居环境关系的定量研究：以大连市为例［J］. 中国人口·资源与环境，2004，14（1）：90-95.

［219］李业锦. 城市宜居性的空间分异机制研究：以北京市为例［D］. 北京：中国科学院研究生院博士学位论文，2009.

［220］李业锦，朱红. 北京社会治安公共安全空间结构及其影响机制：以城市 110 警情为例［J］. 地理研究，2013，32（5）：870-880.

［221］梁流涛，李斌，段海静. 农村发展与生态环境协调性评价及其时空分异特征分析［J］. 河南大学学报（自然科学版），2015，45（3）：320-326.

［222］林李月，朱宇，许丽芳. 流动人口对流入地的环境感知及其对定居意愿的影响：基于福州市的调查［J］. 人文地理，2016（1）：65-74.

［223］刘瑾. 浙江省城市宜居性测度与评价研究［D］. 重庆：重庆工商大学硕士学位论文，2011.

［224］刘传明，曾菊新. 县域综合交通可达性测度及其与经济发展水平的关系：对湖北省 79 个县域的定量分析［J］. 地理研究，2011，30（12）：2209-2222.

［225］刘东，梁东黎. 微观经济学［M］. 南京：南京大学出版社，2000.

［226］刘沛林. 中国乡村人居环境的气候舒适度研究［J］. 衡阳师专学报（自然科学版），1999，20（3）：51-54.

［227］刘云刚，周雯婷，谭宇文. 日本专业主妇视角下的广州城市宜居性评价［J］. 地理科学，2010，34（6）：1230-1241.

［228］刘勇. 上海市旧住区居民满意度调查及影响因素分析［J］. 城市规划学刊，2010（3）：98-104.

［229］刘志林，廖露，钮晨琳. 社区社会资本对居住满意度的影响：基于北京市中低收入社区调查的实证分析［J］. 人文地理，2015（3）：20-29.

［230］龙瀛，张宇，崔承印. 利用公交刷卡数据分析北京职住关系和通勤

出行［J］. 地理学报，2012，67（10）：1339-1352.

［231］娄胜霞. 基于 GIS 技术的人居环境自然适宜性评价研究：以遵义市为例［J］. 经济地理，2011，31（8）：1358-1364.

［232］卢梦笛，李松，王立业. 乌鲁木齐城市边缘区居住环境质量评价［J］. 干旱区资源与环境，2016，30（3）：56-62.

［233］陆玉麒，董平. 新时期推进长江经济带发展的三大新思路［J］. 地理研究，2017，36（4）：605-615.

［234］孟斌，尹卫红，张景秋. 北京宜居城市满意度空间特征［J］. 地理研究，2009，28（2）：1318-1331.

［235］马婧婧. 中国乡村长寿现象与人居环境研究：以湖北钟祥为例［D］. 武汉：华中师范大学博士学位论文，2012.

［236］马仁锋，张文忠，余建辉，等. 中国地理学界人居环境研究回顾与展望［J］. 地理科学，2014，34（12）：1470-1479.

［237］马晓冬，李全林，沈一. 江苏省乡村聚落的形态分异及地域类型［J］. 地理学报，2012，67（4）：516-525.

［238］毛小岗，宋金平，冯徽徽，等. 基于结构方程模型的城市公园居民游憩满意度［J］. 地理研究，2013，32（1）：166-178.

［239］闵婕，刘春霞，李月臣. 基于 GIS 技术的万州区人居环境自然适宜性［J］. 长江流域资源与环境，2012，21（8）：1006-1012.

［240］倪鹏飞. 中国城市竞争力报告［M］. 北京：社会科学文献出版社，2004.

［241］宁越敏，项鼎，魏兰. 小城镇人居环境的研究：以上海市郊区三个小城镇为例［J］. 城市规划，2002，23（10）：31-35.

［242］宁越敏，查志强. 大都市人居环境评价与优化研究［J］. 城市规划，1999，23（6）：15-20.

［243］牛盼强，谢富纪，曹洪军. 基于要素流动成本的区域经济发展环境与经济发展关系［J］. 经济地理，2009，29（2）：205-213.

［244］欧向军，沈正平，朱灵子，等. 产业结构转换对区域经济差异的影

响初探［J］. 工业技术经济，2007，26（3）：31-34.

［245］庞敦之. 区域经济发展环境指标体系及优化方案的设计：以山东省为例［D］. 青岛：中国海洋大学博士学位论文，2006.

［246］彭震伟，陆嘉. 基于城乡统筹的农村人居环境发展［J］. 城市规划，2009，33（5）：66-68.

［247］彭震伟，孙婕. 经济发达地区和欠发达地区农村人居环境体系比较［J］. 城市规划学刊，2007（2）：62-66.

［248］［日］浅见泰司. 居住环境：评价方法与理论［M］. 高晓路译. 北京：清华大学出版社，2006.

［249］乔家君. 改进的熵值法在河南省可持续发展能力评估中的应用［J］. 资源科学，2004，26（1）：113-119.

［250］任倩岚. 生态城市：城市可持续发展模式浅议［J］. 长沙大学学报，2000（2）：62-63.

［251］任云英，张峰. 中国古代人居环境思想解读［C］. 第十五届中国民居学术会议论文集，2007.

［252］世界环境与发展委员会. 我们共同的未来［M］. 北京：世界知识出版社，1989.

［253］史兴民，廖文果. 陕西省铜川矿区居民对环境问题的感知［J］. 地理科学，2012，32（9）：1087-1092.

［254］史晋川，朱康对. 温州模式研究：回顾与展望［J］. 浙江社会科学，2002（3）：3-10.

［255］宋正娜，陈雯，张桂香. 公共服务设施空间可达性及其度量方法［J］. 地理科学进展，2010，29（10）：1217-1224.

［256］宋慧林，马运来. 我国旅游业技术创新水平的区域空间分布特征：基于专利数据的统计分析［J］. 旅游科学，2010，24（2）：71-76.

［257］汤国安，赵牡丹. 基于 GIS 的乡村聚落空间分布规律研究［J］. 经济地理，2000，20（5）：1-4.

［258］唐焰，封志明，杨艳昭. 基于栅格尺度的中国人居环境气候适宜性

评价［J］. 资源科学，2008，30（5）：648-653.

［259］王鹤. 浙北地区乡村人居环境现状分析及评价［D］. 杭州：浙江农林大学硕士学位论文，2014.

［260］王坤鹏. 城市人居环境宜居度评价：来自我国四大直辖市的对比与分析［J］. 经济地理，2010，30（12）：1993-1999.

［261］王如松. 复合生态与循环经济［M］. 北京：气象出版社，2003.

［262］王毅. 我国旅游产业科技创新能力时空演变研究：基于发明专利数据分析视角［D］. 南京：南京师范大学硕士学位论文，2015.

［263］王毅，陈娱，陆玉麒，等. 中国旅游产业科技创新能力的时空动态和驱动因素分析［J］. 地球信息科学学报，2017（5）：613-622.

［264］王毅，陈娱，陆玉麒，等. 城市门户性与我国门户群研究［J］. 地理科学，2017，37（4）：69-78.

［265］王毅，丁正山，余茂军，等. 基于耦合模型的现代服务业与城市化协调关系量化分析：以江苏省常熟市为例［J］. 地理研究，2015，34（1）：97-108.

［266］王毅，陆玉麒，车冰清，等. 浙江省生态环境宜居性测评［J］. 山地学报，2017，35（3）：380-387.

［267］王莹. 河南省方城县城关镇人居环境研究［D］. 郑州：河南大学硕士学位论文，2011.

［268］王咏，陆林. 基于社会交换理论的社区旅游支持度模型及应用：以黄山风景区门户社区为例［J］. 地理学报，2014，69（10）：1557-1574.

［269］王利伟，冯长春，许顺才. 城镇化进程中传统农区村民城镇迁居意愿分析：基于河南周口问卷调查数据［J］. 地理科学，2014，34（12）：1445-1452.

［270］王法辉，金凤君，曾光. 区域人口密度函数与增长模式：兼论城市吸引范围划分的 GIS 方法［J］. 地理研究，2004，23（1）：97-103.

［271］王钊，杨山，刘帅宾. 基于 DMSP/OLS 数据的江苏省城镇人口空间分异研究［J］. 长江流域资源与环境，2015，24（12）：2021-2030.

[272] 王成新，姚士谋，陈彩虹. 中国农村聚落空心化问题实证研究[J]. 地理科学，2005，25（3）：257-261.

[273] 王茂军，张学霞，张文忠. 基于面源模型的城市居住环境评价空间分异研究 [J]. 地理研究，2002，21（6）：753-762.

[274] 王松涛，郑思齐，冯杰. 公共服务设施可达性及其对新建住房价格的影响：以北京中心城为例 [J]. 地理科学进展，2007，27（6）：78-86.

[275] 魏伟，石培基，冯海春，等. 干旱内陆河流域人居环境适宜性评价：以石羊河流域为例 [J]. 自然资源学报，2012，27（12）：1940-1950.

[276] 吴良镛. 人居环境科学导论 [M]. 北京：中国建筑工业出版社，2001.

[277] 吴箐，程金屏，钟式玉. 基于不同主体的城镇人居环境要素需求特征：以广州市新塘镇为例 [J]. 地理研究，2013，32（2）：307-316.

[278] 吴明隆. 结构方程模型：AMOS 的操作与运用 [M]. 重庆：重庆人民出版社，2009.

[279] 吴业苗. “小城镇牵引”效应与农民的迁移意愿 [J]. 理论导刊，2004（12）：35-37.

[280] 武文杰，刘志林，张文忠. 基于结构方程模型的北京居住用地价格影响因素评价 [J]. 地理学报，2010，65（6）：676-684.

[281] 武晓瑞. 成都市居民居住环境满意度影响因子分析 [D]. 重庆：西南财经大学硕士学位论文，2009.

[282] 夏怡然，陆铭. 城市间的“孟母三迁”：公共服务影响劳动力流向的经验研究 [J]. 管理世界，2015（10）：78-90.

[283] 熊鹰，曾光明，董力三，焦胜，陈桂秋. 城市人居环境与经济协调发展不确定性定量评价——以长沙市为例 [J]. 地理学报，2007，62（4）：397-406.

[284] 徐勇，Roy C.Sidle，景可. 黄土丘陵区生态环境建设与农村经济发展问题探讨 [J]. 地理科学进展，2002，21（2）：129-138.

[285] 徐震. 浙江：共建共享美丽人居环境 [J]. 环境保护，2012（12）：

56-59.

[286] 薛力. 城市化背景下的空心村现象及其对策探讨 [J]. 城市规划，2001 (6)：8-13.

[287] 严钦尚. 西康居住地理 [J]. 地理学报，1939，6 (1)：43-58.

[288] 颜秉秋，高晓路. 城市老年人居家养老满意度的影响因子与社区差异 [J]. 地理研究，2013，32 (7)：1269-1279.

[289] 杨传开，刘晔，徐伟，等. 中国农民进城定居的意愿与影响因素：基于 CGSS 2010 的分析 [J]. 地理研究，2017，36 (12)：2369-2382.

[290] 杨俊，李雪铭，李永化，等. 基于 DPSIRM 模型的社区人居环境安全 [J]. 地理研究，2012，31 (1)：135-143.

[291] 杨妮，吴良林，邓树林，等. 基于 DMSP/OLS 夜间灯光数据的省域 GDP 统计数据空间化方法：以广西壮族自治区为例 [J]. 地理与地理信息科学，2014，30 (4)：108-112.

[292] 杨兴柱. 基于城乡统筹的乡村旅游地人居环境建设 [J]. 旅游学刊，2011，26 (1)：9-11.

[293] 杨兴柱，王群. 皖南旅游区乡村人居环境质量评价及影响分析 [J]. 地理学报，2013，68 (6)：851-867.

[294] 杨雪，张文忠. 基于栅格的区域人居自然和人文环境质量综合评价：以京津冀地区为例 [J]. 地理学报，2016，71 (12)：2141-2154.

[295] 叶宇，刘高焕，冯险峰. 人口数据空间化表达与应用 [J]. 地球信息科学，2006，8 (2)：25-32.

[296] 叶立梅. 和谐社会事业中的宜居城市建设 [J]. 北京规划建设，2007 (1)：18-20.

[297] 殷冉. 基于村民意愿的乡村人居环境改善研究：以南通市典型村庄为例 [D]. 南京：南京师范大学硕士学位论文，2013.

[298] 尹海伟，孔繁华. 城市与区域规划空间分析实验教程 [M]. 南京：东南大学出版社，2014.

[299] 于涛方. 城市竞争力 [M]. 南京：东南大学出版社，2004.

[300] 喻忠磊，唐于渝，张华. 中国城市舒适性的空间格局与影响因素 [J]. 地理研究，2016，35（9）：1783-1798.

[301] 袁方，王汉生. 社会研究方法教程 [M]. 北京：北京大学出版社，2004.

[302] 岳大鹏. 陕北黄土高原多沙粗沙区乡村聚落发展与土壤侵蚀研究 [D]. 西安：陕西师范大学博士学位论文，2005.

[303] 袁久和，祁春节. 基于熵值法的湖南省农业可持续发展能力动态评价 [J]. 长江流域资源与环境，2013，22（2）：152-157.

[304] 曾菊新，杨晴青，刘亚晶，等. 国家重点生态功能区乡村人居环境演变及影响机制：以湖北省利川市为例 [J]. 人文地理，2016（1）：81-89.

[305] 湛东升，孟斌，张文忠. 北京市居民居住满意度感知与行为意向研究 [J]. 地理研究，2014，33（2）：336-348.

[306] 湛东升，张文忠，党云晓，等. 中国城市化发展的人居环境支撑条件分析 [J]. 人文地理，2015（1）：97-104.

[307] 湛东升，张文忠，余建辉，等. 问卷调查方法在中国人文地理学研究的应用 [J]. 地理学报，2016，71（6）：899-913.

[308] 湛东升，张文忠，余建辉，等. 基于地理探测器的北京市居民宜居满意度影响机理 [J]. 地理科学进展，2015，34（8）：966-975.

[309] 张汉. 中国大陆的城市转型与单位制社区变迁：单位制研究的空间维度 [J]. 香港社会科学学报，2010（39）：26-34.

[310] 张海霞，牛叔文，齐敬辉，等. 基于乡镇尺度的河南省人口分布的地统计学分析 [J]. 地理研究，2016，35（2）：325-336.

[311] 张剑光，冯云飞. 贵州省气候宜人性评价探讨 [J]. 旅游学刊，1991，6（3）：50-53.

[312] 张军英. 空心村改造的规划设计探索 [J]. 建筑学报，1999（11）：12-15.

[313] 张立生. 县域城镇化时空演变及其影响因素：以浙江省为例 [J]. 地理研究，2016，35（6）：1151-1163.

[314] 张泉，王晖，程浩东，等. 城乡统筹下的乡村重构 [M]. 北京：中国建筑工业出版社，2005.

[315] 张善余. 中国人口地理学 [M]. 北京：科学出版社，2003.

[316] 张文忠. 城市内部居住环境评价的指标体系和方法 [J]. 地理科学，2007，27（1）：17-23.

[317] 张文忠. 宜居城市的内涵及评价指标体系探讨 [J]. 城市规划学刊，2007（3）：30-34.

[318] 张文忠. 宜居城市建设的核心框架 [J]. 地理研究，2016，35（2）：205-213.

[319] 张文忠. 中国宜居城市建设的理论研究及实践思考 [J]. 国际城市规划，2016 ，31（5）：1-6.

[320] 张文忠，李业锦. 北京城市居民消费区位偏好与决策行为分析：以西城区和海淀中心地区为例 [J]. 地理学报，2006，61（10）：1037-1045.

[321] 张文忠，刘旺，孟斌. 北京市区居住环境的区位优势度分析 [J]. 地理学报，2005，60（1）：115-121.

[322] 张文忠，尹卫红，张景秋，等. 中国宜居城市研究报告 [M]. 北京：社会科学文献出版社，2006.

[323] 张文忠，余建辉，李业锦，等. 人居环境与居民行为 [M]. 北京：科学出版社，2016.

[324] 张文忠，谌丽，党云晓，等. 中国宜居城市研究报告 [M]. 北京：社会科学文献出版社，2016.

[325] 张文忠，谌丽，党云晓，等. 和谐宜居城市建设的理论与实践 [M]. 北京：科学出版社，2016.

[326] 张文忠，谌丽，杨翌朝. 人居环境演变研究进展 [J]. 地理科学进展，2013，32（5）：710-721.

[327] 张孝廷. 环境污染、集体抗争与行动机制：以长三角地区为例 [J]. 甘肃理论学刊，2013（2）：21-26.

[328] 张鲜鲜，李久生，赵媛. 南京市高级中学可达性及空间分布特征研

究［J］. 测绘科学，2015，40（11）：110-115.

［329］张艺，任志远. 关中—天水经济区人居环境适宜性评价与人口分布［J］. 干旱区资源与环境，2011，25（9）：46-50.

［330］张志斌，巨继龙，陈志杰. 兰州城市宜居性评价及其空间特征［J］. 生态学报，2014，34（21）：6379-6389.

［331］赵文亮，陈文峰，孟德友. 中原经济区经济发展水平综合评价及时空格局演变［J］. 经济地理，2011，31（10）：1586-1595.

［332］赵玉芝，董平. 县域经济发展潜力综合评价：以江西省为例［J］. 生产力研究，2012（6）：113-118.

［333］赵其国，黄国勤，马艳芹. 中国生态环境状况与生态文明建设［J］. 生态学报，2016，36（19）：6328-6335.

［334］赵倩，王德，朱玮. 基于叙述性偏好法的城市居住环境质量评价方法研究［J］. 地理科学，2013，33（1）：8-17.

［335］郑宁，胡雄，薛晓光. SPSS 21 统计分析与应用从入门到精通［M］. 北京：清华大学出版社，2015.

［336］郑思齐，任荣荣，符育明. 中国城市移民的区位质量需求与公共服务消费——基于住房需求分解的研究和政策含义［J］. 广东社会科学，2012（3）：43-52.

［337］郑文俊. 基于旅游视角的乡村景观吸引力研究［D］. 武汉：华中农业大学博士学位论文，2009.

［338］钟少颖，杨鑫，陈锐. 层级性公共服务设施空间可达性研究：以北京市综合性医疗设施为例［J］. 地理研究，2015，34（7）：731-744.

［339］钟业喜. 基于可达性的江苏省城市空间格局演变定量研究［D］. 南京：南京师范大学博士学位论文，2011.

［340］周侃，蔺雪芹，申玉铭，等. 京郊新农村建设人居环境质量综合评价［J］. 地理科学进展，2011，30（3）：361-368.

［341］周伟林，严冀. 城市经济学［M］. 上海：复旦大学出版社，2004.

［342］周自翔，李晶，任志远. 基于 GIS 的关中—天水经济区地形起伏度

与人口分布研究［J］. 地理科学，2012，32（8）：951-958.

［343］朱彬，张小林，尹旭. 江苏省乡村人居环境质量评价及空间格局分析［J］. 经济地理，2015，35（3）：139-145.

［344］朱杰，管卫华，蒋志欣，等. 江苏省城市经济影响区格局变化［J］. 地理学报，2007，62（10）：1023-1033.

［345］卓莉，陈晋，史培军，等. 基于夜间灯光数据的中国人口密度模拟［J］. 地理学报，2005，60（2）：1123-1132.

附录 A

浙江省人居环境满意度抽样问卷调查表（城市篇）

尊敬的女士/先生：

您好，非常感谢您在百忙之中接受我们的访问。本次调查希望了解您对您所居住的区域环境的评价和居住偏好。您不用填写姓名和工作单位，答案也没有对错之分，因此您不必担心泄密的问题，**您只需根据自己的实际情况在合适的答案上打“√”或者在________中填上适当内容。**您的回答将为我们对浙江省人居环境进行全面评价和提出改善建议提供重要参考，谢谢！

设计执行：南京师范大学地理科学学院　　调查日期：____年____月____日

调查地点：________街道________　　问卷编号：________

一、居民个人情况

Q1 您的性别？　□男　□女

Q2 您的年龄？

□20 周岁以下　□ 20~29 岁　□30~39 岁　□40~49 岁

□50~59 岁　□ 60 岁及以上

Q3 家庭构成：

□单身　□两口之家　□三口之家　□四口之家

□五口之家

Q4 您的学历

□初中及以下　□高中（含中专、职高、技校）　□大专

□本科　□硕士及以上

Q5 您的职业类型：

□公务员、社会管理者　□事业单位工作人员

□企业单位工作人员　□商业、服务业工作人员

□学生　□离退休　□赋闲在家　□自由职业

□其他

Q6 您的月收入是：

□3000 元以下　□3000~4999 元　□5000~6999 元　□7000~8999 元

□9000~10000 元　□1 万~1.5 万元　□1.5 万元以上

Q7 您的户籍：

□杭州市　□外地户籍在本市长期停留（6 月以上）

□外地短期居住

Q8 您现在的住房性质是：

□已购房　□租房　□借住（由亲戚或朋友免费提供）

□单位宿舍

Q9 您在杭州市的居住时间：

□1 年及以下　□1~5 年　□5~10 年　□10~20 年

□20 年及以上

二、居民对居住环境现状的评价

Q10　您对自然环境宜人性的评价（选择√）

类别	很满意	满意	一般	不满意	很不满意
气候舒适性					
居住区内绿化状况					
居住区内清洁状况					
公用空地活动场所状况					

Q11　您对安全性的评价（选择√）

类别	很满意	满意	一般	不满意	很不满意
社会治安状况					
交通安全状况					
能源及供水稳定性					
应急避难场所状况					

Q12　您对生活方便性的评价（选择√）

类别	很满意	满意	一般	不满意	很不满意
购物餐饮设施方便性					
医疗设施方便性					
教育设施方便性					
休闲娱乐设施方便性					
到工作单位方便性					
到公交站方便性					
到地铁站方便性					
快递企业网点方便性					

Q13　您对人文环境舒适性的评价

类别	很满意	满意	一般	不满意	很不满意
物业服务水平					
居民文化素质					
邻里关系和睦性					
社区活动多样性					

Q14　您对居住健康性的评价（选择√）

类别	很轻	比较轻	一般	比较严重	严重
空气污染状况					
雨污水排放和水污染状况					
噪声污染状况					
垃圾废弃物污染状况					

Q15 您对住房条件的评价（选择√）

类别	很满意	满意	一般	不满意	很不满意
住房价格					
住房面积					
建筑质量					
户型结构					
采光通风					

三、人居环境满意度评价

Q16 请按照重要程度（个人喜好）对以下居住环境的要素进行排序并按照 10 分制度打分________________

①自然生态环境　②经济发展环境　③公共服务环境

Q17 您对居住环境总体满意度

□很满意　□满意　□一般　□不满意　□很不满意

Q18 您对目前居住社区的喜爱程度

□很喜爱　□喜爱　□一般　□不喜爱　□很不喜爱

Q19 你在现在居住的地方（街道）感到的归属感如何？

□很好　□比较好　□一般　□没感觉　□很差

Q20 如果可能，是否愿意长久居住在该街道？

□很愿意　□愿意　□一般　□不愿意　□很不愿意

Q21 如果可能，您是否考虑过更换居住地？

□是　□否

附录 B

浙江省人居环境满意度抽样问卷调查表（乡村篇）

尊敬的女士/先生：

您好，非常感谢您在百忙之中接受我们的访问。本次调查希望了解您对您所居住的区域环境的评价和居住偏好。您不用填写姓名和工作单位，答案也没有对错之分，因此您不必担也泄密的问题，**您只需根据自己的实际情况在合适的答案上打"√"或者在________中填上适当内容。**您的回答将为我们对浙江省人居环境进行全面评价和提出改善建议提供重要参考，谢谢！

设计执行：南京师范大学地理科学学院　　调查日期：____年__月__日

调查地点：________街道________　　问卷编号：________

一、个人及家庭情况

Q1 您的性别？

□男　　□女

Q2 您的年龄？

□20 周岁以下　　□20~29 岁　　□30~39 岁　　□40~49 岁

□50~59 岁　　□60 岁及以上

Q3 您的职业：

□公务员　□专业人员（教师、医生、护士、会计等）

□务农　□个体户　□学生　□离退休

□赋闲在家　□自由职业者　□餐饮及其他服务业

Q4 家庭人口数：______家庭人口年龄构成：

0~14 岁______人　15~64 岁______人　65 岁及以上______人

Q5 是否有家人外出打工：

□有　□无；如有，在哪里打工______

Q6 您的家庭年均总收入：

□1 万元以下　□1 万~3 万元　□3 万~10 万元　□10 万~15 万元

□15 万~25 万元　□25 万元及以上

Q7 您的学历：

□初中及以下　□高中　□大专　□本科

□硕士及以上

Q8 住宅建造年份：______年　住宅建筑面积：______平方米

Q9 住宅建造方式：

□自建　□政府代建　□委托施工企业代建　□其他

Q10 您在这里的居住时间：

□1 年以下　□1~5 年　□5~10 年　□10~20 年

□20 年及以上

二、居民对人居环境现状的评价

Q11　您对本村自然生态环境的评价（选择√）

类别	很满意	满意	一般	不满意	很不满意
气候舒适性					
饮用水水质					
地形平坦程度					
绿化植被状况					
村内清洁状况					
河塘污染治理					

Q12　您对本村社会关系的评价（选择√）

类别	很满意	满意	一般	不满意	很不满意
社会治安					
邻里关系					
民主管理					

Q13　您对本村基础设施的评价（选择√）

类别	很满意	满意	一般	不满意	很不满意
乡村道路					
自来水设施					
电力能源设施					
邮电通信设施					
污水及垃圾收集设施					
文化娱乐设施					
快递企业网点					

Q14　您对本村社会服务设施的评价（选择√）

类别	很满意	满意	一般	不满意	很不满意
出行方便程度					
就医方便程度					
子女上学方便程度					
购物方便程度					
社会保障程度					

Q15　您对自家居住条件的评价（选择√）

类别	很满意	满意	一般	不满意	很不满意
建筑质量					
建筑面积					
房屋内外装修					
房前屋后景观					

三、人居环境满意度评价

Q16 请按照影响人居环境的重要程度对以下要素进行排序并按照 10 分制度打分________________________

①自然生态环境　②经济发展环境　③公共服务环境

Q17 您对居住环境总体满意度

□很满意　□满意　□一般　□不满意　□很不满意

Q18 您对目前居住地（村）的喜爱程度

□很喜爱　□喜爱　□一般　□不喜爱　□很不喜爱

Q19 你在现在居住的地方（乡镇）感到的归属感如何？

□很好　□比较好　□一般　□没感觉　□很差

Q20 如果可能，是否愿意长久居住在该乡镇？

□很愿意　□愿意　□一般　□不愿意　□很不愿意

Q21 如果可能，您是否考虑过更换居住地？

□是　□否

后　记

从确定论文选题到书稿完成三审，历时四年有余，终于可以舒一口气了！因为这意味着我人生的第一本专著即将出版了，也终于等到可以提笔写后记的这一刻，这个场景已在脑海中浮现过多次。停笔沉思，未来与梦想让人浮想联翩，心中的感慨与感动又让人情不自禁，但却一点儿也不觉得自己矫情，此情此景不由地会让人平和地回望过去和展望未来，一切感想都将情不自禁地涌上心头和笔尖，自然地流淌于纸面之上。

本书系根据我在南京师范大学地理科学学院学习期间撰写的博士学位论文整理改编而成。起初定的标题并不是现在这样的，而是《新时代人居环境高质量发展研究：综合集成、空间分异与居民感知》，是基于我国已全面进入高质量发展阶段的认知，对博士毕业论文题目的进一步升华和凝练。但将这个题目和书稿发给南京理工大学经济管理学院朱英明教授请他帮忙参详时，他给出了建设性的意见：从标题形式的角度，专著的名称要简明、含义要含蓄，要勾起读者一睹为快的想法；从内容概括的角度，本专著几乎涵盖了人居环境领域研究的绝大部分内容，即在研究对象上，既有城市人居，又有乡村人居；在研究视角上，既有客观环境供给分析，又有主观环境感知评价；在研究内容上，既有格局演化、现状揭示，又有机制建模、对策凝练；在研究尺度上，既有宏观省域整体，又有微观典型地域……综合考虑，朱教授给出的建议是将专著名称定为《人居环境论》。初看这个名称，既感叹、窃喜，又有一点忐忑。感叹的是朱教授的高屋建瓴、切中肯綮，窃喜的是这个专著名称真的很“高大上”，忐忑的是作为一枚小小的“青椒”，给自己的专著冠以“什么什么论”，会不会有那么一点儿不知天高地厚？

权衡良久，最终还是听取了朱教授的建议。一方面是得益于朱教授的鼓励和肯定，另一方面，本书的部分内容已经公开发表在*Habitat International*、*Ecological Indicators*等期刊上并被多次引用，想必也是得到了学界的些许认可；此外，将书中有关乡村人居环境的研究与国家乡村振兴战略相结合，我还成功申请到了国家自然科学基金项目，也体现出本书所具有的学术价值和现实价值。这些都给我增添了不少信心和勇气。再者，环顾学界，目前还没有这么命名的专著，因此希望也能借此书的出版，进一步引起同行对该领域的关注，加强该领域的交流探讨，也欢迎学者对此进行评判，以此推动我个人乃至人居环境研究领域的进步和前进。稍感抱歉的是，本书的第4章和第5章有一些空间格局的分析，因为涉及烦琐的审图工作，所以相关地图没有被放入本书中。但这并不影响内容的完整性和准确性，有兴趣者也可向笔者索取相关空间格局图，或参见本人已发表在*Journal of Mountain Science*等期刊上的文章，以及由科学出版社于2020年出版的《图说浙江》，本人也参与了该书的编著，其部分图件与本书的空间分析结果是高度吻合的。

就本书的成稿来说，我要特别向下列各位表示诚挚的谢意：

首先要感谢的就是上面提到的朱英明教授。朱老师是国家“万人计划”领军人才，他长期深耕于区域经济学、产业经济学等领域的研究，总是能够立足于国家战略之需、撰文于祖国大地之上，是名副其实的学术大家。朱老师对我的帮助也远不止上述提到的帮忙修改专著名称，将博士论文进行整合并以专著的形式出版这一想法也是得益于朱老师的建议和鼓励。此外，他对我以及很多青年学者影响最深刻的应该是他对科学研究执着和认真的精神。一个典型的例子就是我每次去他办公室请教咨询问题，包括很多周末，他都是在潜心钻研，电脑上批注评析满屏皆是、稿纸上的模拟推演随处可见，想想我自己，深感惭愧。为此，我还跟我的一位师兄感叹过：一个就是比你优秀比你年长的却还比你还努力还认真……另一个就是朱老师俨然已经把学术当成自己的主要乐趣了。对此我师兄只是冷冷地说道“有这个乐趣不好吗”？后来回想，真的，有这个乐趣不好吗？这是多么大的一种情怀啊，我想这也就是朱老师为什么能够取得巨大成果的重要原因吧。

朱老师在具体的科研指导和职业规划上对我也帮助甚多。在科学研究上，朱老师起初的学术背景与我相似，都是地理学，但朱老师目前已完全能自如地游刃于地理学与经济学之间，并将两者进行充分的交叉融合。因此，只要有机会朱老师都会给我讲解分析如何更好地将自身的地理知识结构与经济学进行结合，提升知识深度，扩展知识结构，从而更好地提出和解决科学问题。在社会实践上，感谢朱老师的信任，给我很多主持或参与科研项目的机会，以此将自己的理论知识应用于现实需求，进一步增加了自己的成就感和获得感。在这一过程中，朱老师的理论文学功底与宽厚的知识底蕴又一次次震惊和启示了我。有时候我写的报告或者文字初稿，经过朱老师的润色，总是那么的美妙绝伦。他总是能够将科学理论知识与国家出台的文件报告融会贯通，写出来的内容既文辞华丽又深接地气。这些都使我深受启发，也在不断地促我进步成长。要感谢朱老师的还有很多很多，限于篇幅只能默默铭记于心。

本书能够顺利出版，最应该感谢的就是我的恩师陆玉麒教授，陆老师是我学术前行中的引路人，同时也是改变我命运的贵人。本科时期，就在《经济地理学》一书中研读过陆老师所提出的“双核结构理论”，走进南京师范大学，没想到能够有幸成为陆老师的学生，甚感荣幸和自豪。陆老师是人文地理学大师，他对我们的帮助和影响最大的可能也是在地理学学习思维和学术情怀的提升上：一方面，陆老师经常给我们分析讲述人文地理学学习应该坚持问题导向，无论是平时的论文指导还是师兄师姐的基金汇报，陆老师均尤为重视这一理念。随着认知水平的提高，我自己也越来越认识到提出问题本身就是去思考去发现的过程，对专业思维和理论认知帮助极大。比如，我获批的国家自然科学基金项目就深受这一理念的启发，将人居环境研究与国家乡村振兴战略相结合，围绕“乡村生态宜居”所进行的系列探究。在今后的科研工作中我也将继续在该理念下不懈探索。另一方面，陆老师是一位心怀学科发展的地理学家，也是一位把科研当作真正乐趣的学者，除了地理学外，他在历史、经济、文化、社会等方面均有较高的造诣，他脑中新的学术思想、新的科学问题层出不穷。他也经常会把我们叫到办公室，和我们分享他的发现与见解，这极大地拓展了我们的思路，提升了我们的理论认知，也刺激了我们更加努力去发现和解决问题。

陆老师所领导的“陆战队”无疑给我提供了一个极佳的学习环境，这一团队结构体系完善，博导、硕导、博后、博士、硕士俱有。这一团队地域范围广泛，覆盖中国多个省域，在这样一个完美的团队中，能得到广大同门无私的帮助和指导，也能感受到无限的温暖和关爱，在这样的一个环境中去学习、去生活，会极大地减少博士期间学习的单调、苦闷和压抑。在博士毕业论文写作中，从选题立意、框架结构到研究内容，老师都给予了悉心的指导，并给予充足的经费让我去浙江实地调研，从而让我顺利完成毕业论文；在我找工作的过程中，老师也给予了极大的帮助，能够顺利进入南京理工大学这么好的平台，绝对离不开老师所付出的心血和支持；在申请基金项目时，也绝对离不开陆老师一次次的启发和指导。在感谢陆老师的同时，当然也要感谢我们的师母董平老师。师母也在南京师范大学地理科学学院工作，读博期间能够同时得到导师和师母两人的关怀，这在学界绝对是极为少见的，也让其他同学羡慕不已。董老师待人宽厚大方，性格爽朗活泼，感谢董老师在我学习、生活、为人处世以及找工作中给予的无限关怀、指导和鼓励，您的每一句关切都让我觉得很温暖、很感动。简单的拙笔写不尽学生对导师和师母深深的感激和崇敬，只能将您二位的谆谆教诲和巨大恩情永远铭记于心！

能够顺利考上博士，如期完成毕业论文圆满毕业，当然也离不开硕士导师丁正山教授长期的指导帮助和精心培养。我可能不是“一匹千里马”，但丁老师绝对是我的伯乐，也是我科研的启蒙老师。硕士三年师从丁老师，他对我的帮助大到未来的人生规划，小到吃饭穿衣生活细节，几乎无所不包。丁老师在我早期学术论文写作时，就给予了极大的帮助和指导，在论文写作、修改、投稿、再修改等过程中倾注了大量的心血，也让我很早就体会到了科研带来的乐趣和成就感；他也尽力给我提供一些社会实践的机会，带我参加政府、企业的规划项目，在此过程中帮我分析为人处世的道理，丰富人生阅历。进入博士阶段，我和丁老师的交流并未中断，我们仍保持着密切的联系。当我在学习、生活和工作中遇到困难和问题找到他时，无论多忙，丁老师也都会耐心地帮我分析，并提出可行的建议，让我得到极大的安慰和鼓舞。总之，感谢丁老师一直以来对我学习上、生活上、精神上、物质上给予的极大支持、鼓励和帮助！

感谢靳诚教授，靳老师既是我的老师，也是我的同门师兄（也就是前文中提到的师兄），还是我学习的偶像，在我入学之初，他早早就已树立了“陆战队”的学术标杆，引导我们前行。靳老师涉猎广泛，思维敏捷，理论与技术方法过硬，在学术论文写作方面具有独特的学科思维，感谢靳老师无私地分享他的学术心得和写作经验。在毕业论文的写作方面，靳老师在研究内容和框架确定上也给予了巨大的指导，在写作遇到困难时，也为我提出了大量行之有效的建议，保证了论文按时完成，特此致谢！

在艰苦且枯燥的求学道路上，同门间的交流和帮助让我终生难忘。感谢车冰清教授，按其才按其龄，都应该叫他车老师，但缘于既是同门又是室友的关系，所以叫他车师兄，同门与室友兼顾的这种缘分想必也是学界少有。两年多的朝夕相处，与车师兄积淀了深厚的友谊。感谢交流至深的同门师兄杨忠臣、文玉钊、陈博文！感谢几位师兄在生活和学习上无私的分享和帮助，与你们相处获益良多，怀恋与你们晚间慢步，畅聊人生，指点江山，激扬文字。感谢同门师姐马颖忆、陈娱、黄群芳，同门师妹陆梦秋、金星星、胡美娟，同门师弟潘涌、刘玮辰。几位同门都是学界少有的集智商、情商和颜商于一身的“青椒”，感谢你们在我学习、生活和工作中的帮助和鼓励。

感谢师弟郭政、丁海龙、赵英杰，师妹李娟、乔文怡，感谢你们在炎热的7月，跟我实地调研、发放问卷，汗洒杭州、仙居两地，你们的无私帮助才保证了论文的顺利完成，谢谢你们！感谢同门师弟李恩康、丁海龙，师妹曹琳霞、王天睿、李娟，作为“陆战队”连续三年的小队长，你们年轻有为、乐于奉献，感谢你们在报账、实验室管理、年会组织等方面所付出的辛勤劳动，你们的付出使我们“陆战队”更加团结有爱，更加拼搏向上，让我们能在一个完美的环境中学习和奋斗，在此表示衷心的感谢！

感谢经济管理出版社，感谢贵社对本书稿的肯定和支持，感谢申桂萍老师、梁植睿老师在组稿和编辑方面的艰辛付出，感谢你们发现指出了最初书稿中很多的漏洞和问题，你们的精雕细刻让本专著更加严谨、精确、科学。

感谢我挚爱的父亲母亲，你们在背后的默默支持是我前进的动力！感谢你们赋予我健康的生命，并让我从小就在一个温馨美好的家庭环境里成长，感谢你们对我异乡求学、工作的理解与支持，并在物质上与精神上给予无私无尽的帮助，你们辛苦了，愿你们永远健康幸福。感谢我的岳父岳母，感谢你们平日里对我们生活的贴心照顾、工作的鼎力支持，有了你们的帮助，我们才能够心无旁骛地安心工作和学习。感谢我的太太陶圆，在以前的致谢中还是“致爱女友陶圆”，现在已经换了称呼。与你相识相知相恋十分快乐、时常怀恋，与你结为伉俪万分幸福、情分永记。在这里只想借用歌曲《选择》里面的歌词来表达心意：“你选择了我，我选择了你，这是我们的选择，就算一切重来，我也不会改变决定。”我的论文虽然没有你们付出的只言片语，但同样凝聚着你们的关爱和支持。

借此书稿即将出版之际，再次向所有给予我关心、支持和帮助的师长、同学、朋友和家人们致以我真诚的感谢，我将在今后的工作、学习中加倍努力，回报每一个人、更好地回报社会。再次感谢你们，祝你们一生幸福、安康。

路漫漫其修远兮，吾将上下而求索……

王　毅

2021 年 4 月于南京